中国煤炭高质量发展丛书

主编　袁　亮

煤基石墨化炭的结构调控及电化学储能应用

邢宝林　曾会会　著

科学出版社

北　京

内 容 简 介

煤炭清洁高效利用是国家推进实现碳达峰碳中和目标的重要内容，煤的材料化是实现其低碳高值化利用的有效途径。锂离子电池作为一种绿色储能器件，广泛应用于便携式电子设备、电动/混合动力汽车及静态储能系统等领域。其中，负极材料的微观结构是影响锂离子电池性能的关键因素之一。本书基于无烟煤富含类石墨微晶芳香片层，且原生孔隙发达等特点，以无烟煤为原料，在掌握热处理过程中无烟煤微观结构演化规律的基础上，通过合理调控炭化–石墨化过程，在石墨微晶结构中有针对性地引入纳米孔道，构筑以石墨微晶为骨架兼具丰富孔结构的煤基石墨化炭负极材料。本书系统研究了煤基石墨、微扩层煤基石墨、煤基多孔炭纳米片、煤基石墨烯纳米片等不同石墨化炭的微观结构调控机制及其微观结构对负极材料储能性能的内在影响机理等，为高性能炭负极材料的研发和煤炭资源的低碳高值化利用提供理论依据和技术支撑。

本书可供从事煤基炭负极材料研究、煤炭加工与利用的工程技术人员和科研人员阅读，也可供高等院校相关专业的师生参考。

图书在版编目(CIP)数据

煤基石墨化炭的结构调控及电化学储能应用/ 邢宝林，曾会会著. —北京：科学出版社，2024.6

(中国煤炭高质量发展丛书/袁亮主编)

ISBN 978-7-03-078453-7

Ⅰ. ①煤…　Ⅱ. ①邢…　②曾…　Ⅲ. ①清洁煤–研究　Ⅳ. ①TD94

中国国家版本馆 CIP 数据核字(2024)第 087661 号

责任编辑：刘翠娜　李亚佩 / 责任校对：王萌萌

责任印制：赵　博 / 封面设计：无极书装

科学出版社 出版

北京东黄城根北街 16 号

邮政编码：100717

http://www.sciencep.com

北京中石油彩色印刷有限责任公司印刷

科学出版社发行　各地新华书店经销

*

2024 年 6 月第　一　版　开本：787×1092 1/16

2025 年 1 月第二次印刷　印张：10 1/2

字数：248 000

定价：108.00 元

(如有印装质量问题，我社负责调换)

前　言

随着煤炭等化石能源的开发利用，人类赖以生存的生态环境在发生变化，世界各国对清洁、可再生的绿色新能源的发展及高性能储能设备的开发提出了紧迫要求。锂离子电池作为新一代绿色能量储存和转换装置，具有能量密度高、循环寿命长、放电电压高、无记忆效应、自放电率低及环境污染小等优点，广泛应用于便携式电子设备、静态储能系统及电动/混合动力汽车等领域。但现有的锂离子电池质量指标(如容量、倍率性能、稳定性及寿命等)远不能满足新能源汽车等对高性能储能器件的要求，发展高性能、低成本及环境友好的锂离子电池势在必行。电极材料作为锂离子电池的核心部件，控制着整个电池的电化学反应，决定着电池的电化学性能。作为电极材料的重要组成部分，负极材料是制约电池性能提升的关键因素。因此，开发高性能负极材料对提高锂离子电池的性能至关重要。

另外，煤炭作为我国的主体能源，为国民经济和社会发展做出了巨大贡献。但目前以燃烧为主的利用方式，不仅造成较为严重的环境污染问题，且存在资源浪费。因此，根据我国以煤炭为主的能源资源赋存条件和实现碳达峰碳中和目标的基本要求，如何实现煤炭资源的低碳高值化利用是当前我国煤炭工业可持续发展面临的重大课题。煤炭作为高含碳量的天然矿产，资源丰富、价格低廉，含有大量与石墨类似的芳环结构，碳原子层面具有一定程度的择优取向性，且结构较为致密，是一种制备富含石墨微晶产品的优质原料。因此，以富含芳香片层的无烟煤为前驱体可控制备高品质煤基石墨化炭，不仅能为高性能锂离子电池负极材料的开发提供优质原料，也为煤炭的清洁高效利用开拓新路径。

本书由邢宝林、曾会会撰写。在本书撰写过程中得到了河南理工大学化学化工学院碳材料课题组张传祥教授、黄光许教授的指导和帮助，同时本书涉及的研究内容由国家自然科学基金(No.51974110、No.52074109 和 No.52274261)资助，作者在此表示衷心的感谢！

限于作者的学识水平，书中难免存在疏漏和不妥之处，恳请读者批评指正。

作　者

2023 年 12 月

目　录

1 锂离子电池基础

1.1 引 言

全球能源危机的爆发让人们意识到长期依赖化石燃料的能源结构面临着严重风险。随着社会经济的发展，当今世界传统化石能源逐渐枯竭与持续增长的能源需求之间的供求矛盾日益突出，而且化石能源利用过程中造成的环境污染问题越来越严重，同时威胁着人类的生存和发展[1]。要保持经济可持续发展，维持生态环境平衡，开发高效、环保、可持续的可再生清洁能源刻不容缓[2]。太阳能、风能、生物能等新能源因具有清洁可再生等优势成为世界各国大力发展的能源，然而这些新能源存在间歇性、难以集中等问题，不能满足人们对能源持续供应的要求[3]。为了实现新能源的存储与转换，开发高效的储能系统成为当今研究的热点。锂离子电池作为新一代绿色能量存储与转换装置，因其能量密度高、循环寿命长、无记忆效应及环境污染小等优点，成为最具竞争力的化学电源之一，广泛应用于便携式电子设备、电动/混合动力汽车以及静态储能系统中[4]。近年来，在国家政策扶持以及市场需求的不断拉动下，新能源汽车的产业化蓬勃发展，对锂离子电池的需求也呈快速增长态势。在未来能源互联网发展中，锂离子电池储能或将是关键节点。在经济增长和技术更新换代加快背景下，对电池的要求也越来越高，然而当前锂离子电池的质量指标(如容量、倍率性能、稳定性及寿命等)仍然阻碍其规模化推广应用，开发高能量密度、高功率密度、低成本及环境友好的锂离子电池势在必行[5]。

电极材料作为锂离子电池核心部件，控制着整个电池的电化学反应，决定着电池的整体电化学性能。作为电极材料的重要组成部分，负极材料是制约电池性能提升的关键因素之一[6]。石墨因其优异的导电性，平稳的充放电平台，良好的嵌/脱锂性能等优点，成为目前商业应用中最成功的负极材料。然而，石墨负极材料存在可逆比容量低(理论比容量仅为 372mA·h/g)、电解液兼容性较差、体积膨胀率较高等问题，导致锂离子电池的能量密度、大电流倍率性能及循环稳定性等均受到严重限制[7]。尤其是近年来新能源汽车对续航里程和快速充放电能力的要求提高，石墨负极材料在能量密度与功率密度方面的缺陷日渐凸显。为了改善石墨负极材料存在的一些缺陷，提高其综合性能，众多研究表明在石墨负极材料中构建纳米孔道可为锂离子的嵌入和吸附提供更多空间，进而改善负极材料的储锂比容量[8]。然而，过多的孔结构如多孔炭会导致负极材料的导电性和电化学稳定性均受到严重限制，且复杂的纳米孔道也会致使存储的锂离子难以释放，导致负极材料的首次库仑效率较低。因而，解决上述问题的一个有效策略是构筑以石墨微晶为主体骨架，兼具适量孔结构的新型石墨化炭负极材料。

另外，国家大力推动实现碳达峰碳中和目标，煤炭资源规模化高效清洁利用是当前我国煤炭工业发展面临的重大课题。从化学组成来看，煤的核心组分是碳，以芳香碳为主，其有机大分子结构与碳材料的结构具有天然相似性，是优质的功能炭材料前驱体。例如，高莎莎以新疆煤为碳源，通过 $ZnCl_2/KCl$ 熔融盐法制备煤基多孔炭，并用作锂离子电池负极材料，具有良好的储锂性能[9]。王浩强以煤焦油为原料、三聚氰胺为氮源，通过 MgO 模板法制备 N 掺杂炭纳米片负极材料，也具有较高的储锂性能[10]。作者以煤基石墨为原料，采用改进的 Hummers 法制备煤基石墨烯负极材料，表现出优异的电化学性能[11]。大量研究表明，有序的石墨片层结构有利于锂离子在充放电过程中快速嵌入/脱出，且能改善材料的导电性；向石墨片层引入孔结构可缩短锂离子的传输路径，降低扩散阻力；石墨微晶中的缺陷如杂原子可为锂离子存储提供更多空间和活性位点。高性能负极材料应是由锂离子丰富存储、快速传输和高效的电子传导协同作用的结果，因而构筑以丰富的石墨微晶为主体骨架，兼具适量孔结构的煤基炭负极材料对改善传统石墨负极材料的电化学性能具有重要意义。

1.2 锂离子电池概述

1.2.1 锂离子电池发展历程

锂是自然界中最轻的金属元素，具有最负的标准电极电位（–3.045V vs. SHE），理论比容量达到 3860mA·h/g。因此，锂离子电池进入电池设计者的视野。1970 年，日本松下电器公司（Panasonic）最早提出锂电池的概念[12]。随后，锂金属电池体系如 Li/MoS_2、Li/MnO_2、Li/TiS_2 和 $Li/NbSe_3$ 等得到快速发展。然而，锂金属电池一直受安全因素困扰，如在充电过程中观察到有树枝状锂短路的迹象，这可能导致不可预测的电池爆炸；而且由 $LiClO_4$ 溶于醚溶剂（主要是二氧戊环）组成的电解液对冲击敏感，在较强的冲击条件下也容易爆炸；此外，锂电极的回收效率较低，循环寿命也有限。1976 年，Whittingham 首次提出锂离子电池的概念，该电池是以 TiS_2 作为正极材料，金属锂作为负极的 Li/TiS_2 锂电池[13]。1980 年，Armand 提出开发“摇椅式电池”的概念，即采用不同电位的插层材料作为正负极，使得锂离子在电池充放电过程中能够在正负极间移动[14]。同年，Mizushima 等提出以 $LiCoO_2$ 作为高能量密度电池的正极材料应用于锂离子电池中，开启了真正意义上的锂离子电池研究[15]。1981 年，Hunter 研究发现尖晶石结构的 $LiMn_2O_4$ 也可以作为锂离子电池的正极材料[16]。相对于正极材料，合适的锂离子电池负极材料的研发相对复杂一些。1983 年，Basu 和 Yazami 获得了关于石墨作负极材料的专利，但由于没有充分考虑到溶剂和锂离子对结构的影响，在电池实际应用中并没有获得成功[17-18]。直到 1990 年，日本索尼（Sony）公司申请了石油焦为负极，$LiCoO_2$ 为正极，$LiPF_6$ 溶于碳酸丙烯酯（PC）和碳酸乙烯酯（EC）

混合溶剂作为电解液的二次锂离子电池体系的专利，并在 1991 年成功开发出第一块商用锂离子电池[19]。目前，人们仍在不断研发新的锂离子电池正极材料，改善其设计和制造工艺，不断提高锂离子电池的电化学性能。

1.2.2 锂离子电池工作原理

锂离子电池的结构主要由正极、负极、隔膜、电解液和电池壳等组成。锂离子电池作为一种化学能和电能的存储与转化装置，其能量的转换是依靠锂离子在正负极间的迁移和外部电路电子传输来实现的，工作原理如图 1-1 所示。在充电过程中，锂离子从正极脱出，在电解液溶剂分子的协助下穿过隔膜并嵌入负极，同时电子从外部电路流向负极，达到电路的电荷平衡，实现电能向化学能的转换；在放电过程中，锂离子从负极脱出，穿过隔膜嵌入正极，同时电子从外部电路到达正极，达到电路的电荷平衡，实现化学能向电能的转换。以商业用锂离子电池（$LiCoO_2$ 为正极材料，石墨为负极材料）为例[20]，锂离子电池发生的电化学反应如下。

$$\text{正极：} LiCoO_2 \rightleftharpoons Li_{1-x}CoO_2 + xLi^+ + xe^-$$

$$\text{负极：} 6C + xLi^+ + xe^- \rightleftharpoons Li_xC_6$$

$$\text{总反应：} LiCoO_2 + 6C \rightleftharpoons Li_{1-x}CoO_2 + Li_xC_6$$

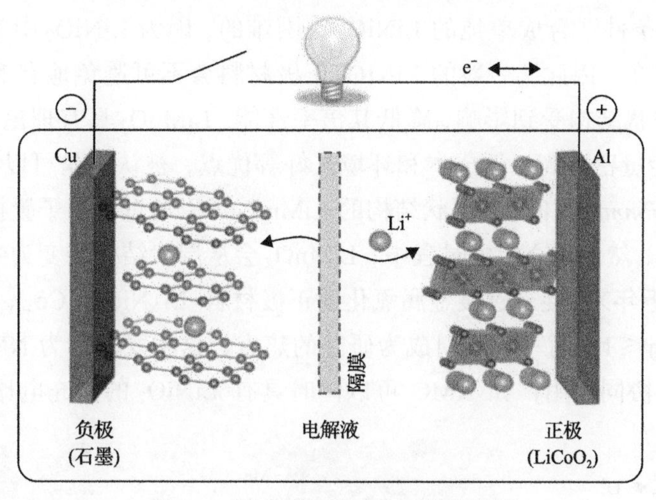

图 1-1 锂离子电池工作原理示意图

1.2.3 锂离子电池应用现状与前景

目前电池已经成为人们生活中不可或缺的器件，无论是小部件如遥控器、电动玩具，还是数码相机、手机、笔记本电脑等便携式电子设备，都离不开储能器件——电池。锂离子电池因具有放电电压高、能量密度高、循环寿命长、无记忆效应等优点，成为最具竞争力的能量存储与转换器件。近年来，随着新能源汽车的快速推广应用，锂离子电池的市场需求量也呈大规模增长。同时，在未来大规模静态储能应用中，锂离子电池或将起到关键的节点作用。但随着近年来新能源汽车及多功能电子产品的迅猛发展，现有锂离子电池的质量指标(如容量、倍率性能、稳定性及寿命等)远不能满足消费者对高性能储能器件的需求，寻求高性能、低成本以及环境友好的锂离子电池势在必行。

1.3 锂离子电池电极材料研究进展

1.3.1 锂离子电池正极材料

$LiCoO_2$是商业中最早应用于锂离子电池中的正极材料[21]，具有层状的α-$NaFeO_2$结构，如图 1-2(a)所示。$LiCoO_2$正极具有能量密度高、导电性好、开路电压高(～4.0V)和自放电率低等优点。$LiCoO_2$的理论比容量为 274mA·h/g，但是实际应用中只有理论比容量的一半(约 140mA·h/g)，这主要是因为在高电压范围内 Co^{3+}容易氧化成 Co^{4+}，导致晶体结构发生一些相变。另外，Co 可利用资源贫乏，成本高，用相对低成本的 Ni 和 Mn 等过渡金属元素来替代 Co 可以降低成本。$LiNiO_2$具有与$LiCoO_2$同型的结构，在锂离子脱嵌时化学反应只涉及能量远高于 O^{2-}:2p 的 e_g 轨道，所以即使锂离子进行深度的脱嵌，$LiNiO_2$中晶格氧也不会发生结构变化。尽管$LiNiO_2$具有上述优势，在高温条件下合成单纯的$LiNiO_2$是困难的，因为$LiNiO_2$中 Ni^{3+}高于 250℃时就很难稳定存在。因此，一般的$LiNiO_2$正极材料会不可避免地有 Ni^{2+}存在，使得$LiNiO_2$正常的层状结构受到影响，降低其倍率性能。$LiMnO_2$具有理论比容量较高(约285mA·h/g)、能量密度高、低成本和环境友好等优点，被认为是可以替代$LiCoO_2$的正极材料，属于 *Pmmm* 空间群。层状结构的$LiMnO_2$可以通过锂离子置换层状$NaMnO_2$中的钠离子得到，然而在充放电过程中，$LiMnO_2$会从层状结构转变为尖晶石结构，降低其循环寿命。近年来，混合过渡金属氧化锂正极材料[$Li(Ni_xMn_yCo_{1-x-y})O_2$，$0\leqslant x\leqslant 1$，$0\leqslant y\leqslant 1$，$0\leqslant x+y\leqslant 1$，简写 NMC]成为研究的热点，这主要是因为 NMC 具有单一过渡金属不具备的协同作用，如 NMC 可以同时具有$LiNiO_2$的高充电比容量、$LiCoO_2$

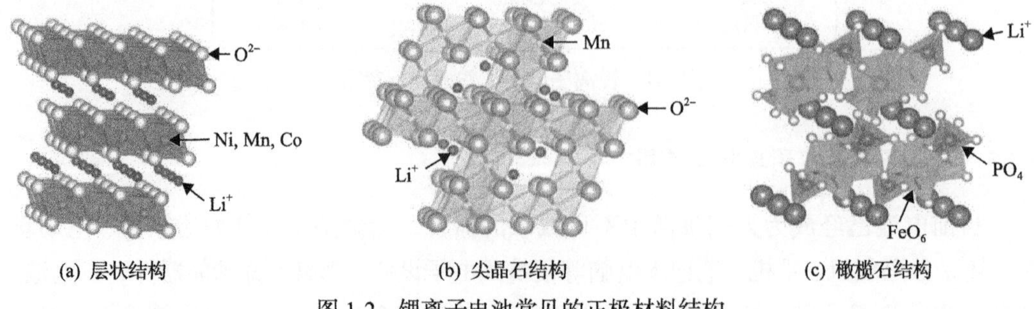

(a) 层状结构 (b) 尖晶石结构 (c) 橄榄石结构

图 1-2 锂离子电池常见的正极材料结构

的倍率性能和源于 Mn^{4+}的结构稳定性[22]。因为一部分 Co 被便宜的 Ni 和 Mn 替代，NMC 相较于 $LiCoO_2$ 正极材料成本更低。另外，NMC 中 Co^{3+}的存在可以一定程度抑制 Ni^{3+}由姜-泰勒效应产生的结构变形。

尖晶石结构的 $LiMn_2O_4$ 正极材料呈三维结构，如图 1-2(b)所示。锂离子占据尖晶石结构中四面体 8a 位点，锰离子占据 O^{2-}晶格立方紧密排列的八面体 16d 位点，从而形成一个三维的扩散网络。在低电压处(～3.0V)，$LiMn_2O_4$ 中 Mn^{3+}:$3d^4$($t_{2g}^3e_g^1$)高自旋产生的姜-泰勒效应会使非对称晶格畸变，这将导致晶体从立方结构到四方结构相变，从而导致比容量迅速衰减。因此，$LiMn_2O_4$ 正极材料的使用受到特定电压的限制。

橄榄石结构的 $LiFePO_4$(LFP)是一种 *Pnma* 空间群斜方晶系的聚阴离子正极材料，理论比容量为 170mA·h/g，结构如图 1-2(c)所示。$LiFePO_4$ 正极材料具有良好的热稳定性和电化学稳定性、环境友好和低成本等优点[23]。但该电极材料具有低的锂离子扩散和低导电性，导致较高的比容量损失。$LiFePO_4$ 中锂离子的扩散通道为一维通道，扩散沿着共享边缘的 LiO_6 单元进行，导致锂离子的扩散很容易受到一维通道中点缺陷或杂质的影响。另外，$LiMPO_4$(M=Mn、Co 和 Ni)、$Li_3V_2(PO_4)_3$(理论比容量 197mA·h/g)、Li_2MSiO_4(M=Fe、Mn，理论比容量 332mA·h/g、333mA·h/g)等聚阴离子正极材料也受到广泛的研究，探索更好的材料设计或工艺处理可改善电池性能和稳定性。

1.3.2 锂离子电池负极材料

锂离子电池负极材料一般应具备以下储锂特征：为了提高全电池的输出电压，锂离子在负极基体中的氧化还原电位要尽可能地低；锂离子在其中应尽可能多地嵌入和脱出，以使电极具有较高的可逆比容量；锂离子在嵌入和脱出过程中负极材料的结构稳定性高，以使电极具有良好的充放电可逆性和循环寿命；在锂离子脱出过程中，电池有较平稳的充放电电压平台；具有较高的电子电导率和离子迁移率，以减少电极极化，并使电池具有较高的倍率性能；负极材料表面结构良好，与电解质溶剂相容性好，能与液体电解质形成良好的固体电解质界面(solid electrolyte interphase，SEI)膜；资源丰富、价格低廉、安全、不污染环境。目前，常见的锂离子电池负极材料主要有嵌入类(炭材料)、合金类(硅、锡基)和转化类(金属氧化物)等[24]，如图 1-3 所示。嵌入类负极材料通过锂离子嵌入材料层间进行储锂，合金类负极材料通过与锂离子发生合金化反应进行储锂，转化类负极材料通过与锂离子发生可逆的氧化还原反应进行储锂。作为商业锂离子电池中常见的负极材料，炭材料的结构对锂离子电池电化学性能提高有关键性的影响[25]。目前，石墨是商业中应用最成功的炭负极材料。随着新能源汽车产业的快速发展，对动力锂离子电池性能的要求逐渐提高，而石墨因储锂比容量低(理论比容量为 372mA·h/g)以及倍率性能差等问题使其难以满足当前市场的需求，因而开发高性能新型炭材料来替代传统石墨负极材料具有重要意义。

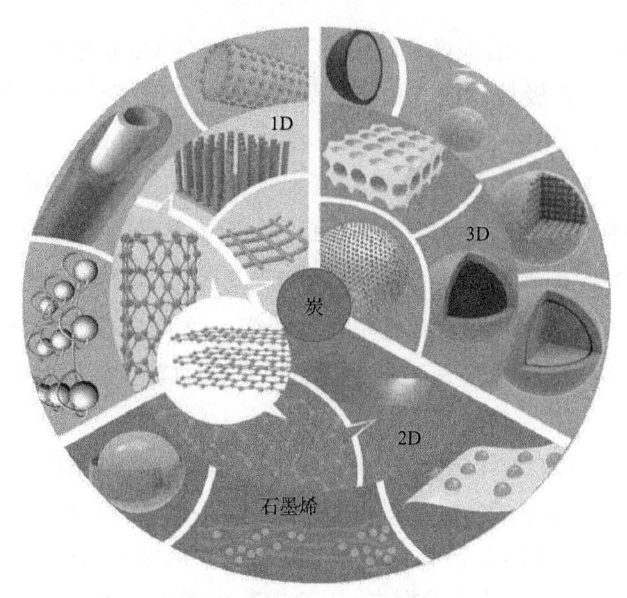

图 1-3　锂离子电池负极材料

1.4　煤基炭材料在锂离子电池中的研究进展

作为一种分布广泛、储量丰富的非均质炭材料，煤是一种由不同的芳香结构单元通过醚键、脂肪族和芳香族碳—碳键等桥键连接的三维网络大分子物质。除了作为固体燃料直接燃烧外，具有高碳含量的煤是制备各种功能化炭材料的重要原料，得到了广泛的研究[26]。目前，适用于锂离子电池负极材料的煤基炭材料大致分为两大类：具有高度石墨化结构的石墨化炭材料和较多无定形结构的多孔炭材料。

1.4.1　煤基石墨化炭研究进展

在众多锂离子电池负极材料中，石墨因其优异的导电性、平稳的充放电平台、良好的嵌/脱锂性能等优点，成为锂离子电池负极材料的首选，也是商业化最成功的负极材料。随着动力锂离子电池需求的增长，对石墨的需求量也在大幅增长。中国和日本是锂离子电池负极材料全球主要产销国，产销总量占全球 95%以上。尽管中国具有丰富的石墨资源，但是要在未来长久的国际市场竞争中占有绝对优势，发展生产石墨的先进技术是不二选择。另外，石墨矿产资源作为重要的战略资源，在航天航空、国防科技等领域也有大量的需求。随着天然石墨消耗量逐渐增加，天然石墨资源的含量和原矿的纯度也在不断下降。面对越来越严峻的矿产资源短缺，人造石墨受到越来越多的关注。煤炭作为含碳量仅次于石墨的天然矿产，资源丰富、价格低廉，含有大量与石墨类似的芳香片层结构，碳原子层面具有一定程度的择优取向性，且结构较为致密，是一种制备人造石墨的优质原料。目前，以煤为原料主要通过石墨化法制备石墨材料。

石墨化法是指通过高温热处理方式将煤转变为石墨的过程。目前，以不同煤化程度的煤为原料通过石墨化法制备石墨材料的研究均有报道。Garcia 等以西班牙无烟煤为原料在氮气氛围下经过 1000℃进行炭化，然后在氩气氛围下进行 2400～2600℃高温石墨化获得煤基石墨材料[27]。该研究通过 X 射线衍射仪(X-ray diffractometer，XRD)测试计算层间距 d_{002}、堆叠厚度 L_c 和横向尺寸 L_a，来对煤基石墨的石墨化度 G 进行评估，结果表明在 2600℃高温下制备的煤基石墨 L_c 为 37.6nm，L_a 为 17.0nm，G 最高达 45%。该课题组对煤基石墨材料作为锂离子电池负极材料的电化学性能进行了进一步研究，结果表明由西班牙无烟煤在 2800℃高温下制备的煤基石墨在 0.1C(1C=372mA/g)电流密度及 0.003～2.1V 电压条件下可逆比容量为 250mA·h/g[28]。Huang 等以宁夏煤沥青为原料通过 2800℃高温石墨化处理制备人造石墨，结果表明人造石墨的石墨化度达到 92%，并且在 0.1C 和 1.0C 电流密度下充电比容量分别为 350mA·h/g 和 273mA·h/g[29]。Fan 等以针状焦和石油焦为原料在 3000℃高温下进行石墨化处理，得到针状焦石墨和石油焦石墨，结果表明针状焦石墨和石油焦石墨的 G 达 92%和 86%，并且对针状焦石墨作为负极材料的电化学性能进行研究，在 15mA/g 电流密度下电压区间 0.0～2.0V 的放电比容量为 337mA·h/g[30]。另外，张亚婷等以陕北神府煤为原料在 2500℃下制备了超细石墨粉[31]；时迎迎等以宁夏太西煤为原料制备了煤基石墨[32]；姜宁林和李海以宁夏太西无烟煤为原料进行 2800℃高温石墨化处理获得石墨化针状焦[33]，并将其应用于锂离子电池负极材料进行电化学性能测试；作者课题组以济源无烟煤和山西烟煤为原料在 2800℃高温下制备了高性能煤基石墨[34-35]。这些石墨化材料的微晶结构和电化学性能参数总结于表 1-1。

表 1-1 直接石墨化材料的微晶结构和电化学性能参数

名称	温度/℃	石墨化度 G/%	堆叠厚度 L_c/nm	横向尺寸 L_a/nm	电化学性能
煤基石墨	2600	45	37.6	17.0	—
煤基石墨	2800	83	21.6	48.7	250mA·h/g 在 0.1C
人造石墨	2800	92	43.9	—	350mA·h/g 在 0.1C
针状焦石墨	3000	92	30.4	21.7	337mA·h/g 在 15mA/g
石油焦石墨	3000	86	28.0	15.9	—
石墨化煤	2500	66	22.91	33.76	—
石墨化煤	—	86	—	—	243mA·h/g 在 0.2C
石墨化煤	2800	92	—	—	340mA·h/g 在 0.5C
煤基石墨	2800	94	24.4	26.4	371mA·h/g 在 0.1C
煤基石墨	2800	93	27.5	33.0	324mA·h/g 在 0.1C

1.4.2　煤基多孔炭研究进展

多孔炭材料因其具有可调的孔结构、高的比表面积以及良好的结构稳定性等优势，在锂离子电池负极材料应用中表现出突出的电化学性能。根据国际纯粹与应用化学联合会(International Union of Pure and Applied Chemistry，IUPAC)分类，多孔炭材料根据孔径大小可分为微孔材料($d \leqslant 2$nm)、中孔材料($2\text{nm} < d \leqslant 50$nm)和大孔材料($d > 50$nm)。其中，微孔结构可以为电解质离子提供嵌入空间，而炭材料中含有的中孔和大孔结构能够为锂离子嵌入/脱出提供高效的传输通道，进而达到改善负极材料倍率性能和循环寿命的目的。

活化法是制备富含微孔结构煤基多孔炭最为常用的方法[36]。物理活化法是利用CO_2、H_2O(g)或NH_3等活化气体，在高温下对煤及其衍生物进行活化刻蚀实现造孔的过程。Wang等以准东低阶煤为原料通过CO_2气体活化制备多孔炭，结果表明多孔炭的孔结构以微孔为主，比表面积和总孔容分别为345m^2/g和0.19cm^3/g；拉曼光谱的D峰与G峰的强度比I_D/I_G为0.73，说明由CO_2气体直接活化的多孔炭具有较多的无序结构[37]。Jiang等以褐煤为原料采用水蒸气活化法制备煤基多孔炭，比表面积和总孔容分别为525m^2/g和0.383cm^3/g，微孔率为53.8%[38]。Li等以烟煤为碳质前驱体通过NH_3刻蚀法制备氮掺杂多孔炭，比表面积达974m^2/g，孔结构以微孔为主，I_D/I_G为1.23，说明氮掺杂多孔炭具有高度无序的结构[39]。诸多研究结果表明通过气体刻蚀制备出的多孔炭以微孔为主，孔径分布较窄，孔隙结构不够发达。化学活化法是利用KOH、K_2CO_3、$ZnCl_2$、$NiCl_2 \cdot 6H_2O$、H_3PO_4或HNO_3等活化剂在惰性气体氛围下对煤基碳质前驱体进行炭化处理制备孔隙结构发达的多孔炭。其中，KOH活化法是化学活化法中最常见的方法。Yan等以山西晋城煤为原料通过KOH活化法制备煤基多孔炭(图1-4)，比表面积和总孔容分别达2372m^2/g和1.087cm^3/g，微孔率为93%，I_D/I_G为1.09，具

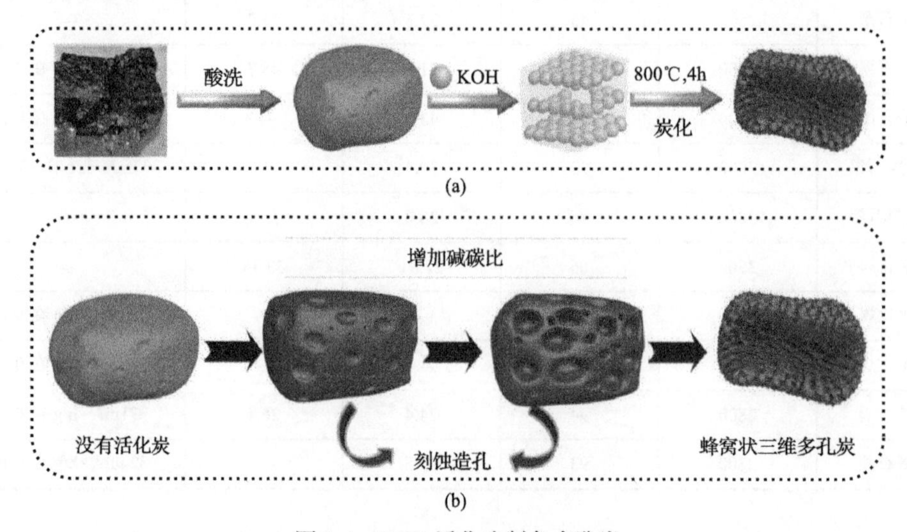

图1-4　KOH活化法制备多孔炭

有较高的无序结构[40]。Wang 等以新疆无烟煤为原料，$ZnCl_2$ 和 KOH 为活化剂，通过两步法制备煤基多孔炭，比表面积为 1851m^2/g，微孔率为 88%[41]。Chen 等以煤为原料，$NiCl_2 \cdot 6H_2O$ 为活化剂，在 800℃下进行催化活化制备纳米多孔炭，比表面积为 1551m^2/g，微孔率为 34%，I_D/I_G 为 1.83，具有高度的无序结构[42]。Wang 等以准东次烟煤为原料，通过 K_2CO_3 进行催化活化诱导制备多孔炭，比表面积为 1773m^2/g，微孔率为 59%[43]。邢宝林课题组以煤基腐殖酸为原料，通过 KOH 活化法制备富氧的层次多孔炭，比表面积为 660m^2/g，表现出较高的电化学性能[44]。更多化学活化法制备煤基多孔炭的孔结构总结于表 1-2，通过化学活化法制备的多孔炭具有高度发达的孔隙结构。

表 1-2 煤基多孔炭的制备方法和结构参数

名称	制备方法	试剂	比表面积/(m^2/g)
低阶煤基活性炭	活化法	CO_2	345
褐煤基多孔炭	活化法	H_2O(g)	525
N 掺杂多孔炭	活化法	NH_3	974
S 掺杂多孔炭	活化法	KOH	2372
煤基多孔炭	活化法	$ZnCl_2$+KOH	1851
煤基多孔炭	活化法	$NiCl_2 \cdot 6H_2O$	1551
煤基活性炭	活化法	K_2CO_3	1773
煤基层次孔炭	活化法	KOH	660
煤沥青基多孔炭	活化法	KOH	3305
层次孔炭	活化法	KOH	1590
无烟煤基多孔炭	活化法	KOH	527

多孔炭因其较高的比表面积和丰富的纳米孔可为锂离子的嵌入和吸附提供更多空间，可逆比容量可达 700～1000mA·h/g，明显高于石墨，被认为是一种非常具有应用前景的锂离子电池负极材料[45]。但多孔炭负极材料也存在明显的缺陷：①多孔炭石墨化度较低，其导电性和电化学稳定性均受到严重限制；②复杂的纳米孔致使过低电位储存的锂离子难以释放，使负极材料的首次库仑效率较低。因而，解决上述问题最有效的策略是将多孔结构与石墨微晶有机结合，开发兼具纳米孔和石墨微晶特征的新型炭负极材料。

1.5 石墨化炭负极材料表面改性研究进展

近年来，随着新能源汽车的迅猛发展，对动力电池的要求也越来越高，传统石墨负极材料已无法同时满足高性能锂离子电池对负极材料各项性能指标的要求。因此，在实际生产或使用过程中，常需要对现有石墨类负极材料进行结构调控和表面改性，在一定程度上改善其某项缺陷，以期达到提升负极材料综合性能的目的。目前，围绕石墨类负极材料的结构调控和表面改性这一研究热点，国内外研究者从不同角度进行了深入研究，主要体现在以下几个方面。

1.5.1 表面包覆

石墨类材料作为锂离子电池负极的优势在于：石墨化度高，良好取向的层状结构有利于锂离子的嵌入与脱出，电压平台平稳，且随着锂离子嵌入量的增加，电极电位接近锂电位，从而保证电池具有较高的稳定工作电压。但石墨类负极材料与电解液的相容性较差，石墨片层在充放电过程中容易被插入的溶剂分子剥离，导致石墨颗粒粉化，体积膨胀，进而引起负极材料结构的不可逆破坏，大大降低其稳定性和循环寿命。为解决上述问题，国内外研究者做了大量研究工作，并取得了良好效果。日本 Nozaki 课题组以聚乙烯醇和聚氯乙烯为碳源，采用机械混合方式对天然石墨进行表面包覆，可明显改善负极材料的电化学性能[46]。清华大学康飞宇课题组以酚醛树脂为碳源，采用液相浸渍法对膨胀后的天然石墨进行包覆处理，可显著提高石墨负极材料的可逆比容量(最高可达 378mA · h/g)和循环性能[47]。Wang 等以葡萄糖为碳源，采用溶胶-凝胶法对人造石墨进行无定形碳包覆，可大幅度提高对应负极材料的倍率性能[48]。成会明院士课题组以乙炔为碳源，采用气相沉积法对天然石墨球进行包覆后发现，改性后的石墨负极材料具有核壳结构，其首次库仑效率和循环稳定性明显改善[49]，研究表明，通过固相、气相或液相炭化沉积法对石墨负极材料进行包覆，在其表面修饰一层无定形碳保护膜，构筑出核壳结构，使得修饰后负极材料的“核”保留着石墨材料高容量和低电位的优势，而其“壳”又具有良好的电解液相容性，有效抑制了因溶剂化效应而引起的石墨剥离、粉化及体积膨胀等不利影响，显著提高了石墨负极材料的首次库仑效率和循环稳定性等电化学性能。

此外，表面包覆不仅能有效约束和缓冲电极材料活性中心的体积膨胀，防止纳米活性颗粒的团聚，而且能阻止电解液向活性中心渗透，保持电极材料界面的稳定。根据该原理，Park 等提出在活性颗粒周围充填炭黑来改善电极材料性能的思路，并证实石墨颗粒间充填炭黑不仅可增加电极材料的导电性，而且可在电极材料中构筑锂离子的传输孔道，使其更有利于锂离子迁移和电子传递(图 1-5)，进而提高电池的倍率性能和循环稳定性[50]。

对于表面包覆来说，颗粒的不规整性导致石墨类负极材料实现均匀包覆的难度较大，若先经规整化处理再进行表面包覆，势必会增加工艺复杂性，提高生产成本。此外，表面包覆(以碳包覆为例)过程受到碳源、包覆方法、炭层厚度、包覆炭微观结构与含量等众多因素影响，导致石墨类负极材料的表面包覆难以实现定向调控，进而影响最终包覆效果。

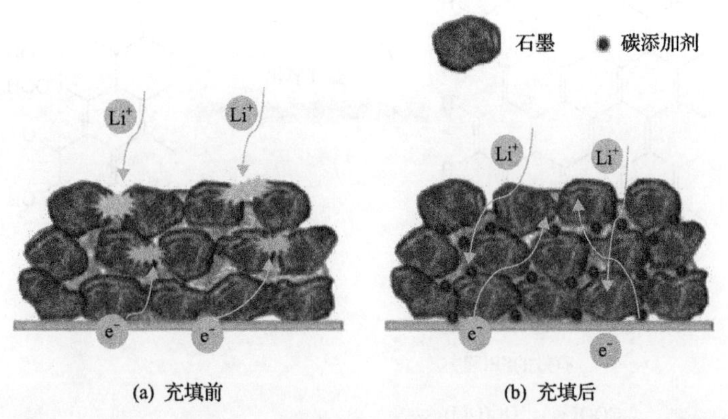

图 1-5 锂离子在炭黑充填前后的石墨类负极材料中的迁移示意图

1.5.2 化学修饰

石墨类负极材料的化学修饰主要包括氧化处理和卤化处理两个方面。氧化处理一般采用气相温和氧化和 HNO_3、H_2SO_4、H_2O_2 及 $(NH_4)_2S_2O_8$ 等氧化剂液相氧化处理，修饰石墨类负极材料的界面化学性质[51-53]。例如，Shim 和 Striebel 在空气氛围中对石墨进行温和氧化(550℃)处理，发现氧化处理可以消除石墨中的部分缺陷并生成纳米孔道，从而产生额外的储锂空间[54]；而氧化处理过程中新生成的酸性含氧官能团有利于在电极界面形成钝化膜，进而有助于改善电极的稳定性。马志华和 Fu 等以 HNO_3、H_2SO_4、H_2O_2 及 $(NH_4)_2S_2O_8$ 等为氧化剂，在液相条件下氧化处理石墨类炭材料，大大提高了其对应电极材料的可逆比容量及循环性能等指标[55-56]。Lin 等发现 $HClO_4$ 处理对球形天然石墨具有氧化和插层双重作用，改善负极材料界面性质的同时还能增加石墨的层间距，从而有效降低锂离子的扩散阻力[51]。氧化处理不仅可以在石墨类材料中生成纳米孔道，增加锂离子的存储空间，改善锂离子的输送通道，提高其对应电极的可逆比容量和倍率性能，而且新生成的酸性含氧官能团还能在石墨类负极材料表面形成高效的 SEI 膜(图 1-6)，有效抑制电解液的分解，提高电极的稳定性。

除了氧化处理外，卤化处理也是修饰和改性石墨类负极材料表面化学性质的有效手段。研究者常用 F_2、Cl_2、ClF_3、NF_3 及等离子体等改性剂来卤化修饰石墨类负极材料[57]。Matsumoto 等探究了 ClF_3 改性对天然石墨表面化学性质和微晶结构的影响，并对比分析了改性前后负极材料电化学性能的差异[58]。Abdelkader-Fernández 等在 CF_4 微波等离子体环境中，系统研究了氟化程度对石墨纳米片的微观结构及表面含氟基团的影响[59]。Nakajuma 系统阐明了卤化处理过程中 F_2、ClF_3、NF_3 和 Cl_2 与石墨类材料间的作用机理与影响规律[60]。石墨类材料经卤化处理后，其表面会形成 C—F 和 C—Cl 钝化膜，可增强石墨微晶的稳定性，从而防止循环充放电过程中石墨片层的脱落，且能有效抑制电极材料与电解液间的不可逆反应，提高其首次库仑效率。

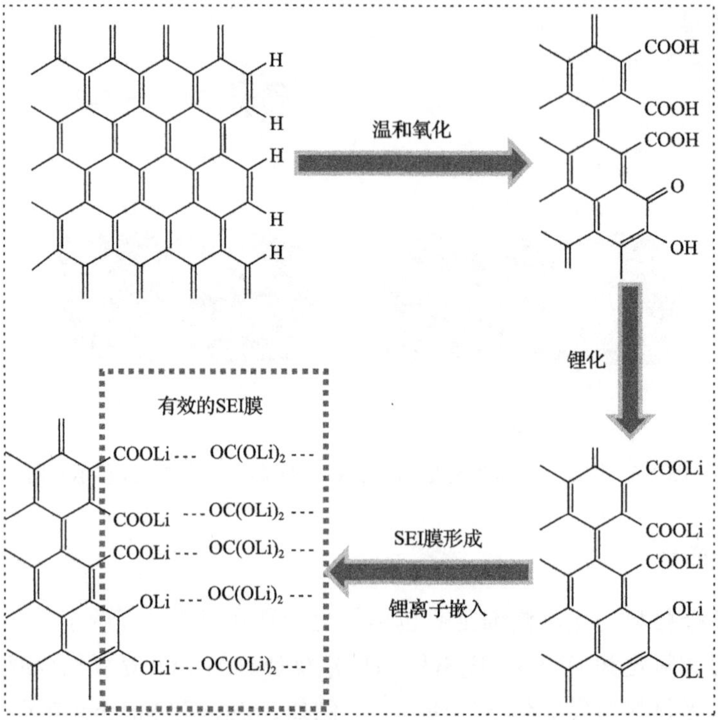

图 1-6　氧化处理后石墨类负极材料表面 SEI 膜的形成机制示意图

通过氧化处理或卤化处理等化学修饰手段不仅能提高锂离子在石墨类负极材料中的存储空间，改善锂离子的传输通道，还能有效调控材料的表面化学性质，强化其对应负极表面 SEI 膜的稳定性，从而达到改善电化学性能的效果。化学修饰过程中的氧化或卤化程度是决定石墨类负极材料性能好坏的关键。适度氧化或卤化有利于提高负极材料的电化学性能；但若氧化或卤化过程过于剧烈，石墨微晶可能会因过度修饰而破坏，颗粒规整度也会降低，使得电极首次充放电过程中的不可逆反应损耗增加，而且会导致 SEI 膜的稳定性变差，进而降低负极材料的性能指标。因此，石墨类负极材料的化学修饰需要准确把握氧化或卤化程度，并要求能够有针对性地精确调控其修饰过程。

1.5.3 元素掺杂

在石墨类材料中有选择性地掺入或负载某些金属元素和非金属元素，可改变其微观结构和电子状态，进而促进锂离子在石墨类负极材料中的嵌/脱锂行为。目前石墨类炭材料中掺杂的非金属元素主要有 B、N、P、S、Si 等[61]。Kim 等研究发现，在石油沥青高温炭化制备锂离子电池负极材料过程中，掺杂 B 不仅有利于石墨微晶片层的发育，提高其石墨化度，还能与活性碳原子形成稳定的 B—C 化学键，改变石墨微晶表面的电子分布，进而改善 SEI 膜的稳定性，提高负极材料可逆比容量和库仑效率[62]。Zhou 等在研究 N、S 双掺杂石墨烯负极材料电化学性能时发现：N、S 双掺杂可在石墨烯中引入更多的锂离子嵌入活性位点，从而使其初始比容量可达 1428.8mA·h/g，且具有良好的倍率性能[63]。Bai 等研究了 P 掺杂石墨类负极材料的电化学性能[64]。Li 等研究证实，石墨类材料中掺杂纳米 Si 可提高其对应负极材料的导电性[65]。Zhang 等通过原位热还原法在石墨纳米片表面负载 Si 纳米颗粒，显著提高了电极材料的可逆比容量，其首次可逆比容量高达 1702.9mA·h/g，且具有优异的循环寿命和比容量保持率[66]。

特别地，通过高能球磨产生的机械力化学作用对石墨进行剥离改性，有针对性地引入杂原子制备改性炭材料的研究受到广泛关注[67]。如图 1-7 所示，机械力化学作用是利用高速移动的金属球产生的动能使石墨片层间的 C—C 键断裂，引发边缘反应（C—X 键形成），进而将石墨片层剥离。其中，在打开的石墨片层边缘产生碳自由基和阳/阴离子等活性碳基团具有足够的活性，能够迅速吸附合适的反应物，而添加适当的反应助剂，可以对石墨烯纳米片进行边缘修饰，同时化学结合形成的 X 基团可以起到物理楔的作用，能够阻碍剥离的石墨烯纳米片二次堆积。例如，Zhu 等通过球磨法对石墨进行剥离，制备具有丰富多孔结构的高质量石墨烯纳米片[68]；Liu 等以石墨为原料，尿素为改性剂，通过机械力化学作用制备出 N 掺杂石墨烯，并将其用作锂离子电池负极材料[69]，研究表明，石墨结构中氮原子的电负性，不仅有利于增强负极材料的导电性和电子迁移能力，而且可降低锂离子的吸附能垒。非金属元素掺杂可改变石墨微晶周围的电子分布，提高锂离子与石墨微晶之间的结合能力，强化锂离子

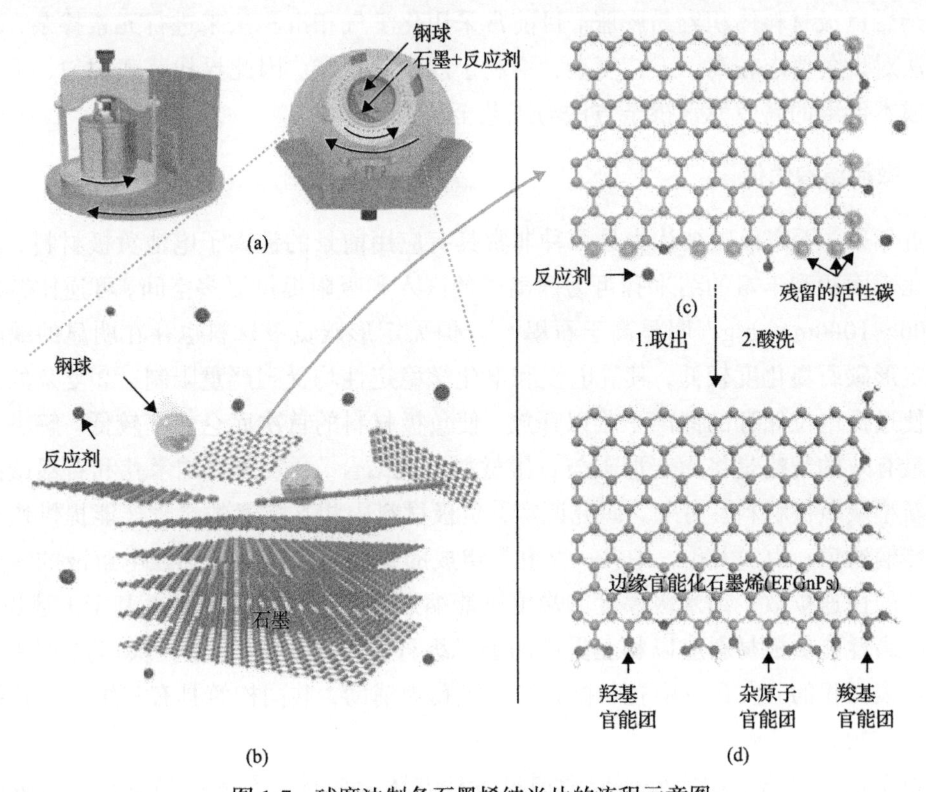

图 1-7 球磨法制备石墨烯纳米片的流程示意图

的嵌入与脱出行为，并改善电极材料的导电性，实现锂离子电池综合性能的提高。

在石墨类材料中掺杂的金属元素主要有 Fe、Co、Ni、Zn、Cu、Ag、Sn 等[70]。Trifonova 等深入研究了 Sn 掺杂石墨炭材料的嵌/脱锂行为[71]。许可松对硅/石墨/炭复合材料进行 Ni 掺杂改性的研究，发现适量的 Ni 掺杂能够显著提高电极材料的循环稳定性[72]。当 Ni 掺杂量为 5%时，复合材料的首次脱锂比容量可达 649mA·h/g，经过 100 次循环后，比容量保持率为 82.7%。Tao 等在研究 TiO_2/炭复合材料的储锂性能过程中发现，复合材料中形成的 Ti—C 键结构可缩短锂离子的扩散路径，并且可增加其导电性[73]。Wen 等通过高能量机械研磨法制备出 Sn、Ag 共掺杂石墨负极材料，其 100 次循环后的可逆比容量可达 380mA·h/g[74]，而 Wang 等采用相同的方法制备出具有良好电化学性能的 Fe_2O_3/石墨复合负极材料[75]。Jin 等通过溶剂法原位合成 Fe_3O_4/石墨类负极材料[76]。金属元素掺杂不仅可以增强石墨类材料的导电性，而且部分储锂活性元素(Sn)还能与石墨类材料形成复合活性物质，协同提高负极材料的储锂比容量。此外，金属元素和部分非金属元素(如 B 元素)在热处理过程中对石墨微晶结构的形成具有催化作用，并且可增加石墨微晶的层间距，从而有利于锂离子的传递。

石墨类材料中杂原子的可控、均匀负载是实现元素掺杂的关键。与表面包覆和化学修饰相比，元素掺杂虽然可在一定程度上显著提高石墨类负极材料的可逆比容量和能量密度，但元素掺杂过程中杂原子的可控、均匀、高效负载问题仍未有效解决，而且掺杂后负极材料体积容易膨胀。目前常采用化学气相沉积法来进行元素掺杂，然而该方法对设备要求较高，工艺复杂，不利于规模化生产。因此寻找负载均匀、工艺简单、成本低廉的高效元素掺杂方法与工艺至关重要。

1.5.4 微晶结构优化

近年来，无定形碳被认为是一种非常具有应用前景的锂离子电池负极材料，其较高的比表面积和丰富的纳米孔可为锂离子的嵌入和吸附提供更多空间，可逆比容量可达 700～1000mA·h/g，明显高于石墨[77]。但无定形碳负极材料也存在明显的缺陷：①无定形碳石墨化度较低，其导电性和电化学稳定性均受到严重限制；②复杂的纳米孔致使过低电位储存的锂离子难以释放，使负极材料的首次库仑效率较低。解决上述问题最有效的策略是将无定形碳与石墨材料有机结合，开发兼具纳米孔和石墨微晶特征的新型炭负极材料。另外，研究证实，负极材料中相互贯通的炭骨架能提供快速的电子传输通道；由“大孔—中孔—微孔”组成的梯级孔道结构可加强电解液的渗透和锂离子的快速扩散；纳米级厚度的炭壁则能缩短锂离子的传输路径。基于上述思想，理想的高性能负极材料应以相互贯通的纳米级石墨微晶片层(石墨类炭)为主体骨架，较高比表面积的“大孔—中孔—微孔”梯级孔为辅助，共同构筑具有三维梯级孔结构的石墨化炭。

根据这一思路，国内外研究者通过各种方法合成具有石墨微晶结构的梯级孔石墨化炭材料，并深入探究其用作锂离子电池负极材料的电化学特性。Hu 等以中间相沥青为前驱体，采用模板法合成了具有梯级孔结构的石墨化炭[78]，该负极材料具有高的可逆比容量和优良的倍率性能，在 10C 电流密度下可逆比容量仍保持为 250mA · h/g。Canal-Rodríguez 等采用化学合成协同微波石墨化策略，成功制备出兼有层次纳米孔和石墨微晶的层次孔石墨化炭，其展现出良好的储锂性能[79]。石美荣等通过高温炭化-KOH 活化高分子树脂制备出多孔微晶炭负极材料，发现多孔微晶炭具有石墨微晶的插层储锂和纳米孔的吸附储锂双重机制，从而使对应负极材料的首次可逆比容量可达 684mA · h/g，且具有良好的循环稳定性[80]。Xing 等以煤沥青为原料，纳米 $CaCO_3$ 为模板，成功制备出具有梯级孔结构的石墨化炭，其用作负极材料的可逆比容量达 707mA · h/g，且具有良好的倍率性能和优异的循环稳定性[81]。Wang 等以生物质海藻酸钠为原料制备出富含石墨片层的三维多孔纳米片，该纳米片中的梯级孔结构能为锂离子和电子的快速传递与扩散提供通道，从而显著提高负极材料的倍率性能[82]。印度 Kakunuri 和 Sharma 采用气相沉积法合成具有贯通石墨微晶架构的石墨化炭负极材料，初始放电比容量高达 1997mA · h/g，且具有良好的大电流充放电性能，其优异的电化学性能与无定形碳中梯级孔结构可降低锂离子扩散阻力的特性密切相关[83]。Ma 等在表面活性剂的作用下通过系列化学合成工序制备出由空心炭纳米笼和超薄石墨微晶纳米片组成的新型三维复合炭材料[84]。特殊的三维空心网络结构使复合材料具有高的比表面积，从而能够为锂离子的储存提供足够的空间，并且能够增加电解液与电极之间的接触面积。超薄石墨纳米片之间的空心纳米笼结构，不仅能够作为锂离子的快速传递通道，而且能有效缓解电极材料在锂离子嵌入/脱出过程中因产生结构应力而带来的体积膨胀。中国科学院大学马衍伟及天津大学李德军等课题组在系统研究三维网络结构石墨类负极材料的储锂行为时发现，负极材料中的石墨(烯)片层结构有利于充放电过程中锂离子的快速嵌入与脱出，且能改善材料的导电性；石墨片层边缘结构可缩短锂离子的传输路径，降低锂离子的扩散阻力；石墨微晶中的缺陷结构(如纳米孔、杂原子结构等)可提高负极材料的比表面积，为锂离子存储提供更多空间(图 1-8)[85-86]。

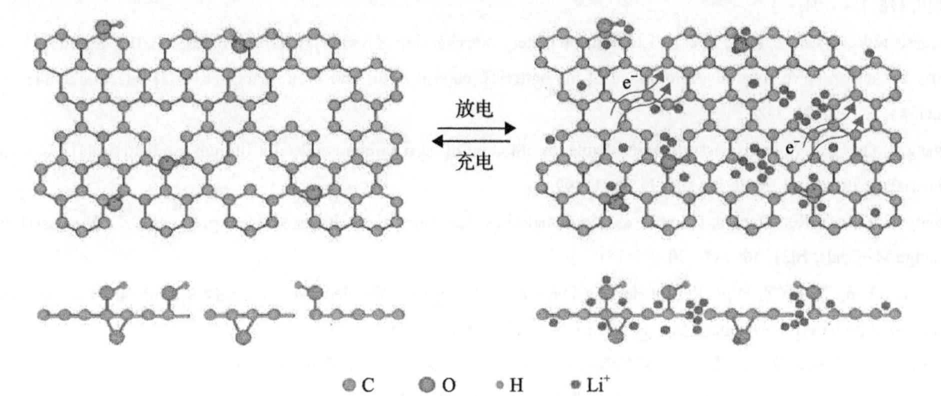

图 1-8 锂离子在具有缺陷的石墨微晶中的嵌入/脱出机理示意图

通过微晶结构优化，定向制备具有三维多孔结构的石墨类负极材料可显著提高锂离子电池的储锂比容量、倍率性能、循环稳定性等综合指标，具有巨大的发展潜力和良好的应用前景。但可控地制备具有三维多孔结构的石墨类负极材料是一项具有挑战性的工作，要在确保石墨片层骨架相互贯通的基础上，实现梯级孔结构在炭骨架中的均匀分布与有机衔接，并且要求尽可能地简化制备工艺，降低生产成本。此外，对于石墨类负极材料的储锂性能，石墨微晶结构和纳米孔道是两个相互“矛盾”的参数。增加石墨类炭的纳米孔道可有效增加负极材料的储锂比容量，但势必降低材料的石墨化度，从而影响其导电性；提高石墨类炭的石墨化度可增强其导电性，但会破坏一定数量的纳米孔道，从而导致储锂比容量受限，离子传递阻力增大。因此，为了追求石墨类负极材料的高储锂比容量、高稳定性和高倍率性能等综合电化学特性，就需要在石墨类负极材料的石墨化度与孔结构之间寻求一个平衡量，使两者对锂离子的影响机制相匹配，才能发挥负极材料的最大潜能。

鉴于此，本书基于煤炭富含芳环结构、原生孔隙发达、表面活性基团丰富等特点，以无烟煤为原料，在掌握热处理过程中无烟煤微观结构演化规律的基础上，通过合理调控炭化-石墨化过程，在石墨微晶结构中有针对性地引入纳米孔道，构筑以石墨微晶片层为骨架兼具丰富孔结构的煤基石墨化炭负极材料。系统研究煤基石墨、微扩层煤基石墨、煤基多孔炭纳米片、煤基石墨烯纳米片等不同石墨化炭的微观结构调控机制及其微观结构对负极材料储锂特性的内在机理等，为高性能石墨化炭负极材料的研发和煤炭资源的低碳高值化利用提供理论依据和技术支撑。

参考文献

[1] Ahmad T, Zhang D. A critical review of comparative global historical energy consumption and future demand: the story told so far[J]. Energy Reports, 2020, 6: 1973-1991.

[2] Gielen D, Boshell F, Saygin D, et al. The role of renewable energy in the global energy transformation[J]. Energy Strategy Reviews, 2019, 24: 38-50.

[3] Al-Dousari A, Al-Nassar W, Al-Hemoud A, et al. Solar and wind energy: challenges and solutions in desert regions[J]. Energy, 2019, 176: 184-194.

[4] Tomaszewska A, Chu Z, Feng X, et al. Lithium-ion battery fast charging: a review[J]. eTransportation, 2019, 1: 100011.

[5] Ding Y, Cano Z P, Yu A, et al. Automotive Li-ion batteries: current status and future perspectives[J]. Electrochemical Energy Reviews, 2019, 2(1): 1-28.

[6] Zhang X, Qu H, Ji W, et al. Fast and controllable prelithiation of hard carbon anodes for lithium-ion batteries[J]. ACS Applied Materials & Interfaces, 2020, 12(10): 11589-11599.

[7] Zhang H, Yang Y, Ren D, et al. Graphite as anode materials: fundamental mechanism, recent progress and advances[J]. Energy Storage Materials, 2021, 36: 147-170.

[8] Zhou L, Zhang K, Hu Z, et al. Recent developments on and prospects for electrode materials with hierarchical structures for lithium-ion batteries[J]. Advanced Energy Materials, 2018, 8(6): 1701415.

[9] 高莎莎. 煤基多孔炭及其钼基复合材料的制备及电化学性能研究[D]. 乌鲁木齐: 新疆大学, 2019.

[10] 王浩强. 煤焦油制备多孔炭及其电化学性能研究[D]. 大连: 大连理工大学, 2014.

[11] 曾会会. 煤基石墨烯及其复合材料的制备与电化学性能研究[D]. 焦作: 河南理工大学, 2018.

[12] Cairns E J. Batteries, overview[J]. Encyclopedia of Energy, 2004, 1: 117-126.

[13] Whittingham M S. Electrical energy storage and intercalation chemistry[J]. Science, 1976, 192(4244): 1126-1127.

[14] Armand M B. Intercalation electrodes[C]//Murphy D W, Broadhead J, Steele B C H. Materials for advanced batteries. Boston: Springer, 1980: 145-161.

[15] Mizushima K, Jones P C, Wiseman P J, et al. Li_xCoO_2 ($0 < x \leqslant 1$): a new cathode material for batteries of high energy density[J]. Materials Research Bulletin, 1980, 15(6): 783-789.

[16] Hunter J C. Preparation of a new crystal form of manganese dioxide: λ-MnO_2[J]. Journal of Solid State Chemistry, 1981, 39(2): 142-147.

[17] Basu S. Ambient temperature rechargeable battery: US04423125A[P]. 1983-12-27[2024-04-23].

[18] Yazami R, Touzain P. A reversible graphite-lithium negative electrode for electrochemical generators[J]. Journal of Power Sources, 1983, 9(3): 365-371.

[19] Ozawa K. Lithium-ion rechargeable batteries with $LiCoO_2$ and carbon electrodes: the $LiCoO_2$/C system[J]. Solid State Ionics, 1994, 69(3-4): 212-221.

[20] Chen Y, Kang Y, Zhao Y, et al. A review of lithium-ion battery safety concerns: the issues, strategies, and testing standards[J]. Journal of Energy Chemistry, 2021, 59: 83-99.

[21] Fergus J W. Recent developments in cathode materials for lithium ion batteries[J]. Journal of Power Sources, 2010, 195(4): 939-954.

[22] Jung R, Metzger M, Maglia F, et al. Oxygen release and its effect on the cycling stability of $LiNi_xMn_yCo_zO_2$ (NMC) cathode materials for Li-ion batteries[J]. Journal of The Electrochemical Society, 2017, 164(7): A1361.

[23] Wang X, Feng Z, Hou X, et al. Fluorine doped carbon coating of $LiFePO_4$ as a cathode material for lithium-ion batteries[J]. Chemical Engineering Journal, 2020, 379: 122371.

[24] Li X, Sun X, Hu X, et al. Review on comprehending and enhancing the initial coulombic efficiency of anode materials in lithium-ion/sodium-ion batteries[J]. Nano Energy, 2020, 77: 105143.

[25] Qi W, Shapter J G, Wu Q, et al. Nanostructured anode materials for lithium-ion batteries: principle, recent progress and future perspectives[J]. Journal of Materials Chemistry A, 2017, 5(37): 19521-19540.

[26] Li K K, Liu G Y, Zheng L S, et al. Coal-derived carbon nanomaterials for sustainable energy storage applications[J]. New Carbon Materials, 2021, 36(1): 133-154.

[27] González D, Montes-Morán M A, Garcia A B. Influence of inherent coal mineral matter on the structural characteristics of graphite materials prepared from anthracites[J]. Energy & Fuels, 2005, 19(1): 263-269.

[28] Cameán I, Lavela P, Tirado J L, et al. On the electrochemical performance of anthracite-based graphite materials as anodes in lithium-ion batteries[J]. Fuel, 2010, 89(5): 986-991.

[29] Huang S, Guo H, Li X, et al. Carbonization and graphitization of pitch applied for anode materials of high power lithium ion batteries[J]. Journal of Solid State Electrochemistry, 2013, 17(5): 1401-1408.

[30] Fan C L, He H, Zhang K H, et al. Structural developments of artificial graphite scraps in further graphitization and its relationships with discharge capacity[J]. Electrochimica Acta, 2012, 75: 311-315.

[31] 张亚婷, 张晓欠, 刘国阳, 等. 神府煤制备超细石墨粉[J]. 化工学报, 2015, 66(4): 1514-1520.

[32] 时迎迎, 臧文平, 楠顶, 等. 太西煤的石墨化改性及其锂离子电池负极性能[J]. 煤炭学报, 2012, 37(11): 1925-1929.

[33] 姜宁林, 李海. 石墨化无烟煤基锂离子电池负极材料研究[J]. 炭素技术, 2019(1): 7-9.

[34] 邢宝林, 张传涛, 谌伦建, 等. 高性能煤基石墨负极材料的制备及其储锂特性研究[J]. 中国矿业大学学报, 2019, 48(5): 1133-1142.

[35] Xing B L, Zhang C T, Cao Y, et al. Preparation of synthetic graphite from bituminous coal as anode materials for high performance lithium-ion batteries[J]. Fuel Processing Technology, 2018, 172: 162-171.

[36] 解强, 张香兰, 李兰廷, 等. 活性炭孔结构调节: 理论, 方法与实践[J]. 新型炭材料, 2005, 20(2): 183-190.

[37] Wang L, Sun F, Gao J, et al. A novel melt infiltration method promoting porosity development of low-rank coal derived

activated carbon as supercapacitor electrode materials[J]. Journal of the Taiwan Institute of Chemical Engineers, 2018, 91: 588-596.

[38] Jiang Y, Xie Q, Zhang Y, et al. Preparation of magnetically separable mesoporous activated carbons from brown coal with Fe_3O_4[J]. International Journal of Mining Science and Technology, 2019, 29(3): 513-519.

[39] Li C, Wang Y, Xiao N, et al. Nitrogen-doped porous carbon from coal for high efficiency CO_2 electrocatalytic reduction[J]. Carbon, 2019, 151: 46-52.

[40] Yan S X, Wang Q, Luo S H, et al. Coal-based S hybrid self-doped porous carbon for high-performance supercapacitors and potassium-ion batteries[J]. Journal of Power Sources, 2020, 461: 228151.

[41] Wang L, Wang R, Zhao H, et al. High rate performance porous carbon prepared from coal for supercapacitors[J]. Materials Letters, 2015, 149: 85-88.

[42] Chen J, Feng J, Dong L, et al. Nanoporous coal via Ni-catalytic graphitization as anode materials for potassium ion battery[J]. Journal of Electroanalytical Chemistry, 2020, 862: 113902.

[43] Wang L, Sun F, Hao F, et al. A green trace K_2CO_3 induced catalytic activation strategy for developing coal-converted activated carbon as advanced candidate for CO_2 adsorption and supercapacitors[J]. Chemical Engineering Journal, 2020, 383: 123205.

[44] Huang G X, Kang W W, Xing B L, et al. Oxygen-rich and hierarchical porous carbons prepared from coal based humic acid for supercapacitor electrodes[J]. Fuel Processing Technology, 2016, 142: 1-5.

[45] 韩飞, 陆安慧, 李文翠. 结构可控的炭基材料在锂离子电池中的应用[J]. 化学进展, 2012, 24(12): 2443-2456.

[46] Nozaki H, Nagaoka K, Hoshi K, et al. Carbon-coated graphite for anode of lithium ion rechargeable batteries: carbon coating conditions and precursors[J]. Journal of Power Sources, 2009, 194(1): 486-493.

[47] Zou L, Kang F Y, Zheng Y P, et al. Modified natural flake graphite with high cycle performance as anode material in lithium ion batteries[J]. Electrochimica Acta, 2009, 54(15): 3930-3934.

[48] Wang C, Zhao H, Wang J, et al. Electrochemical performance of modified artificial graphite as anode material for lithium ion batteries[J]. Ionics, 2013, 19(2): 221-226.

[49] Liu S, Ying Z, Wang Z, et al. Improving the electrochemical properties of natural graphite spheres by coating with a pyrolytic carbon shell[J]. New Carbon Materials, 2008, 23(1): 30-36.

[50] Han H, Park H, Kil K C, et al. Microstructure control of the graphite anode with a high density for Li ion batteries with high energy density[J]. Electrochimica Acta, 2015, 166: 367-371.

[51] Lin Y, Huang Z, Yu X, et al. Mildly expanded graphite for anode materials of lithium ion battery synthesized with perchloric acid[J]. Electrochimica Acta, 2014, 116: 170-174.

[52] 赵琢, 贾晓川, 李晶, 等. 天然石墨负极的氧化改性[J]. 新型炭材料, 2013, 28(5): 385-390.

[53] Lee C, Han Y, Seo Y D, et al. C_4F_8 plasma treatment as an effective route for improving rate performance of natural/synthetic graphite anodes in lithium ion batteries[J]. Carbon, 2016, 103: 28-35.

[54] Shim J, Striebel K A. Electrochemical characterization of thermally oxidized natural graphite anodes in lithium-ion batteries[J]. Journal of Power Sources, 2007, 164(2): 862-867.

[55] 马志华. 天然石墨负极材料表面改性研究[D]. 新乡: 河南师范大学, 2011.

[56] Fu L J, Liu H, Li C, et al. Surface modifications of electrode materials for lithium ion batteries[J]. Solid State Sciences, 2006, 8(2): 113-128.

[57] Guérin K, Dubois M, Houdayer A, et al. Applicative performances of fluorinated carbons through fluorination routes: a review[J]. Journal of Fluorine Chemistry, 2012, 134: 11-17.

[58] Matsumoto K, Li J, Ohzawa Y, et al. Surface structure and electrochemical characteristics of natural graphite fluorinated by ClF_3[J]. Journal of Fluorine Chemistry, 2006, 127(10): 1383-1389.

[59] Abdelkader-Fernández V K, Morales-Lara F, Melguizo M, et al. Degree of functionalization and stability of fluorine groups fixed to carbon nanotubes and graphite nanoplates by CF_4 microwave plasma[J]. Applied Surface Science, 2015, 357: 1410-1418.

[60] Nakajuma T. Advanced fluoride-based materials for energy conversion[M]. Amsterdam: Elsevier, 2015: 203-221.

[61] Bloom I, Dietz Rago N, Sheng Y, et al. Effect of overcharge on lithium-ion cells: silicon/graphite anodes[J]. Journal of Power Sources, 2019, 432: 73-81.

[62] Kim J G, Liu F, Lee C, et al. Boron-doped carbon prepared from PFO as a lithium-ion battery anode[J]. Solid State Sciences, 2014, 34: 38-42.

[63] Zhou Y, Zeng Y, Xu D, et al. Nitrogen and sulfur dual-doped graphene sheets as anode materials with superior cycling stability for lithium-ion batteries[J]. Electrochimica Acta, 2015, 184: 24-31.

[64] Bai A, Wang L, Li J, et al. Composite of graphite/phosphorus as anode for lithium-ion batteries[J]. Journal of Power Sources, 2015, 289: 100-104.

[65] Li Y, Chang B, Li T, et al. One-step synthesis of hollow structured Si/C composites based on expandable microspheres as anodes for lithium ion batteries[J]. Electrochemistry Communications, 2016, 72: 69-73.

[66] Zhang Y, Jiang Y, Li Y, et al. Preparation of nanographite sheets supported Si nanoparticles by in situ reduction of fumed SiO_2 with magnesium for lithium ion battery[J]. Journal of Power Sources, 2015, 281: 425-431.

[67] Mahmoud A E D, Stolle A, Stelter M. Sustainable synthesis of high-surface-area graphite oxide via dry ball milling[J]. ACS Sustainable Chemistry & Engineering, 2018, 6(5): 6358-6369.

[68] Zhu H, Cao Y, Zhang J, et al. One-step preparation of graphene nanosheets via ball milling of graphite and the application in lithium-ion batteries[J]. Journal of Materials Science, 2016, 51(8): 3675-3683.

[69] Liu C, Liu X, Tan J, et al. Nitrogen-doped graphene by all-solid-state ball-milling graphite with urea as a high-power lithium ion battery anode[J]. Journal of Power Sources, 2017, 342: 157-164.

[70] Goriparti S, Miele E, De Angelis F, et al. Review on recent progress of nanostructured anode materials for Li-ion batteries[J]. Journal of Power Sources, 2014, 257: 421-443.

[71] Trifonova A, Winter M, Besenhard J O. Structural and electrochemical characterization of tin-containing graphite compounds used as anodes for Li-ion batteries[J]. Journal of Power Sources, 2007, 174: 800-804.

[72] 许可松. 锂离子电池硅碳复合材料的制备及改性研究[D]. 哈尔滨: 哈尔滨工业大学, 2011.

[73] Tao T, He L, Li J, et al. Large scale synthesis of TiO_2-carbon nanocomposites using cheap raw materials as anode for lithium ion batteries[J]. Journal of Alloys and Compounds, 2014, 615: 1052-1055.

[74] Wang X, Wen Z, Lin B, et al. Preparation and electrochemical characterization of tin/graphite/silver composite as anode materials for lithium-ion batteries[J]. Journal of Power Sources, 2008, 184(2): 508-512.

[75] Wang Y, Yang L, Hu R, et al. Facile synthesis of Fe_2O_3-graphite composite with stable electrochemical performance as anode material for lithium ion batteries[J]. Electrochimica Acta, 2014, 125: 421-426.

[76] Jin B, Liu A, Liu G, et al. Fe_3O_4-pyrolytic graphite oxide composite as an anode material for lithium secondary batteries[J]. Electrochimica Acta, 2013, 90: 426-432.

[77] 韩飞. 炭修饰锂离子电池负极材料的设计及性能研究[D]. 大连: 大连理工大学, 2014.

[78] Hu Y S, Adelhelm P, Smarsly B M, et al. Synthesis of hierarchically porous carbon monoliths with highly ordered microstructure and their application in rechargeable lithium batteries with high-rate capability[J]. Advanced Functional Materials, 2007, 17(12): 1873-1878.

[79] Canal-Rodríguez M, Arenillas A, Menéndez J A, et al. Carbon xerogels graphitized by microwave heating as anode materials in lithium-ion batteries[J]. Carbon, 2018, 137: 384-394.

[80] 石美荣, 李孟元, 段兴潮, 等. 多孔微晶炭的制备及储锂性能研究[J]. 电源技术, 2011, 35(11): 1346-1350.

[81] Xing B L, Zhang C X, Liu Q R, et al. Green synthesis of porous graphitic carbons from coal tar pitch templated by nano-$CaCO_3$ for high-performance lithium-ion batteries[J]. Journal of Alloys and Compounds, 2019, 795: 91-102.

[82] Wang Z, Zhang F, Lu Y, et al. Facile synthesis of three-dimensional porous carbon sheets from a water-soluble biomass source sodium alginate for lithium ion batteries[J]. Materials Research Bulletin, 2016, 83: 590-596.

[83] Kakunuri M, Sharma C S. Candle soot derived fractal-like carbon nanoparticles network as high-rate lithium ion battery anode

material[J]. Electrochimica Acta, 2015, 180: 353-359.

[84] Ma H F, Jiang H, Jin Y, et al. Carbon nanocages@ultrathin carbon nanosheets: one-step facile synthesis and application as anode material for lithium-ion batteries[J]. Carbon, 2016, 105: 586-592.

[85] Zhang H, Sun X, Zhang X, et al. High-capacity nanocarbon anodes for lithium-ion batteries[J]. Journal of Alloys and Compounds, 2015, 622: 783-788.

[86] Shan H, Xiong D, Li X, et al. Tailored lithium storage performance of graphene aerogel anodes with controlled surface defects for lithium-ion batteries[J]. Applied Surface Science, 2016, 364: 651-659.

2　煤基石墨化炭的结构调控方法和测试手段

2.1　实验材料与仪器设备

2.1.1　实验材料与化学试剂

使用的主要化学试剂总结于表 2-1。以低灰分、高变质程度的无烟煤为原料，其工业分析与元素分析结果见表 2-2。

表 2-1　主要化学试剂

试剂名称	规格	生产厂家
硫酸（H_2SO_4）	分析纯（AR）	洛阳市化学试剂厂
硝酸钠（$NaNO_3$）	分析纯（AR）	洛阳市化学试剂厂
高锰酸钾（$KMnO_4$）	分析纯（AR）	洛阳市化学试剂厂
过氧化氢（H_2O_2）	分析纯（AR）	洛阳市化学试剂厂
盐酸（HCl）	分析纯（AR）	洛阳市化学试剂厂
氢氧化钾（KOH）	分析纯（AR）	天津市科密欧化学试剂有限公司
三聚氰胺（$C_3H_6N_6$）	分析纯（AR）	上海麦克林生化科技股份有限公司
植酸（$C_6H_{18}O_{24}P_6$）	分析纯（AR）	上海麦克林生化科技股份有限公司
硼酸（H_3BO_3）	分析纯（AR）	上海麦克林生化科技股份有限公司
六水硝酸镍（$Ni(NO_3)_2·6H_2O$）	分析纯（AR）	上海麦克林生化科技股份有限公司
导电炭黑	电池级	东莞市杉杉电池材料有限公司
聚四氟乙烯（PVDF）	电池级	东莞市杉杉电池材料有限公司
N-甲基吡咯烷酮	色谱级	上海阿拉丁生化科技股份有限公司
铜箔（Cu）	电池级	郑州景弘新能源科技有限公司
电解液（$LiPF_6$/EC+DEC（1∶1））	电池级	南京莫杰斯能源科技有限公司
聚丙烯膜（Celgard2400）	电池级	郑州景弘新能源科技有限公司
电池壳（LIR2016）	电池级	郑州景弘新能源科技有限公司
垫片	电池级	郑州景弘新能源科技有限公司
锂片	电池级	天津中能锂业有限公司

表 2-2　无烟煤的工业分析与元素分析结果

原料	工业分析/%				元素分析/%				
	水分(M_{ad})	灰分(A_d)	挥发分(V_{daf})	固定碳(FC_{daf})	C_{daf}	H_{daf}	O^*_{daf}	N_{daf}	S_{daf}
太西无烟煤	1.55	2.32	6.94	93.06	94.80	3.61	0.70	0.76	0.13
济源无烟煤	1.53	7.35	11.42	88.58	87.08	3.55	8.14	1.23	—

注：ad-空气干燥基；d-干燥基；daf-干燥无灰基；*-差值法。

2.1.2　主要仪器设备

主要仪器设备见表 2-3。

表 2-3　实验主要仪器设备

仪器名称	型号规格	生产厂家
电子天平	BS224S	北京赛多利斯天平有限公司
电子恒温水浴锅	DZKW-4	北京中兴伟业仪器有限公司
精密增力电动搅拌器	JJ-1	常州国华电器有限公司
磁力搅拌器	HJ-4A	江苏科析仪器有限公司
数控超声波清洗机	KQ-300DE	昆山市超声仪器有限公司
高速离心机	SC-3614	安徽中科中佳科学仪器有限公司
冷冻干燥机	LGJ-16	北京松源华兴科技发展有限公司
电热恒温鼓风干燥箱	101-3AB	北京中兴伟业仪器有限公司
高速多功能粉碎机	YB-4500A	永康市速锋工贸有限公司
行星式球磨机	JX-2G	上海净信实业发展有限公司
立式釜	SJG-16	洛阳神佳窑业有限公司
马弗炉	SDMF300	湖南三德科技股份有限公司
高温管式炉	RHTH 120-600/18	德国纳博热工业炉有限公司
高温石墨化炉	HYSL203010-28	株洲红亚电热设备有限公司
超级净化手套箱	Super（1220/750）	米开罗那(上海)工业智能科技股份有限公司
封口机	MSK-110	深圳科晶智达科技有限公司
切片机	MSK-T10	深圳科晶智达科技有限公司
锂离子电池测试系统	CT-4008	深圳新威尔电子有限公司
电化学工作站	CHI760E	上海辰华仪器有限公司

2.2 煤基石墨化炭的结构调控方法

2.2.1 煤基石墨化炭的制备

本实验通过调节炭化-石墨化温度来实现对煤基石墨化炭微晶结构的调控。具体步骤为：将粒度小于 75μm 的太西无烟煤置于立式釜中，在氩气气氛下，以 10℃/min 的升温速率升至 450℃并保温 2h，之后以 5℃/min 的升温速率升至 900℃并保温 2h，对原料煤进行炭化预处理去除挥发分。初始炭化后，将一部分样品置于高温管式炉中，在氩气气氛下，以 5℃/min 的升温速率分别升至 1000℃、1200℃、1400℃和 1600℃，并保温 2h 对样品进一步炭化，待样品冷却到室温取出得到太西无烟煤炭化样品（记为 TXC），分别标记为 TXC-*x*（*x*=1000、1200、1400、1600）。同时，将另一部分样品置于高温石墨化炉中，在氩气气氛保护下，以 15℃/min 的升温速率分别升至 1800℃、2000℃、2200℃、2400℃、2600℃和 2800℃，并保温 2h 对样品进一步石墨化，待样品冷却到室温取出得到太西无烟煤石墨化样品（记为 TXG），分别标记为 TXG-*x*（*x*=1800、2000、2200、2400、2600、2800）。煤基石墨化炭的制备流程如图 2-1 所示。

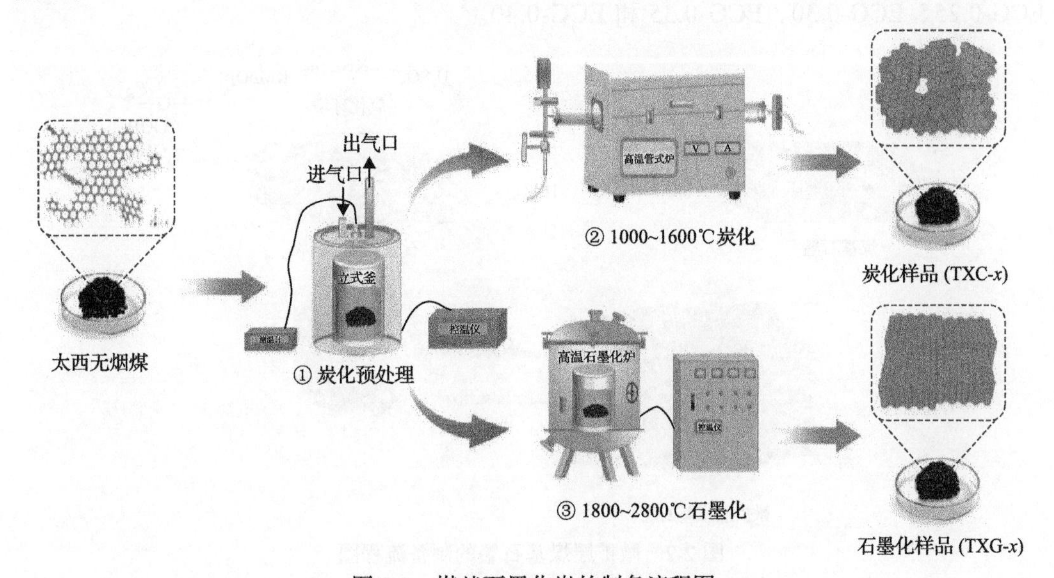

图 2-1 煤基石墨化炭的制备流程图

2.2.2 煤基石墨的制备

将适量的济源无烟煤粉装入刚玉坩埚，并置于立式釜中，在高纯氮气气氛（气体流量 200mL/min）保护下，以 5℃/min 的升温速率加热至 1000℃，恒温炭化 4h，自然冷却后收集炭化料。称取约 30g 炭化料放入石墨坩埚，并置于高温石墨化炉（最高工作温度可达 3000℃)中，在高纯氩气气氛保护下，以 10℃/min 的升温速率加热至 1000℃后，再以 5℃/min 的升温速率将样品分别继续加热至预先设定的石墨化温度(2200℃、2400℃、2600℃和 2800℃)，恒温石墨化处理 2h，自然冷却后便可得到煤基人造石墨(synthetic graphite，SG)。不同石墨化温度处理所制得的煤基人造石墨分别命名为 SG-2200、SG-2400、SG-2600 和 SG-2800。

2.2.3 微扩层煤基石墨的制备

采用液相氧化插层-热还原法对煤基石墨(coal-based graphite，CG-2600)进行微扩层改性，制备微扩层煤基石墨(mildly-expanded coal-based graphite，ECG)。具体步骤为：将 2.0g 煤基石墨、1.5g $NaNO_3$ 和一定量的 $KMnO_4$ 依次加入 20mL 浓 H_2SO_4(质量分数 98%)中，充分搅拌、混匀，静置 1h 后缓慢加入蒸馏水进行稀释，并用稀盐酸(HCl)和去离子水依次对反应物进行反复洗涤至中性。洗涤后的反应物置于高温管式炉中，在高纯氮气气氛保护下，以 10℃/min 的升温速率升至 900℃，恒温处理 30min，待冷却后，获得微扩层煤基石墨(图 2-2)。本研究通过改变氧化剂 $KMnO_4$ 的添加量来调控煤基石墨的氧化程度，以期获得不同氧化程度的微扩层煤基石墨。根据不同 $KMnO_4$ 的添加量(0.5g、0.6g、0.7g 和 0.8g)，分别将所制的微扩层煤基石墨命名为 ECG-0.25、ECG-0.30、ECG-0.35 和 ECG-0.40。

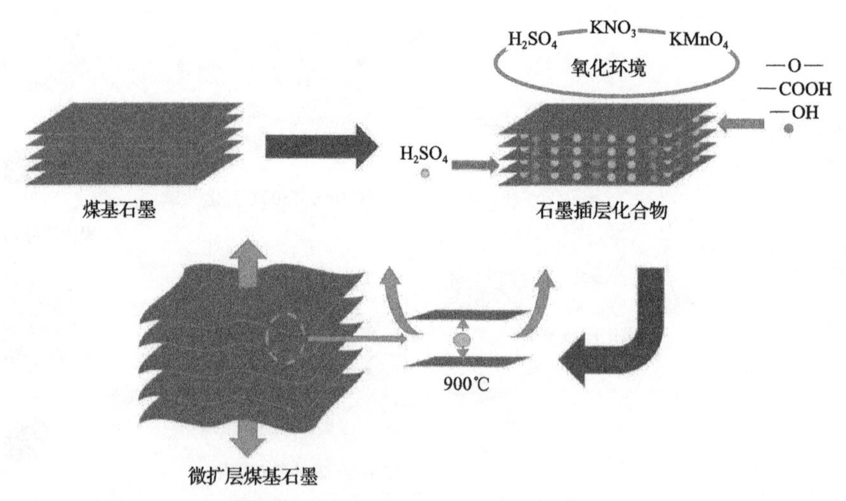

图 2-2 微扩层煤基石墨的制备流程图

2.2.4 煤基多孔炭纳米片的制备

2.2.4.1 煤基多孔炭纳米片的可控制备

本实验采用液相氧化-热还原法制备煤基多孔石墨化炭，根据形貌特征，又命名为煤基多孔炭纳米片(coal-based carbon nanosheets，CCNSs)。具体步骤为：将一定量的煤基石墨化样品(TXG-2800)加入 130mL H_2SO_4(98%)中，依次加入 $NaNO_3$ 和

$KMnO_4$，然后在冰水浴中充分反应；随后，缓慢升温至 80℃，逐滴向反应液中加入 200mL 去离子水，并控制温度不超过 90℃；随后，向反应液中加入 5mL H_2O_2，搅拌 10min 后停止反应，进行离心洗涤获得煤基多孔炭纳米片前驱体分散液；最后，经过冷冻干燥和热还原制备出煤基多孔炭纳米片。本实验以 $KMnO_4$(氧化剂)与煤基石墨的相对质量比($KMnO_4$/TXG)作为参照，通过调节 $KMnO_4$ 与 TXG 的比例(取值为 2、3 和 4)来对煤基多孔炭纳米片的微观结构进行调控，并将所制样品依次命名为 CCNSs-1、CCNSs-2 和 CCNSs-3。煤基多孔炭纳米片的制备流程如图 2-3 所示。

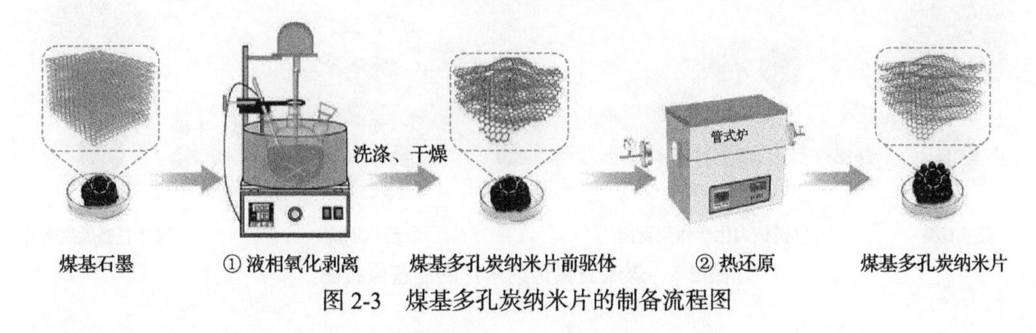

图 2-3 煤基多孔炭纳米片的制备流程图

2.2.4.2 煤基多孔炭纳米片的表面修饰

本实验通过自组装法制备 N、P 共掺杂煤基多孔石墨化炭，即 N、P 共掺杂煤基多孔炭纳米片(N/P co-doped coal-based carbon nanosheets, N/P-CCNSs)。具体步骤为：取 100mL 煤基多孔炭纳米片前驱体($KMnO_4$/TXG 为 4)分散液于烧杯中，加水稀释至 200mL，超声进行充分分散，依次加入 0.5g 三聚氰胺($C_3H_6N_6$)和 2mL 植酸($C_6H_{18}O_{24}P_6$)，并通过不断搅拌使其进行充分自组装；然后通过冷冻干燥进行烘干，最后置于高温管式炉中 800℃反应 2h，制备得到 N、P 共掺杂煤基多孔炭纳米片。N、P 共掺杂煤基多孔炭纳米片的制备流程如图 2-4 所示。

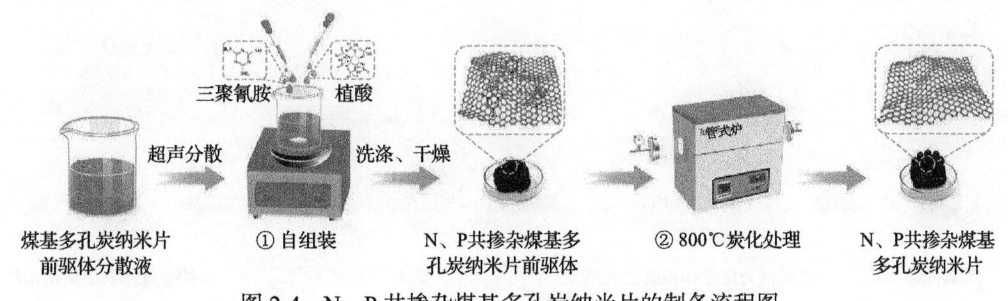

图 2-4 N、P 共掺杂煤基多孔炭纳米片的制备流程图

2.2.5 煤基石墨烯纳米片的制备

2.2.5.1 煤基石墨烯纳米片的可控制备

本实验借助高能机械球磨法产生的机械力化学作用制备煤基多孔石墨化炭，根据

形貌特征，又命名为煤基石墨烯纳米片(coal-based graphene nanosheets, CGNs)。具体步骤为：将 2g 煤基石墨(TXG)装入盛有 200g 氧化锆小球的球磨罐中，然后固定在球磨机上进行球磨，球磨时间分别为 10h、30h 和 50h；球磨结束后将样品与球一同转入烧杯中，加适量水进行超声，之后将样品与球进行分离，将样品静置一段时间后进行抽滤、洗涤并烘干，制得煤基石墨烯纳米片。根据球磨时间的不同，分别将样品命名为 CGNs-10、CGNs-30 和 CGNs-50。煤基石墨烯纳米片的制备流程如图 2-5 所示。

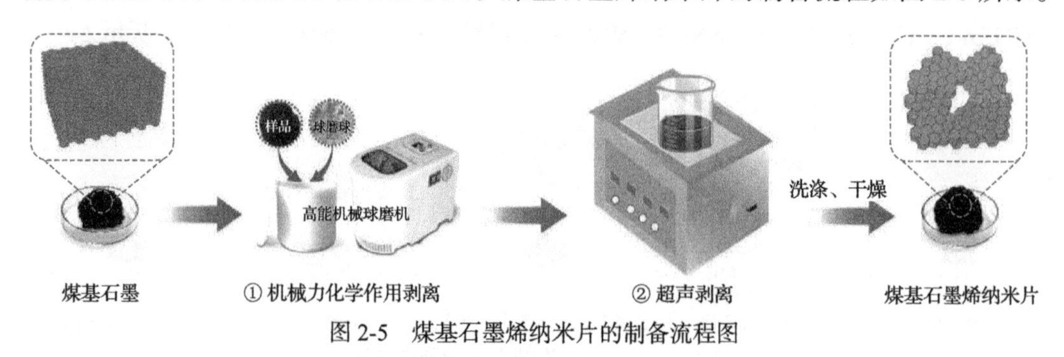

图 2-5　煤基石墨烯纳米片的制备流程图

2.2.5.2　煤基石墨烯纳米片的表面修饰

本实验以硼酸为助剂借助高能机械球磨法制备 B 掺杂煤基多孔石墨化炭，即 B 掺杂煤基石墨烯纳米片(B-doped coal-based graphene nanosheets，B-CGNs)。具体步骤为：将煤基石墨和硼酸(H_3BO_3)按一定的比例(1∶0.5、1∶1 和 1∶1.5)混合装入盛有 200g 氧化锆小球的球磨罐中，然后固定在球磨机上球磨 10h；球磨结束后将样品与球一同转入烧杯中，加适量水进行超声，之后将样品与球进行分离，将样品静置一段时间后进行抽滤、洗涤并烘干，制得 B 掺杂煤基石墨烯纳米片。根据硼酸加入量的不同，分别将样品命名为 B-CGNs-0.5、B-CGNs-1.0 和 B-CGNs-1.5。B 掺杂煤基石墨烯纳米片的制备流程如图 2-6 所示。

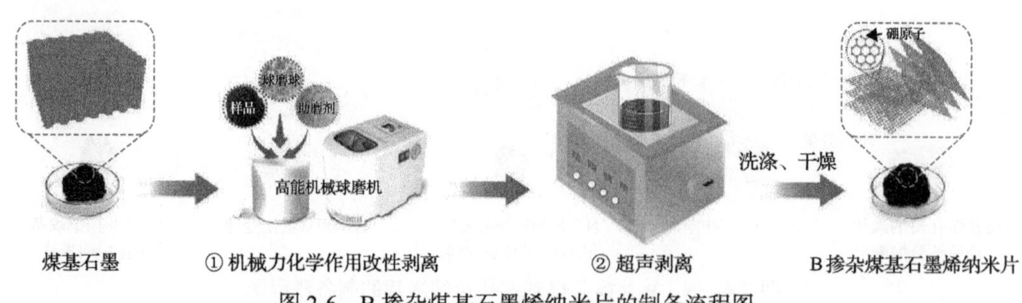

图 2-6　B 掺杂煤基石墨烯纳米片的制备流程图

2.2.6　煤基多孔石墨化炭的制备

本实验采用 KOH 活化法制备煤基多孔炭。具体步骤为：将粒度小于 75μm 的太西无烟煤与 KOH 活化剂按 1∶3 充分混合，置于立式釜中，以 5℃/min 的升温速率升至 800℃并保温 2h 进行活化，将获得的样品进行酸浸处理，然后进行抽滤、洗涤、烘干，制得煤基多孔炭(HPGC-0)。将制备的煤基多孔炭(HPGC-0)分别置于高温管式炉和高温石墨化炉中在氩气气氛下升温至 1000℃、1200℃、1400℃、1600℃、2000℃、2400℃和 2800℃并保温 2h，进一步炭化和石墨化处理制备煤基多孔石墨化炭(hierarchical porous graphitized carbon, HPGC)。根据制备温度的不同，将所得样品分别命名为 HPGC-x(x=1000、1200、1400、1600、2000、2400、2800)。煤基多孔石墨化炭的制备流程如图 2-7 所示。

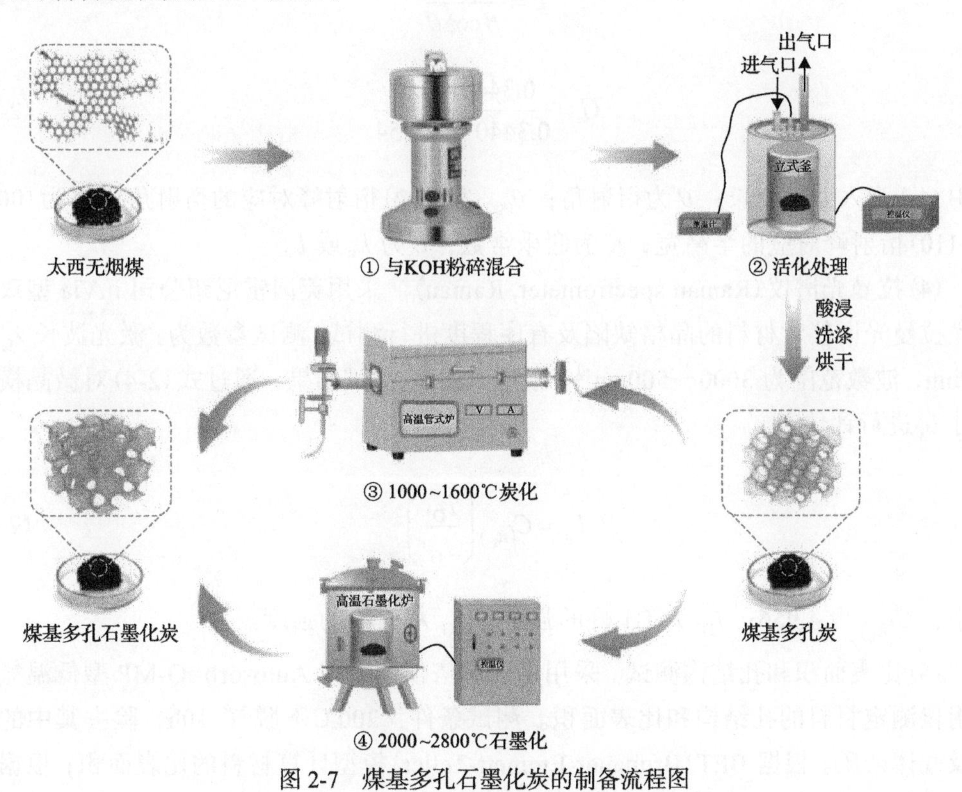

图 2-7 煤基多孔石墨化炭的制备流程图

2.3 煤基石墨化炭的测试手段

2.3.1 微观结构表征方法

(1)有机元素分析仪。采用赛默飞世尔科技(中国)有限公司生产的 Elementar Vario EL 型有机元素分析仪检测样品中的元素含量。

(2)X 射线荧光光谱仪(X-ray fluorescence spectrometer, XRF)。采用日本岛津公司生产的 XRF-1800 型 X 射线荧光光谱仪对样品中的灰分组分进行半定量测试。

(3)X 射线衍射仪(XRD)。采用日本理学株式会社 Smart Lab 型 X 射线衍射仪对样品的晶型结构进行表征。测试参数为：Cu 靶 K_α 射线，λ=1.5406Å，管电压为 40kV，扫描范围为 10°～90°，扫描速率为 10°/min。根据 XRD 测试结果，采用布拉格方程、谢乐公式和 Mering-Maire 公式计算材料的层间距 d_{002}、堆叠厚度 L_c、横向尺寸 L_a 和石墨化度 G[1-2]。

$$d_{002}=\frac{\lambda}{2\sin\theta_{002}} \tag{2-1}$$

$$L=\frac{K\lambda}{\beta\cos\theta} \tag{2-2}$$

$$G=\frac{0.3440-d_{002}}{0.3440-0.3354} \tag{2-3}$$

式中，λ 为入射波波长；θ 为衍射角；θ_{002} 为(002)衍射峰对应的衍射角；β 为(002)和(110)衍射峰对应的半高宽；K 为谢乐常数；L 为 L_c 或 L_a。

(4)拉曼光谱仪(Raman spectrometer, Raman)。采用英国雷尼绍公司 inVia 型双聚激光拉曼光谱仪对材料的晶格缺陷及有序程度进行测试。测试参数为：激光波长 λ_L 为 532nm，波数范围为 3000～500cm^{-1}。根据 Raman 测试结果，通过式(2-4)对微晶横向尺寸 L_a 进行评估[3]。

$$L_a=C_{(\lambda_L)}\left(\frac{I_{D1}}{I_G}\right)^{-1} \tag{2-4}$$

式中，$C_{(\lambda_L)}$ 为 4.956；I_{D1} 为 D1 峰的强度；I_G 为 G 峰的强度。

(5)比表面积和孔结构测试。采用美国康塔仪器公司 Autosorb-iQ-MP 型低温氮气吸附仪测定材料的孔结构和比表面积。测试条件：200℃下脱气 10h，除去其中的水分及气体杂质。根据 BET(Brunauer-Emmett-Teller)模型计算材料的比表面积；根据相对压力 P/P_0 为 0.99 处的氮气吸附量计算总孔容，利用 t-plot 法计算微孔孔容，采用密度泛函理论(density functional theory, DFT)测定样品孔径分布。

(6)扫描电子显微镜(scanning electron microscope, SEM)。采用日本日立高新技术公司生产的 SU8200 型场发射扫描电子显微镜对材料的表面形貌结构进行表征。结合 X 射线能谱仪(energy dispersive spectrometer, EDS)测试材料选择区域的元素组成并进行半定量分析。

(7)透射电子显微镜(transmission electron microscope, TEM)。采用日本电子株式会社 JEOL JEM-2100 型透射电子显微镜观察材料的微观形貌，同时通过高分辨率晶格条纹和衍射电子图像分析材料的晶型结构。

(8)X 射线光电子能谱仪(X-ray photoelectron spectrometer, XPS)。采用日本岛津公司 AXIS Ultra DLD 型 X 射线光电子能谱仪测定材料中某些元素的含量及其键合特征。测试参数为：Al 靶 K_α 辐射线（$h\nu$=1486.6eV），操作真空优于 1×10^{-8} Torr（1Torr = 1mmHg=1.33322×10^2Pa），以污染碳 C1s（284.8eV）标定，测试范围为 0～1200eV。

（9）傅里叶变换红外光谱仪（Fourier transform infrared spectrometer, FTIR）。采用德国布鲁克公司 Tensor 27 型傅里叶变换红外光谱仪对材料的表面官能团进行测定，扫描范围为 4000～400cm^{-1}。相关结构参数如 H_{al}/H 代表脂肪族氢（H_{al}）与总氢原子（H）浓度比[式（2-5）]，芳香性（f_a'）可以通过式（2-7）进行评估[4]。

$$\frac{H_{al}}{H}=\frac{H_{al}}{H_{al}+H_{ar}}=\frac{A_{3000\sim2800}}{A_{3000\sim2800}+A_{900\sim700}} \tag{2-5}$$

$$\frac{C_{al}}{C}=\left(\frac{H_{al}}{H}\times\frac{H}{C}\right)\Big/\frac{H_{al}}{C_{al}} \tag{2-6}$$

$$f_a'=1-\frac{C_{al}}{C} \tag{2-7}$$

式中，$A_{3000\sim2800}$ 和 $A_{900\sim700}$ 分别代表在 3000～2800cm^{-1} 和 900～700cm^{-1} 范围内的特征峰积分面积；H_{ar} 为芳香族氢含量；脂肪族氢与脂肪族碳浓度比（H_{al}/C_{al}）和氢原子与碳原子含量比（H/C）分别为 1.8 和 0.457。

（10）热重-质谱分析仪（thermogravimetric mass spectrometry analyzer, TG-MS）。采用德国耐驰公司 STA449F3-QMS403 Aeolos Quadro 型热重-质谱分析仪对样品随温度的升高而发生的分解变化进行检测分析。测试条件：氩气气氛，温度范围为室温至 1000℃，升温速率为 10℃/min。

2.3.2　电化学性能测试方法

2.3.2.1　电池的组装

负极电极片的制备：将样品与导电剂、黏结剂（质量比 8∶1∶1）均匀研磨混合；然后将混合样品转入容器中，滴加适量的 N-甲基吡咯烷酮（N-methyl-2-pyrrolidone, NMP）制成浆料充分搅拌 24h，然后将浆料均匀涂覆在铜箔上，在真空干燥箱中进行烘干。最后，用切片机切成直径 14mm 的圆形负极电极片。

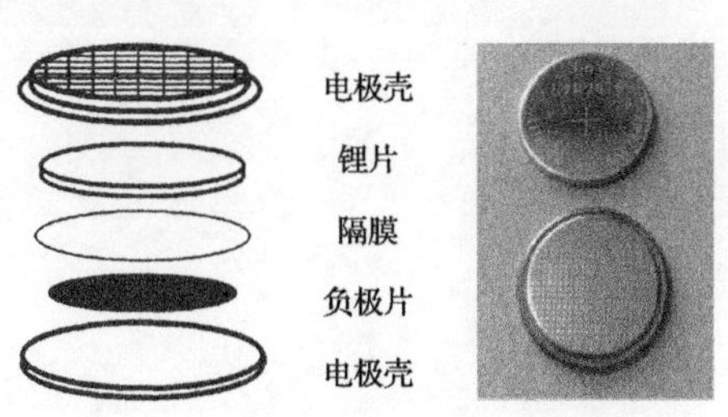

图 2-8　锂离子电池组装结构示意图与实物图

电池的组装：在充满氩气的手套箱中进行电池组装。首先将直径 16mm 的聚丙烯微孔隔膜在电解液中充分浸泡，然后按电极壳、锂片、隔膜、负极片和电极壳的顺序组装成电池（图 2-8），并在封口机上完成封口成型，组装成 LIR2016 型扣式半电池。

2.3.2.2 电化学性能测试

恒流充放电(galvanostatic charge-discharge，GCD)测试：采用深圳新威电子有限公司 CT-4008 型锂离子电池测试系统在 50mA/g 电流密度下对锂离子电池进行 GCD 测试，同时考察锂离子电池在 50mA/g、100mA/g、200mA/g、500mA/g、1000mA/g 和 2000mA/g 电流密度下的倍率性能。

循环伏安(cyclic voltammetry，CV)测试：采用上海辰华仪器有限公司 CHI 760E 型电化学工作站对锂离子电池进行 CV 测试。选取新装好的电池在 0.1mV/s 扫描速率下进行 CV 测试来分析电极材料中发生的电化学反应。同时分析电池在扫描速率为 0.1mV/s、0.3mV/s、0.5mV/s、0.7mV/s 和 0.9mV/s 下的 CV 曲线，通过数据拟合来计算扩散电容和表面电容对电池比容量的贡献率。

电化学阻抗谱(electrochemical impedance spectroscopy，EIS)测试：采用上海辰华仪器有限公司 CHI760E 型电化学工作站对锂离子电池进行 EIS 测试。根据 EIS 测试结果，通过等效电路拟合，计算电池中各组成部分的阻抗大小，并分析负极材料在充放电前后发生的变化。测试参数：频率范围为 0.01Hz～100kHz。

参 考 文 献

[1] Zhang S, Liu Q, Zhang H, et al. Structural order evaluation and structural evolution of coal derived natural graphite during graphitization[J]. Carbon, 2020, 157: 714-723.

[2] Jiang J, Yang W, Cheng Y, et al. Molecular structure characterization of middle-high rank coal via XRD, Raman and FTIR spectroscopy: implications for coalification[J]. Fuel, 2019, 239: 559-572.

[3] Sun J, Niu J, Liu M, et al. Biomass-derived nitrogen-doped porous carbons with tailored hierarchical porosity and high specific surface area for high energy and power density supercapacitors[J]. Applied Surface Science, 2018, 427: 807-813.

[4] Yan J, Lei Z, Li Z, et al. Molecular structure characterization of low-medium rank coals via XRD, solid state ^{13}C NMR and FTIR spectroscopy[J]. Fuel, 2020, 268: 117038.

3 无烟煤高温热处理过程中微观结构的演化行为

3.1 引　言

煤的材料化是实现其低碳高值化利用的有效途径之一[1-2]。煤作为天然的矿产资源，富含不同缩合度的芳香片层结构，是制备石墨类炭材料的优质原料[3]。目前，已有研究证实无烟煤制备石墨类炭材料的可能性和可行性，如以不同种类的煤制备人造石墨和石墨化炭等[4-6]。特别是，石墨因其导电性良好、充放电电压平台稳定和成本低等优势，成为储能领域的首选负极材料。大量研究表明，电极材料的微观结构对其储能性能具有关键影响。Heckmann 等对不同石墨化炭材料的微观结构与性能之间的关系进行研究，结果表明石墨化炭材料的微观结构特征对其电化学性能如比容量具有关键性影响[7]。Lin 等也研究证明了炭材料的微观结构对其比容量、倍率性能和循环稳定性等电化学性能的重要影响[8]。因而，合理调控炭材料的微观结构，有助于改善其电化学性能。然而，目前由煤经高温热处理向石墨转化过程中对其石墨微晶的演变规律仍然缺乏深入的认识，了解石墨微晶的生长和缺陷结构的演变，将为高性能锂离子电池负极材料微观结构的合理设计提供指导。

通过分析无烟煤在高温(1000～2800℃)热处理过程中微观结构的变化，系统研究无烟煤在炭化-石墨化过程中的微观结构演变规律。通过 XRD、Raman、TEM、N_2 吸附-脱附、FTIR、XPS 和 TG-MS 等分析测试技术，深入分析无烟煤中石墨微晶和缺陷结构如孔隙结构、表面成分等的演变过程。将不同炭化-石墨化温度制备的煤基石墨化炭负极材料进行储锂性能测试，分析其微观结构与储锂性能之间的内在联系，为高性能锂离子电池炭负极材料的制备提供实验依据。

3.2 煤基石墨化炭的微观结构表征

3.2.1 微晶结构表征

太西无烟煤和煤基石墨化炭的 XRD 谱图如图 3-1 所示。由图 3-1 可知，无烟煤原煤在 25.4°和 43.5°附近出现两个宽的特征峰，对应于石墨类材料的(002)和(100)晶面特征峰，说明无烟煤中含有一些石墨微晶结构[9]。炭化处理后，TXC-1000 的(002)晶面特征峰呈现轻微的左移，对应于石墨微晶片层层间距的增大，说明在炭化过程中无烟煤中脂肪族侧链的脱落和杂原子官能团分解产生的小分子气体物质起到了扩层作用。随着温度进一步升高，煤基石墨化炭的(002)峰不断右移，且相对强度逐渐增强。特别是，TXG-2000 在 26.2°、42.7°、45.4°、53.8°、77.7°、83.5°和 86.9°附近出现了明显的对应于石墨(002)、(100)、(101)、(004)、(110)、(112)和(006)晶面的特征峰[6]，而且随着温度的升高，这些特征峰相对强度逐渐增强，表明煤基石墨化炭中类石墨成分不断增多。

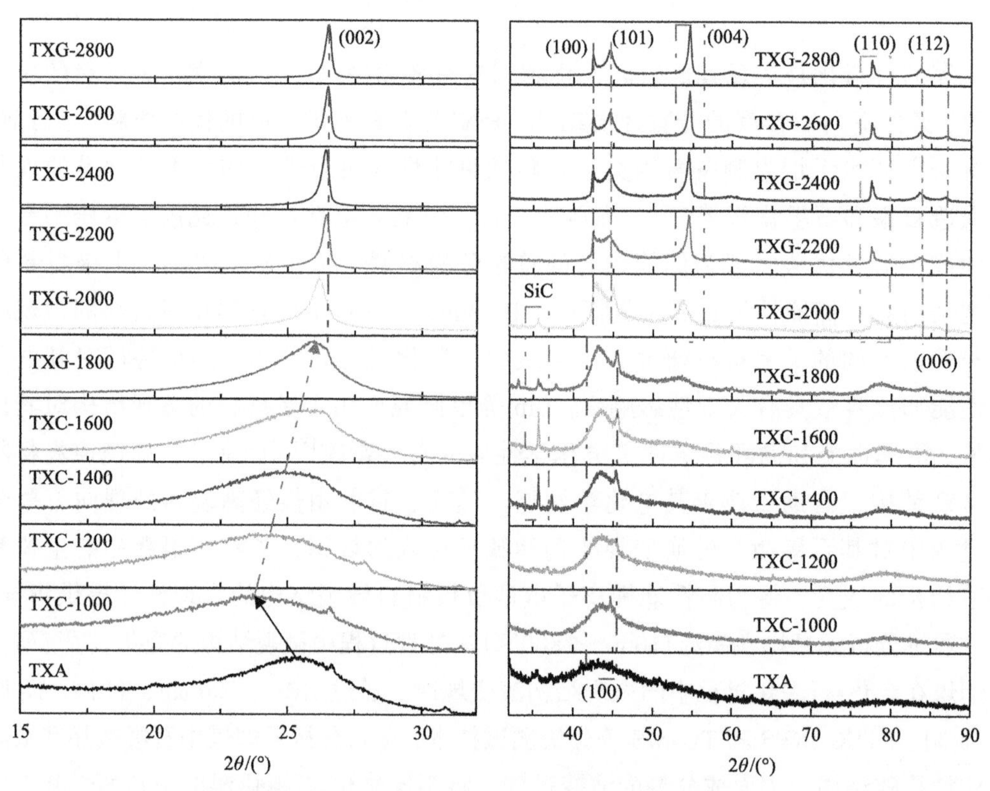

图 3-1　太西无烟煤和煤基石墨化炭的 XRD 谱图
TXA-太西无烟煤

为了深入分析无烟煤在炭化-石墨化过程中石墨微晶的演变过程，由 XRD 谱图解析得到的层间距(d_{002})、堆叠厚度(L_c)、横向尺寸(L_a)、堆积层数(n)和石墨化度(G)等相关结构参数总结于表 3-1。由表 3-1 和图 3-2(a)可以看出，随着温度从 1000℃升至 2800℃，层间距(d_{002})由 0.3734nm 减小到 0.3355nm，相应的堆叠厚度(L_c)由 7.97nm 增加到 27.18nm，说明石墨微晶片层随着温度的升高逐渐堆积和缩聚。此外，L_c、L_a、f_a 和 G 等结构参数与炭化-石墨化温度的关系分析结果如图 3-2(b)～(d)所示。如图 3-2(b)所示，在 2000～2200℃范围内，堆叠厚度(L_c)和横向尺寸(L_a)快速增加，说明在此温度区间石墨微晶片层边缘的碳原子克服 C—C 键键能作用与邻近的石墨微晶中碳原子相互作用形成更为稳定的芳香结构的 C═C 双键，促使石墨微晶增长为尺寸较大的准石墨片层[10-12]。而在 1000～1800℃范围内，样品的微晶结构通过芳香性(f_a)进行分析。所制煤基石墨化炭的(002)峰可以分解为两个高斯峰((002)峰和γ峰)来评估其芳香族碳(C_{ar})和脂肪族碳(C_{al})的相对含量。其中，拟合的(002)峰代表石墨微晶的堆叠，而γ峰反映无定形碳的含量包括脂肪族链烃支链、脂环烃和各种杂原子官能团等[13]。芳香族碳(C_{ar})和脂肪族碳(C_{al})的相对含量比值为芳香性(f_a)。图3-3展示了无烟煤原煤和煤基石墨化炭的(002)峰拟合图，且相关参数拟合结果(C_{ar}、C_{al}和f_a)总结于表 3-2。由图 3-2(c)可以看出，当炭化-石墨化温度由 1000℃升至 1600℃时，芳香性(f_a)从 TXC-1000 的 0.51 呈线性增加到 TXG-1600 的 0.69(R^2= 0.97)，表明石墨化炭中无定形结构减少，芳香片层结构增多。由图 3-2(d)可以看出，随着石墨化温度从 1800℃升至 2800℃，石墨化炭的石墨化度(G)由 TXG-1800 的 34.88%增加到 TXG-2800 的 98.84%，说明随石墨化温度升高石墨微晶不断增长并逐渐接近石墨[14]。其中，在 2000～2200℃范围内，煤基石墨化炭的石墨化度(G)从 TXG-2000 的 45.35%迅速增加到 TXG-2200 的 86.04%，进一步说明石墨微晶在此温度区间开始快速向准石墨相转变；而后随着温度进一步升高，样品的石墨化度(G)从 86.04%呈线性增加到 98.84%，说明在范德瓦耳斯力和 C—C 键作用下，石墨微晶的堆叠厚度和横向尺寸不断增加，最终转变为类石墨的结构。随着炭化-石墨化温度的升高，石墨微晶逐渐增长，其中 2000～2200℃是石墨微晶中 C—C 键发生相互作用转变为准石墨片层的关键温度区域。

表 3-1 由 XRD 谱图得到太西无烟煤和煤基石墨化炭的结构参数

样品	d_{002}/nm	L_c/nm	L_a/nm	n	G/%
TXA	0.3504	7.96	—	—	—
TXC-1000	0.3734	7.97	—	21.3	—
TXC-1200	0.3705	10.73	—	28.9	—
TXC-1400	0.3581	11.36	—	28.9	—
TXC-1600	0.3476	11.89	—	34.2	—
TXG-1800	0.3443	12.24	—	35.5	34.88
TXG-2000	0.3401	12.56	14.64	35.9	45.35
TXG-2200	0.3366	21.29	26.10	63.2	86.04
TXG-2400	0.3363	22.23	29.19	66.1	89.53
TXG-2600	0.3358	26.90	31.37	80.1	95.35
TXG-2800	0.3355	27.18	33.81	81.0	98.84

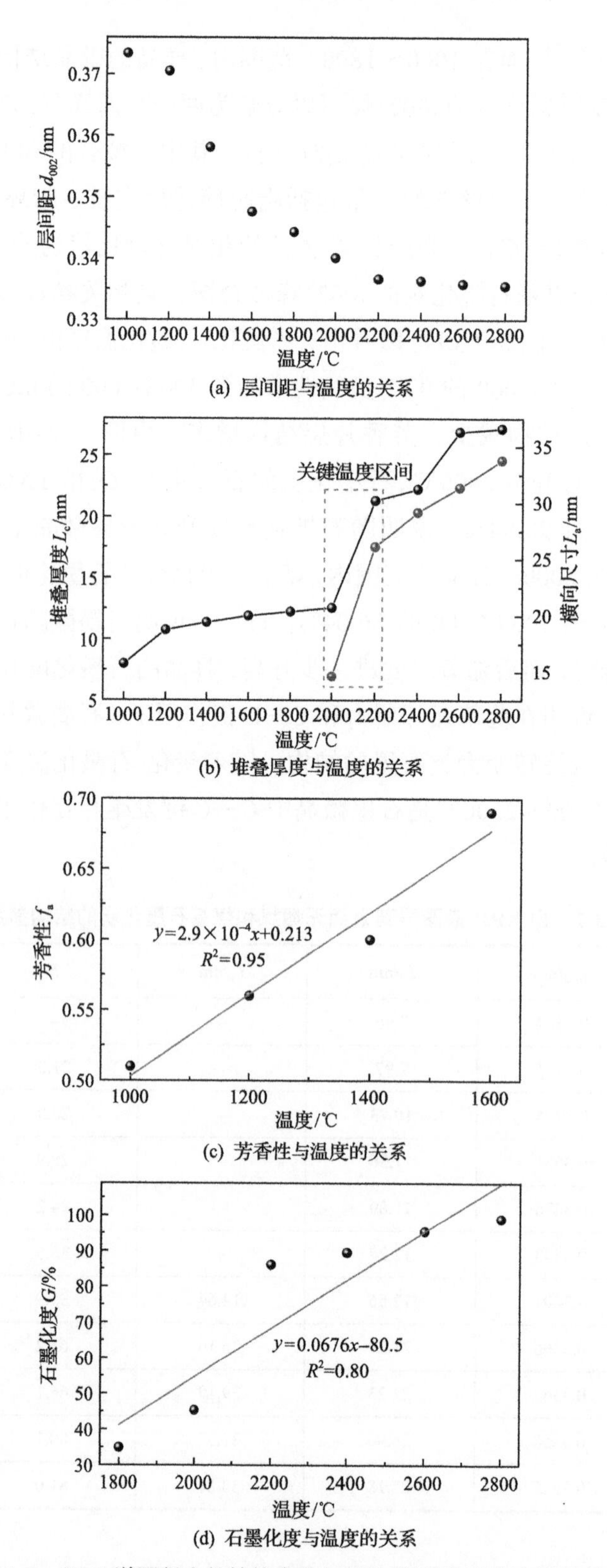

(a) 层间距与温度的关系

(b) 堆叠厚度与温度的关系

(c) 芳香性与温度的关系

(d) 石墨化度与温度的关系

图 3-2　XRD 谱图得出的结构参数与炭化-石墨化温度之间的关系

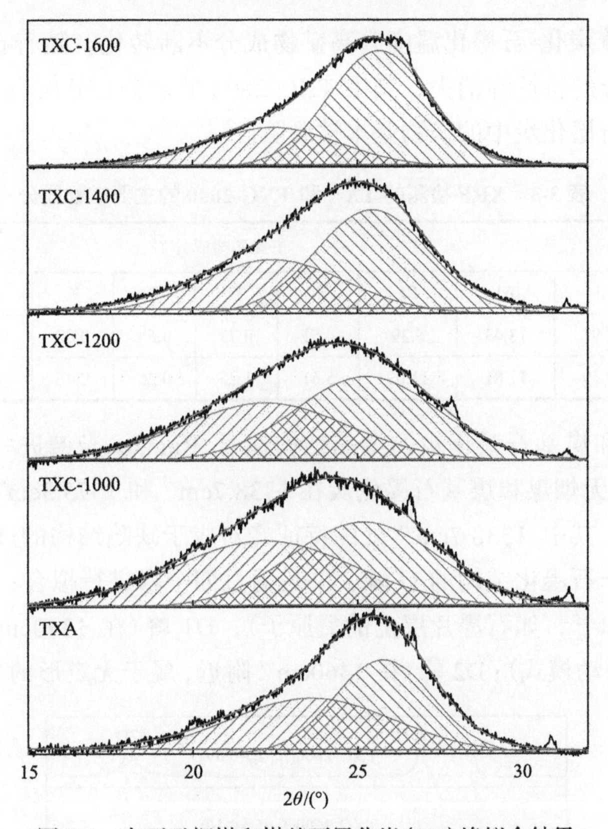

图 3-3　太西无烟煤和煤基石墨化炭(002)峰拟合结果

表 3-2　太西无烟煤和煤基石墨化炭(002)峰拟合相关参数

样品	(002)峰		脂肪族碳(C_{al})		芳香族碳(C_{ar})		f_a
	2θ/(°)	d_{002}/nm	2θ/(°)	A/%	2θ/(°)	A/%	
TXA	25.4	0.3504	23.57	50.08	25.77	49.92	0.50
TXC-1000	23.8	0.3734	22.13	49.25	25.16	50.75	0.51
TXC-1200	24.0	0.3705	22.18	44.39	25.26	55.61	0.56
TXC-1400	24.8	0.3581	22.40	39.97	25.43	60.03	0.60
TXC-1600	25.2	0.3476	22.39	31.05	25.62	68.95	0.69
TXG-1800	26.1	0.3443	22.85	28.20	25.69	71.80	0.72

注：*A*-拟合峰的积分面积。

此外，由图 3-1 可以观察到，TXC-1400、TXC-1600、TXG-1800 和 TXG-2000 的 XRD 谱图除了炭材料的特征峰外，在 35.6°、60.0°和 71.8°附近出现了归属于 SiC 的特征峰(PDF#29-1129)[15]，说明无烟煤中矿物成分在炭化-石墨化过程中不断发生变化和迁移。如表 3-3 所示，原煤中的主要矿物成分是 Si、Al、Fe、Ca、P、Ti 和 K 元素，经过 2000℃石墨化，样品 TXG-2000 中的主要矿物成分转变为 Si、Al、Fe、Ca、Ti、P、K、Ni、Co 和 Zn 元素，其中 TXG-2000 中 Si、Fe、Ca、Ti、Ni 和 Co 元素相对含量增加，证明随着炭化-石墨化温度升高矿物成分不断转化。随着石墨化程度的进一步加深，矿物成分的特征峰消失，其中 TXG-2800 的灰分(A_d)仅为 0.08%，说明经过2800℃石墨化后石墨化炭中的矿物基本被脱除。

表 3-3　XRF 检测的 TXA 和 TXG-2000 的主要矿物成分

样品	主要矿物成分/%									
	Si	Al	Fe	Ca	Ti	P	K	Ni	Co	Zn
TXA	17.97	18.43	6.29	4.51	0.73	0.64	0.52	0.02	0.01	0.06
TXG-2000	23.39	11.81	11.09	5.61	1.25	0.26	0.46	0.22	0.06	0.06

太西无烟煤和煤基石墨化炭的微晶结构通过 Raman 光谱进一步分析，结果如图 3-4 所示。太西无烟煤和煤基石墨化炭在 1338.7cm^{-1} 和 1575.3cm^{-1} 附近均出现了两个明显的特征峰，其中 1338.7cm^{-1} 处的特征峰对应于缺陷结构的 D 峰，1575.3cm^{-1} 处的特征峰对应于石墨化结构的 G 峰，并且通过四个峰进行拟合：I 峰(在 1200cm^{-1} 附近，归属于杂原子，如石墨片层上的氧原子)；D1 峰(在 1340cm^{-1} 附近，属于 sp^3 结构缺陷的 A_{1g} 振动模式)；D2 峰(在 1460cm^{-1} 附近，属于无定形的 sp^2 碳)和 G 峰(在

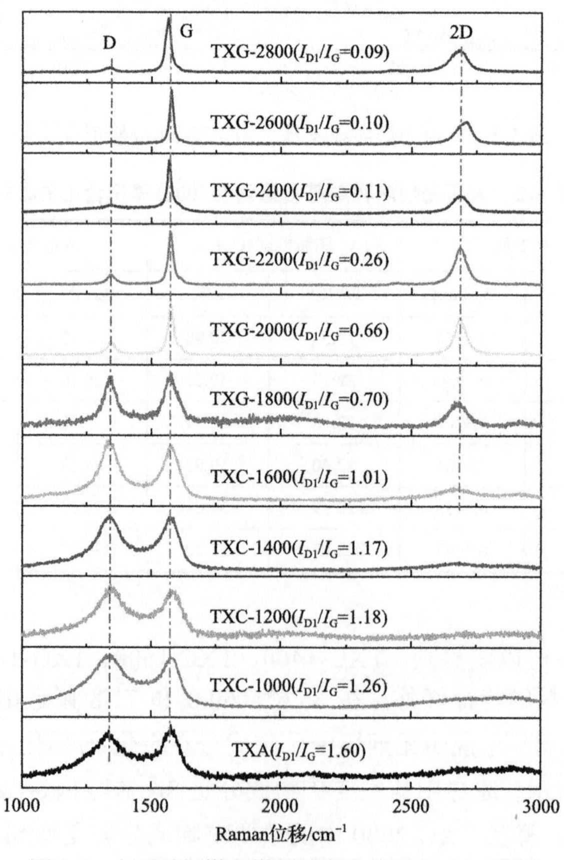

图 3-4　太西无烟煤和煤基石墨化炭的 Raman 谱图

1580cm^{-1}附近，属于 sp^{2}石墨碳的 E_{2g} 振动模式)[16-17]。由 Raman 光谱拟合结果计算出的结构参数见表 3-4，其中 D1 和 G 的强度比(I_{D1}/I_G)可以用来评估炭材料中缺陷结构向石墨化结构的演变。由表 3-4 可知，随着炭化-石墨化温度升高，I_{D1}/I_G 由 1.60 降低到 0.09，且微晶横向尺寸 L_a 由 3.10nm 增加到 61.95nm。另外，结构参数(I_{D1}/I_G、L_a)与炭化-石墨化温度之间的关系拟合结果如图 3-5 所示。从图 3-5(a)可以看

表 3-4　由 Raman 谱图得到太西无烟煤和煤基石墨化炭的结构参数

样品	I		D1		D2		G		I_{D1}/I_G	L_a/nm
	FWHM	A/%	FWHM	A/%	FWHM	A/%	FWHM	A/%		
TXA	211.4	19.5	147.4	37.7	141.1	19.1	79.6	23.6	1.60	3.10
TXC-1000	235.9	26.3	122.0	31.5	120.0	17.2	85.7	25.0	1.26	3.93
TXC-1200	216.2	19.7	110.9	34.8	112.5	16.2	88.3	29.3	1.18	4.20
TXC-1400	234.3	18.8	110.6	35.4	111.8	15.7	85.7	30.1	1.17	4.24
TXC-1600	203.4	17.7	80.4	32.7	144.0	17.3	77.9	32.3	1.01	4.90
TXG-1800	82.8	6.7	52.9	30.8	177.1	18.8	68.0	43.6	0.70	7.08
TXG-2000	—	—	53.4	39.8	—	—	42.8	60.2	0.66	7.51
TXG-2200	—	—	46.5	21.1	—	—	29.2	78.9	0.26	19.06
TXG-2400	—	—	37.0	10.4	—	—	24.8	89.6	0.12	41.30
TXG-2600	—	—	36.8	9.4	—	—	26.0	90.5	0.10	49.56
TXG-2800	—	—	32.6	7.6	—	—	21.5	92.4	0.09	61.95

注：FWHM-对应峰的半高宽。

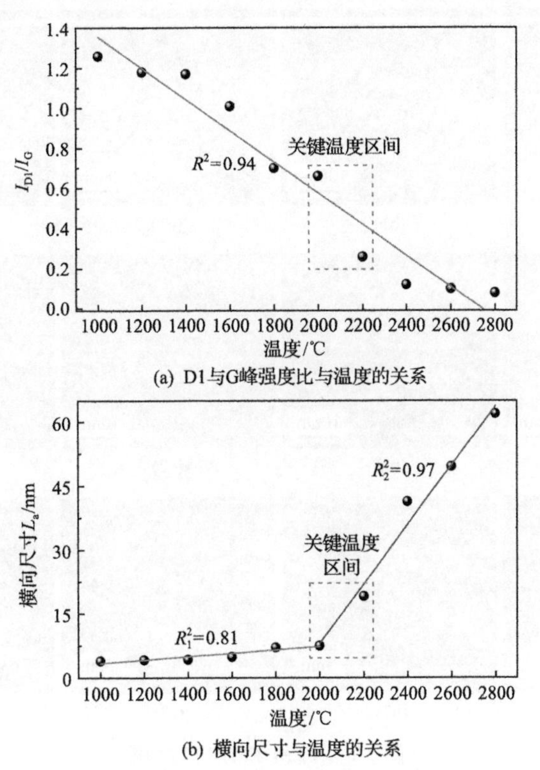

图 3-5　由 Raman 谱图得出的结构参数与炭化-石墨化温度之间的关系拟合

出，I_{D1}/I_G与炭化-石墨化温度之间呈线性负相关，且相关度R^2为0.94，表明样品中的缺陷结构减少而石墨化结构不断增加。横向尺寸(L_a)通过Raman光谱拟合结果做进一步评估。如图3-5(b)所示，在1000～2000℃温度范围内，L_a由3.93nm提高到7.51nm，增长较为迟缓，线性拟合斜率为0.0038，且相关度R^2为0.81；而在2000～2800℃的温度范围内，L_a从7.51nm增加到61.95nm，呈线性快速增长，且相关度R^2为0.97。其中，在2000～2200℃范围内，L_a由TXG-2000的7.51nm增加到TXG-2200的19.06nm，同样证明石墨微晶开始转变为更大尺寸的准石墨片层，这与XRD谱图的分析结果相一致。此外，煤基石墨化炭(TXG-x)在2600cm^{-1}附近出现了一个明显的2D特征峰，与石墨片层的堆积有关，表明高温石墨化作用有助于石墨微晶的堆叠生长。

为了观察无烟煤中芳香片层结构随炭化-石墨化温度升高的演变特征，TXA、TXC-1000、TXG-2000和TXG-2800的TEM和HRTEM图如图3-6所示。由图3-6(a1)～(d1)可以观察到，太西无烟煤具有堆叠的芳香片层结构且边缘有明显的缺陷；随着炭化-石墨化温度升高，TXC-1000、TXG-2000和TXG-2800中的片层堆叠结构变得更加清晰和规则。由HRTEM图[图3-6(a2)～(d3)]可以进一步观察到石墨微晶生长的细节信息。由图3-6(a2)、(a3)可以看出，原煤中富含大量的无定形结构，而炭化后的

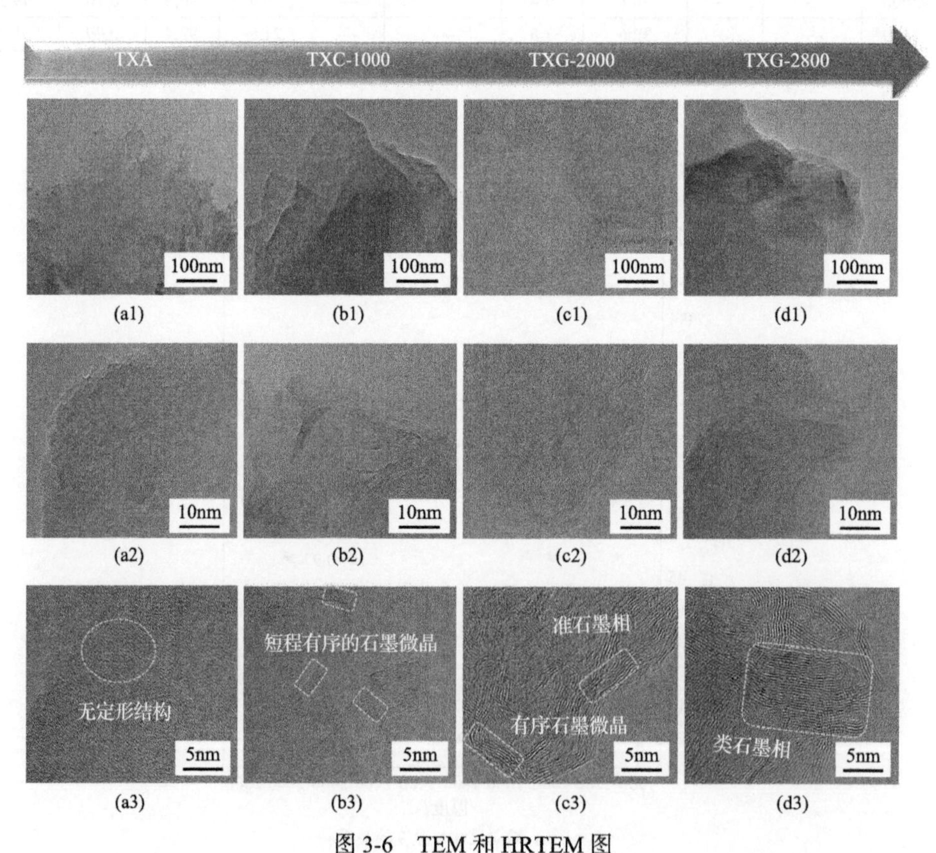

图3-6　TEM和HRTEM图

(a1)～(a3) TXA；(b1)～(b3) TXC-1000；(c1)～(c3) TXG-2000；(d1)～(d3) TXG-2800

样品 TXC-1000[图 3-6(b2)、(b3)]含有一些短程有序的石墨微晶结构，并且这些石墨微晶沿边缘不断生长，说明石墨微晶由无烟煤中的无序芳香片层逐渐向有序石墨微晶转变[18]。经过 2000℃石墨化，在 TXG-2000 中[图 3-6(c2)、(c3)]可以观察到由 Oberlin 等提出的基本结构单元(basic structural units, BSUs)，其中基本结构单元由一些面内短尺寸芳香片层组成，并以波浪状定向排列[19]。在 TXG-2000 样品中，基本结构单元表现出横向连接的趋势，说明样品中准石墨微晶结构增多，且向石墨相转变。随着石墨化温度升高，石墨微晶沿基本结构单元外缘不断生长，形成具有褶皱的类石墨微晶结构。特别地，从 TXG-2800 的 HRTEM 图中[图 3-6(d2)、(d3)]可以观察到一些类洋葱的圆环，且洋葱圆环外部的石墨微晶是有序的长条波浪形，这种结构特征普遍存在于石墨化度较高的炭材料中[20-21]。另外，从 TXG-2800 的 HRTEM 图中还可以观察到一些堆叠高度有序的石墨微晶结构，这表明经过高温石墨化后缺陷较少且高度有序的石墨片层大量形成。

3.2.2　孔结构表征

为了分析无烟煤孔结构随炭化-石墨化温度的变化，通过低温 N_2 吸附-脱附仪对太西无烟煤和煤基石墨化炭的孔结构进行测试，结果如图 3-7 所示。如图 3-7(a)所示，太西无烟煤和煤基石墨化炭具有相似的吸附-脱附等温线，并有一个较为明显的迟滞环，表明样品中含有一些中孔结构[22-23]。由图 3-7(b)可知，样品孔径主要分布在 1.0～

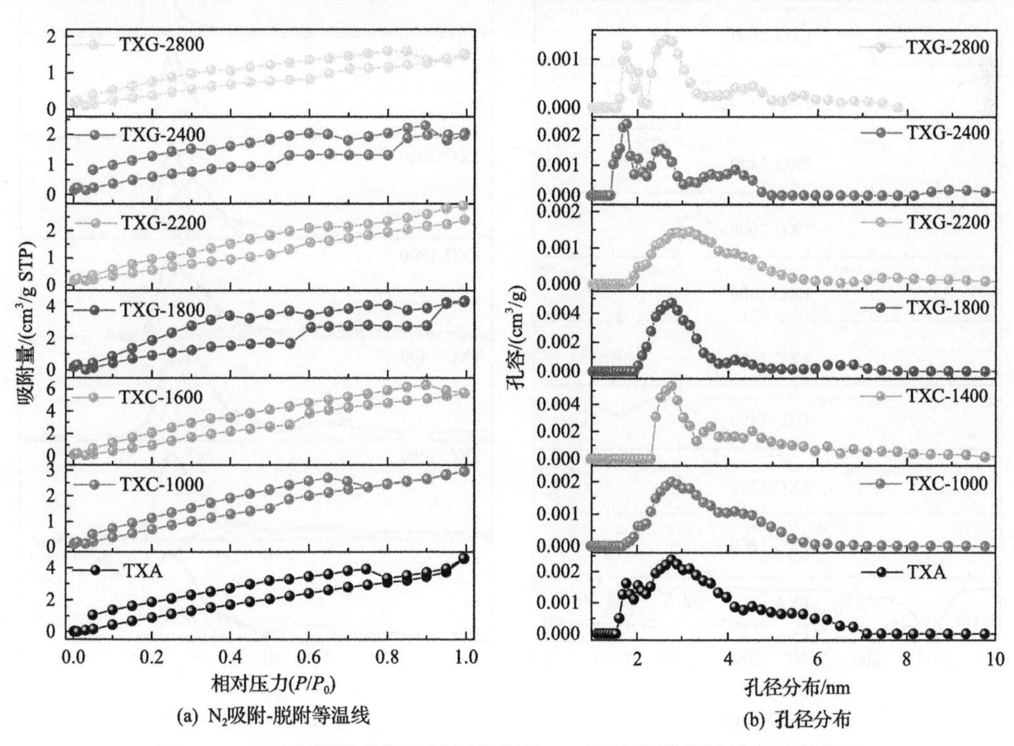

(a) N_2吸附-脱附等温线　　(b) 孔径分布

图 3-7　太西无烟煤和煤基石墨化炭的 N_2 吸附-脱附等温线和孔径分布

7.0nm，且随着炭化-石墨化温度升高孔径逐渐变窄。另外，衡量材料孔结构丰富度的比表面积和总孔容测试结果如下：TXA、TXC-1000、TXC-1400、TXG-1800、TXG-2200、TXG-2400 和 TXG-2800 的 BET 比表面积分别为 $0.55m^2/g$、$3.89m^2/g$、$0.62m^2/g$、$0.47m^2/g$、$0.32m^2/g$、$0.21m^2/g$ 和 $0.17m^2/g$；总孔容分别为 $0.007cm^3/g$、$0.010cm^3/g$、$0.009cm^3/g$、$0.007cm^3/g$、$0.004cm^3/g$、$0.003cm^3/g$ 和 $0.002cm^3/g$。结果表明，煤基石墨化炭的孔隙结构均不发达，且孔结构随着炭化-石墨化温度升高逐渐降低。初始炭化后，原煤中脂肪链脱落和杂原子官能团分解使得 TXC-1000 的 BET 比表面积和总孔容略有增加，这与 XRD 谱图分析结果一致。而后，石墨化炭中芳香片层在炭化-石墨化后变得更加致密，导致孔隙结构进一步减少。

3.2.3 表面化学性质表征

太西无烟煤和煤基石墨化炭的 FTIR 光谱如图 3-8(a)所示。太西无烟煤在 3650～3200cm^{-1} 的吸附峰对应于吸附水羟基—OH 的伸缩振动；在 3100～3000cm^{-1} 的吸收峰对应于芳香核—CH 的伸缩振动；在 3000～2800cm^{-1} 的吸收峰是由于脂肪族结构—CH_2 和—CH_3 的存在；在 1686～1540cm^{-1} 的特征峰对应于芳香环 C═C 的伸缩振动；在 1465～1336cm^{-1} 的吸收峰对应于脂肪族—CH_2 和—CH_3 的弯曲振动；在

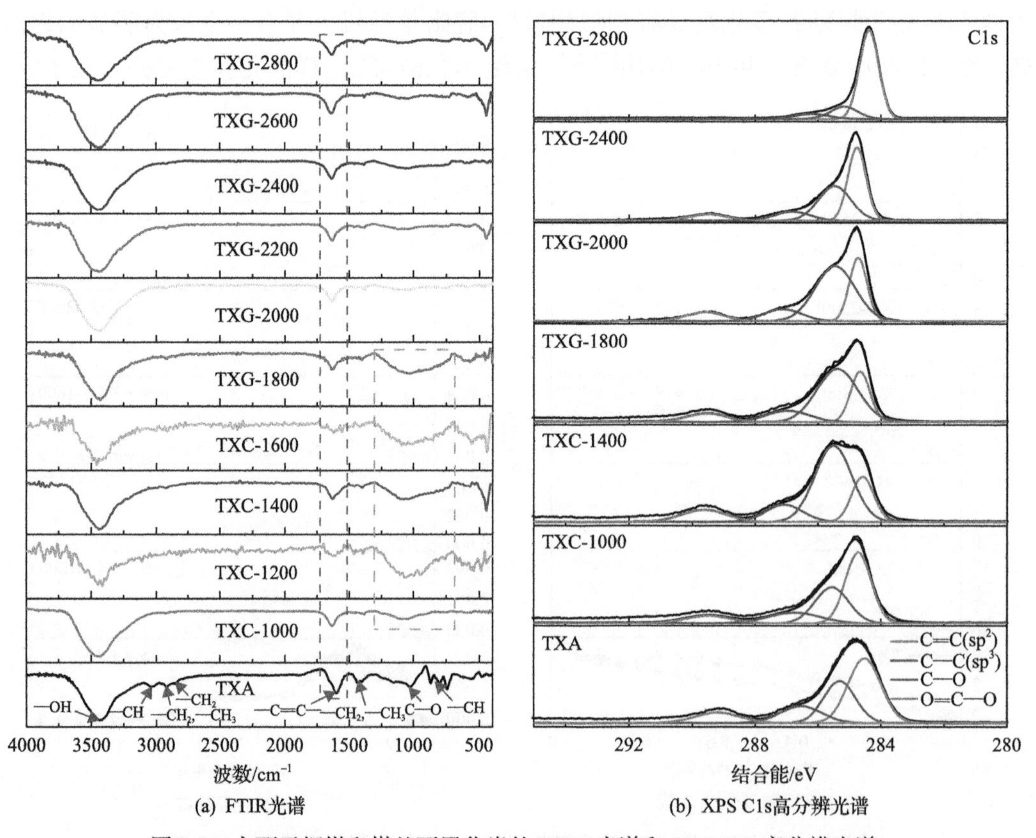

(a) FTIR光谱 (b) XPS C1s高分辨光谱

图 3-8 太西无烟煤和煤基石墨化炭的 FTIR 光谱和 XPS C1s 高分辨光谱

1300～950cm^{-1} 的特征峰对应于酚类 C—O 的伸缩振动。另外，在 900～700cm^{-1} 的吸收峰与芳香环 C—H 在平面外的弯曲振动有关。太西无烟煤的 FTIR 光谱可以用高斯函数进行拟合，由式(2-5)～式(2-7)计算得出相关的结构参数 H_{al}/H、C_{al}/C 和 f'_a 数值分别为 0.22、0.06 和 0.94。其中芳香性 f'_a 的值和文献[24-26]报道的高变质程度煤的结果一致。炭化后，石墨化炭样品(TXC-x)在 3650～3200cm^{-1}、1686～1540cm^{-1} 和 1300～700cm^{-1} 具有三个明显的特征峰，分别对应于吸附水羟基—OH、芳香环 C═C 和酚类 C—O 的伸缩振动，说明经过炭化后原煤中的脂肪烃链和大部分杂原子官能团已经被脱除。随着石墨化温度的升高，石墨化样品(TXG-x)仅出现了与吸附水羟基(—OH)和芳香环 C═C 伸缩振动相关的两个特征峰，说明原煤经过石墨化后所得样品基本由石墨片层组成。

为了深入分析样品表面含碳组分的演变过程，太西无烟煤和煤基石墨化炭的 XPS C1s 高分辨率光谱如图 3-8(b)所示。石墨化炭样品在 284.7eV、285.5eV、287.0eV 和 289.5eV 附近的拟合峰，分别对应 C═C(sp^2)、C—C(sp^3)、C—O 和 O═C—O[27-28]。通过拟合峰的积分面积(A)来表示样品表面含碳基团的相对含量，见表 3-5。炭化后，sp^2 碳和 sp^3 碳的相对含量从原煤 TXA 的 45.89%和 28.90%增加到 TXC-1000 的 46.55%和 30.82%，而 C—O 和 O═C—O 基团的相对含量从 TXA 的 15.17%和 10.04%降低到 TXC-1000 的 13.97%和 8.66%，这表明初始炭化后含氧官能团被大量脱除。随着炭化温度进一步升高，TXC-1400 中的 sp^2 碳相对含量有所减少，这一现象可能是由于碳化硅(SiC)(XRD 谱图检测)和金属碳化物如 Al_4C_3 和 Fe_3C 等(矿物成分推测得到)的形成[29-31]。另外，太西无烟煤和煤基石墨化炭表面含碳官能团的相对含量变化趋势如图 3-9 所示。随着炭化-石墨化温度进一步提高，sp^2 碳的相对含量从 TXC-1400 的 20.10%增加到 TXG-2800 的 77.10%，而 sp^3 碳的相对含量从 TXC-1400 的 56.87%下降到 TXG-2800 的 15.23%，表明样品中的石墨化炭大量增加。其中，当温度由 2000℃升高至 2400℃时，sp^2 碳的相对含量由 27.19%增加到 44.16%，而 sp^3 碳的相对含量由

表 3-5 由 XPS 图谱拟合得到太西无烟煤和煤基石墨化炭的结构参数

样品	C═C(sp^2)		C—C(sp^3)		C—O		O═C—O	
	结合能/eV	A/%	结合能/eV	A/%	结合能/eV	A/%	结合能/eV	A/%
TXA	284.5	45.89	285.3	28.90	286.5	15.17	289.2	10.04
TXC-1000	284.7	46.55	285.6	30.82	286.7	13.97	289.5	8.66
TXC-1400	284.6	20.10	285.5	56.87	287.1	12.70	289.6	10.32
TXG-1800	284.7	24.50	285.4	54.98	287.0	12.23	289.5	8.28
TXG-2000	284.7	27.19	285.5	53.57	287.1	10.99	289.6	8.25
TXG-2400	284.7	44.16	285.5	37.71	286.8	10.43	289.5	7.70
TXG-2800	284.4	77.10	285.2	15.23	286.2	7.66	—	—

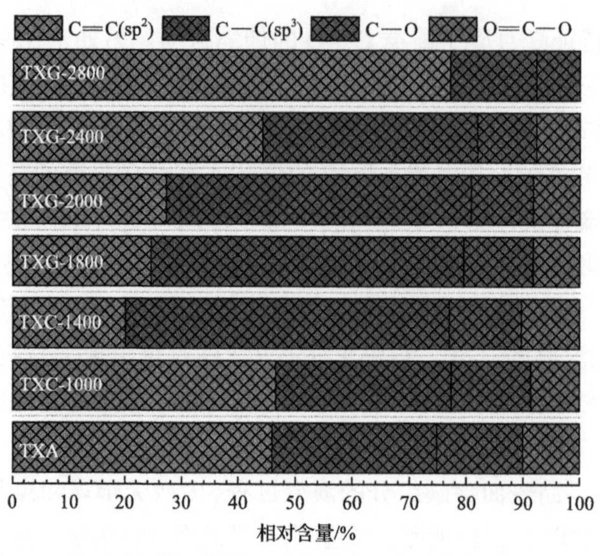

图 3-9　太西无烟煤和煤基石墨化炭表面含碳官能团的相对含量

53.57%降低到 37.71%，反映了石墨微晶边缘无定形碳向石墨化炭的转变，进一步说明在 2000℃以上石墨微晶之间通过 C—C/C═C 键的作用转变为更为稳定的准石墨片层。另外，随着石墨化温度的升高，由矿物转化生成的中间碳化物如碳化硅和金属碳化物可以逐渐分解为气态挥发性物质和石墨化炭[32-33]，使得样品中的 sp^2 碳的相对含量增多，这也表明在炭化-石墨化过程中矿物组分转化产生的一些中间产物有助于 sp^3 碳转化为 sp^2 碳。

太西无烟煤在氩气气氛下 25～1500℃的热重曲线如图 3-10(a)所示。TXA 的失重过程可分为四个阶段：第一阶段，在 25～100℃，质量损失为 0.32%，归属于吸附水脱除；第二阶段，在 100～500℃，由于含碳小分子物质和 CO_2 的溢出，质量略有降低，约为 0.97%；第三阶段，在 500～900℃，质量快速降低 7.09%，主要是由于小分子气态组分的快速分解；第四阶段，在 900～1400℃，质量损失为 2.44%，归属于芳香族结构重整产生的小分子(H_2、CO 和 CH_4)脱除[34]；1400℃以后，样品的质量基本保持在 89.18%左右。TXA 的 DSC 曲线表明，随着炭化-石墨化温度的升高，TXA 的分解过程是放热过程。此外，TXA 在 25～1000℃范围内分解的气态物质通过质谱仪进行检测，结果如图 3-10(b)所示。由图 3-10(b)可以看出，无烟煤热解产生的气态物质主要为 H_2(m/z=2)、CH_4(m/z=16)、H_2O(m/z=18)、CO(m/z=28)和 CO_2(m/z=44)。这些挥发物(H_2、CH_4、H_2O、CO 和 CO_2)的峰值出现在 500～900℃范围内，对应于快速失重阶段[35]。

基于上述分析，太西无烟煤在高温热处理过程中的微观结构演变如图 3-11 所示，大致可以归纳为四个阶段：①石墨微晶形成阶段(500～1000℃)，该阶段主要是在热解和缩聚过程中小分子气态挥发物(H_2、CH_4、H_2O、CO 和 CO_2)析出，同时层间距 d_{002} 和孔结构增加，无烟煤中无定形结构减少，而有序石墨微晶片层更加清晰可见；

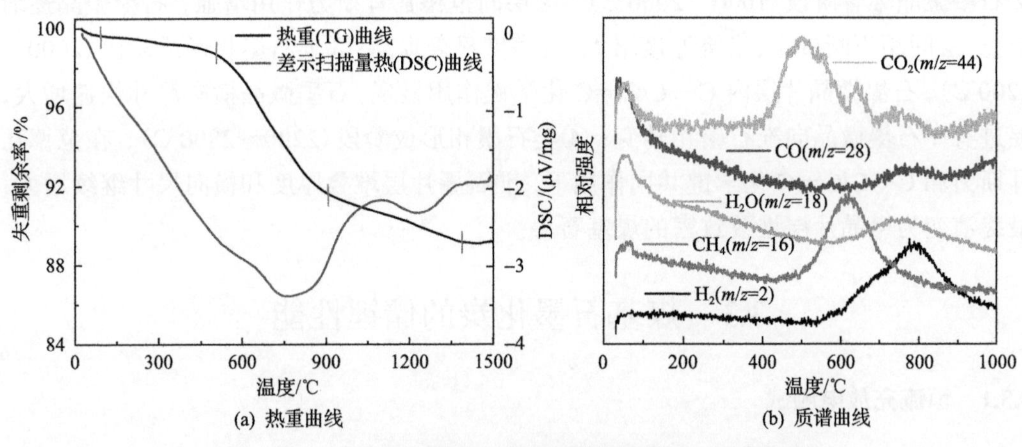

(a) 热重曲线　　(b) 质谱曲线

图 3-10　太西无烟煤在氩气气氛下的热重曲线和质谱曲线

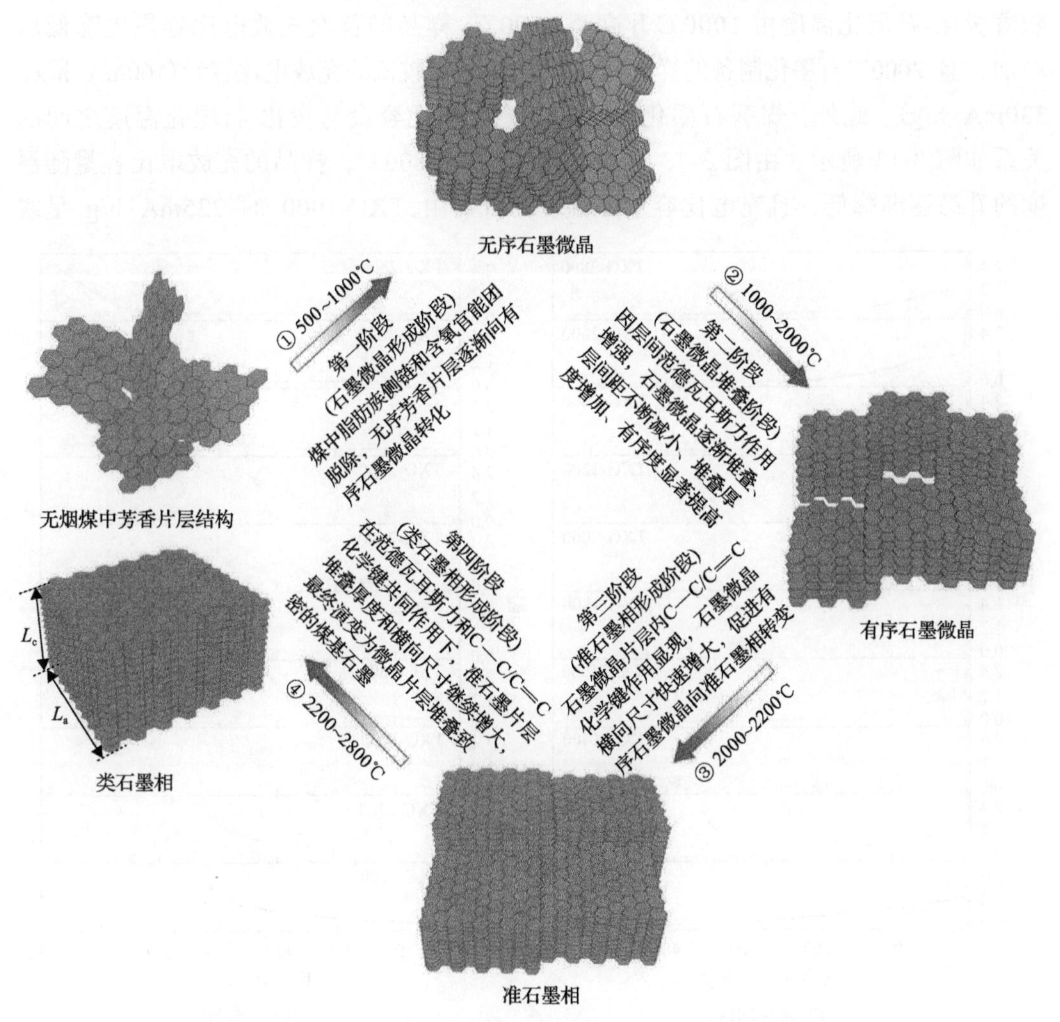

图 3-11　太西无烟煤在高温热处理过程中的微观结构演变示意图

②石墨微晶堆叠阶段(1000～2000℃)，因层间范德瓦耳斯力作用增强，石墨微晶逐渐堆叠，层间距不断减小，堆叠厚度增大，有序度显著提高；③准石墨相形成阶段(2000～2200℃)，石墨微晶片层内 C—C/C═C 化学键作用显现，石墨微晶横向尺寸快速增大，促进有序石墨微晶向准石墨相转变；④类石墨相形成阶段(2200～2800℃)，在范德瓦耳斯力和 C—C/C═C 化学键共同作用下，准石墨片层堆叠厚度和横向尺寸继续增大，最终演变为微晶片层堆叠致密的煤基石墨。

3.3　煤基石墨化炭的储锂性能

3.3.1　恒流充放电测试

煤基石墨化炭在 50mA/g 电流密度下首次 GCD 曲线如图 3-12 所示。由图 3-12 可知，随着炭化-石墨化温度由 1000℃升高至 2800℃，样品的首次充放电比容量先降低后增加，且 2000℃石墨化制备的样品(TXG-2000)具有较低的充放电比容量(160mA · h/g、330mA · h/g)。此外，煤基石墨化炭的首次充放电比容量与炭化-石墨化温度之间的关系如图 3-13 所示。由图 3-13 可知，在 1000～1800℃，样品的充放电比容量随温度的升高逐渐降低，且充电比容量随温度的升高由 TXC-1000 的 225mA · h/g 呈线

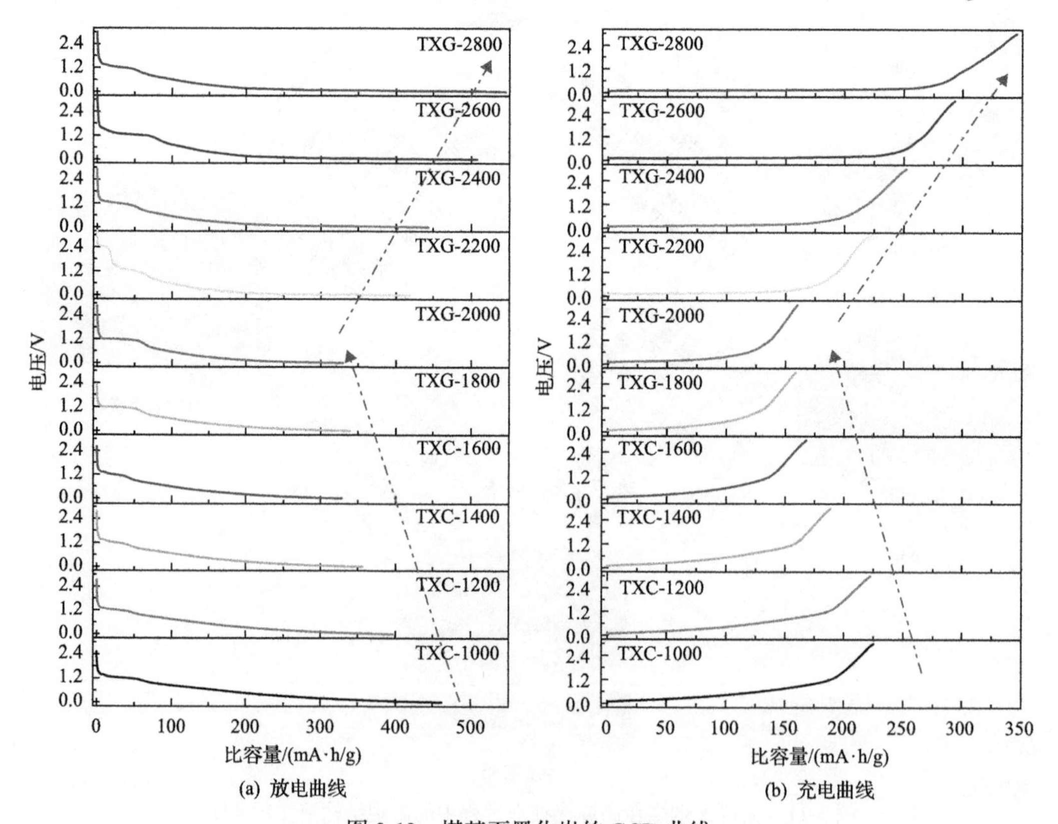

(a) 放电曲线　　(b) 充电曲线

图 3-12　煤基石墨化炭的 GCD 曲线

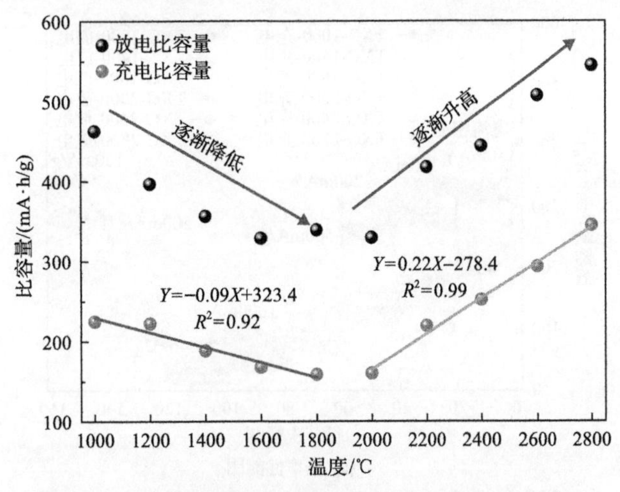

图 3-13　首次充放电比容量与炭化-石墨化温度的关系

性降低到 TXC-1800 的 159mA·h/g (R^2=0.92)，而在此温度范围内，样品的微观结构参数呈现层间距逐渐减小、堆叠厚度不断增大、孔结构减少等变化，且烷基侧链和杂原子官能团逐渐脱除，说明样品中的孔隙结构和缺陷结构的减少在一定程度上会降低材料的储锂比容量。在高于 2000℃石墨化后，样品的充放电比容量随温度升高逐渐增加，且充电比容量由 TXG-2000 的 160mA·h/g 呈线性增加到 TXG-2800 的 345mA·h/g (R^2=0.99)。在 2000～2800℃，由充放电曲线可以看出，样品的充放电曲线电压平台降低且逐渐变宽，该阶段煤基石墨化炭微观结构参数石墨微晶横向尺寸开始快速增加，说明样品中石墨微晶横向尺寸即石墨片层的大小对材料的储锂性能具有重要影响。

3.3.2　倍率性能测试

煤基石墨化炭倍率性能如图 3-14(a)所示。在 50mA/g 电流密度下，TXC-1000、TXC-1400、TXG-1800、TXG-2000、TXG-2400 和 TXG-2800 经过 20 次充放电循环后平均充电比容量分别为 212mA·h/g、202mA·h/g、156mA·h/g、155mA·h/g、316mA·h/g 和 327mA·h/g，表明样品在不同电流密度下的储锂比容量同样具有随炭化-石墨化温度升高而先减小后增大的规律。煤基石墨化炭在不同电流密度下的平均充电比容量变化如图 3-14(b)所示。在 1000mA/g 和 2000mA/g 大电流密度下，样品均展示出较低的平均充电比容量，其中 TXC-1000 的平均充电比容量较为突出，为 93mA·h/g 和 47mA·h/g，这主要归因于 TXC-1000 中石墨微晶具有较大的层间距，有利于锂离子的吸附和快速传输。当电流密度恢复到 100mA/g 和 500mA/g 时，样品展现出良好的结构稳定性。此外，在不同电流密度下平均充电比容量与炭化-石墨化温度的关系如图 3-14(c)所示。在相同电流密度下，随着温度的升高样品的平均充电比容量展现出与首次充放电比容量相似的先减小后增大的变化规律。

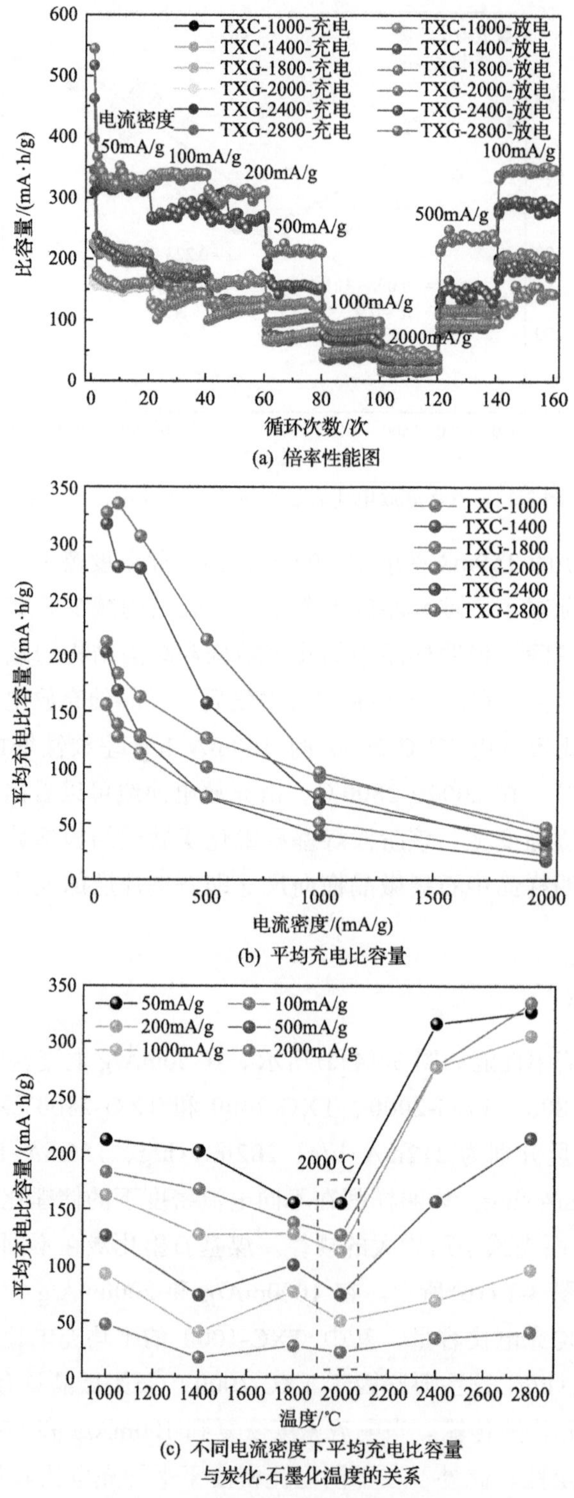

(a) 倍率性能图

(b) 平均充电比容量

(c) 不同电流密度下平均充电比容量与炭化-石墨化温度的关系

图 3-14 煤基石墨化炭的电化学性能

3.3.3 循环性能测试

煤基石墨化炭在100mA/g和500mA/g电流密度下各循环100次的循环稳定性如图3-15所示。由图3-15可知，在100mA/g电流密度下，TXC-1000、TXG-2400和TXG-2800具有较稳定的循环性能，经过100次循环后可逆比容量分别为249mA·h/g、334mA·h/g和360mA·h/g，比容量保持率为109%、108%和105%，而TXC-1400、TXG-1800和TXG-2000表现出较差的循环稳定性，100次循环后可逆比容量仅剩156mA·h/g、162mA·h/g和108mA·h/g，比容量保持率为69%、77%和67%，说明在炭化-石墨化过程中样品结构的变化对其性能具有重要的影响；另外，在500mA/g大电流密度下，TXC-1000表现出较为突出的循环稳定性，其可逆比容量为148mA·h/g，此现象主要是因为TXC-1000具有较大的层间距和较为丰富的孔隙结构，有利于锂离子的存储和高效传输，进而提高了负极材料在大电流密度下的电化学性能。

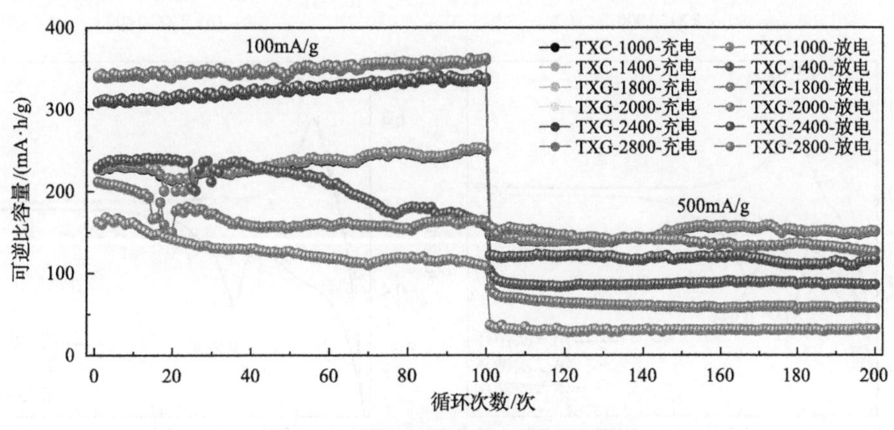

图3-15 煤基石墨化炭的循环性能图

3.3.4 循环伏安测试

为了深入分析负极材料的储锂行为，TXC-1000、TXC-1400、TXG-2000和TXG-2800在0.5mV/s扫描速率下电压范围为0.01～3.0V(vs. Li^+/Li)的前三次CV曲线如图3-16所示。如图3-16(a)所示，在首次放电过程中，TXC-1000的CV曲线在0.35V和0.96V附近出现两个明显的还原峰，分别对应于孔隙结构的储锂和SEI膜的形成[36]。在充电过程中，在0.53V和1.04V附近出现两个明显的氧化峰，这对应于锂离子从石墨微晶片层和孔隙结构中脱出[37]。由图3-16可知，随着炭化-石墨化温度的升高，在0.35V附近的还原峰变弱，在2800℃石墨化后，TXG-2800负极材料[图3-16(d)]在此处的还原峰消失，对应于煤基石墨化炭中孔结构减少。随着温度的升高，在0.53V附近的氧化峰变窄，对应于煤基石墨化炭在锂离子脱出过程中电压平台降低且更加平缓，说明有序的大尺寸石墨微晶结构有利于降低材料的充放电电压平台。此外，由 CV 曲线可以看出，负极材料的第三次 CV 曲线基本和第二次重合，说明经过第一次循环后 SEI 膜和锂离子的嵌入/脱出氧化还原反应已经基本稳定形成。

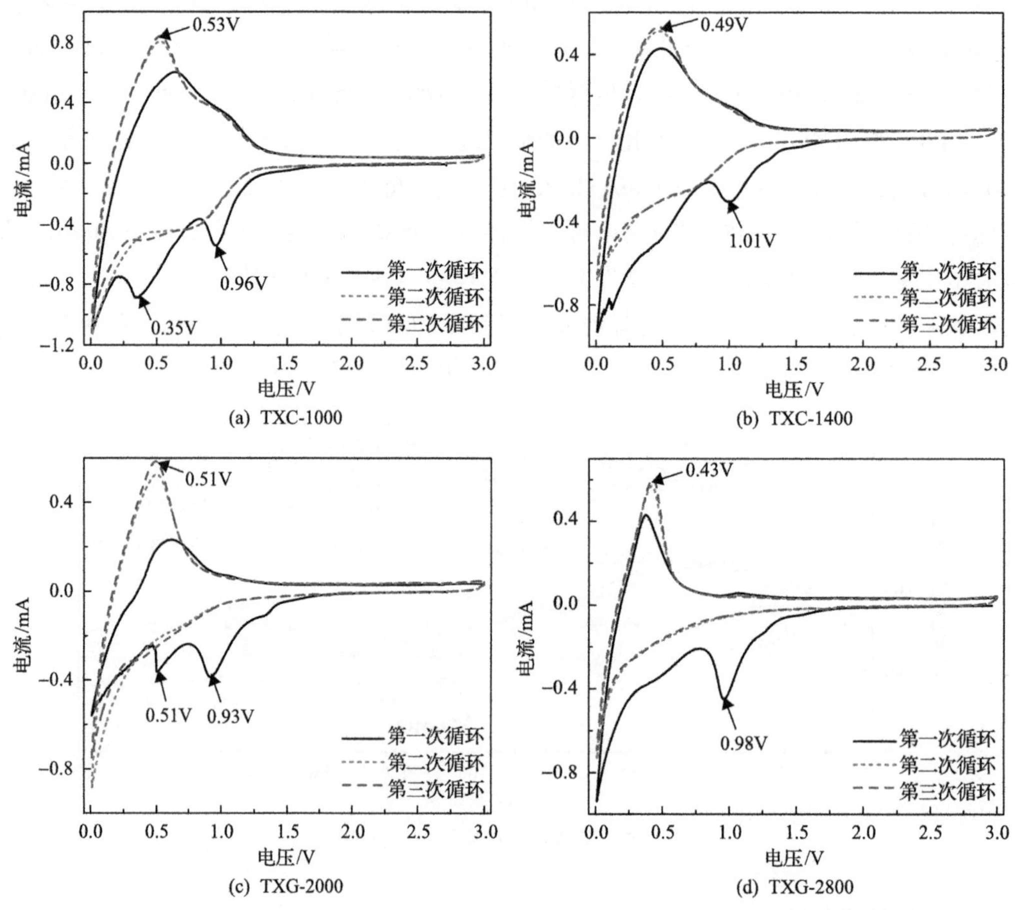

图 3-16　TXC-1000、TXC-1400、TXG-2000 和 TXG-2800 的 CV 曲线

3.3.5 电化学阻抗谱测试

TXC-1000、TXC-1400、TXG-1800、TXG-2000、TXG-2400 和 TXG-2800 的 EIS 图如图 3-17(a)所示。由图 3-17(a)可知，样品的 EIS 图由中高频区的一个半圆和低频区的一条斜线组成，随着炭化-石墨化温度的升高，中高频区的半圆逐渐减小，说明负极材料中电化学阻抗降低[38]。通过等效电路(图 3-17(b)内嵌图)对样品的 EIS 进行拟合分析，图 3-17(b)展示了样品中电解液与电极之间的接触电阻(R_s)和电荷转移电阻(R_{ct})。由拟合结果可知，随着炭化-石墨化温度由 1000℃升高至 2800℃，样品中的电荷转移电阻(R_{ct})由 TXC-1000 的 460.3Ω 减小到 43.8Ω，说明负极材料内部的电荷转移能力增强[39]。

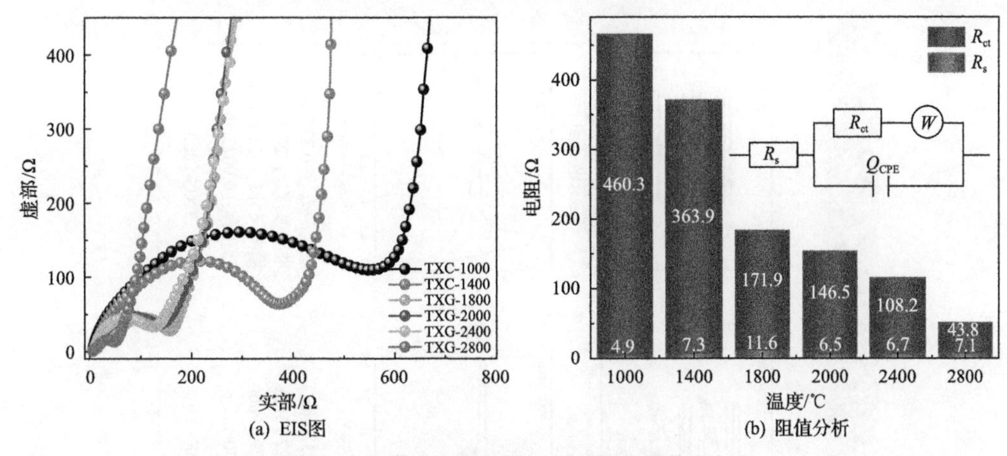

图 3-17 煤基石墨化炭的 EIS 图和阻值分析

W-Warburg 阻抗；Q_{CPE}-双电层电容

3.4 煤基石墨化炭的微观结构与储锂性能的构效关系

煤基石墨化炭的储锂机理如图 3-18 所示。随着炭化-石墨化温度的升高，煤基石墨化炭的储锂机理随其微观结构的变化不断变化。其中，锂离子在石墨类炭材料中的存储机制通常使用“吸附-嵌入”模型进行解释，即斜坡区（>0.1V）对应于锂离子在石墨片层缺陷部分发生的准吸附，而平台区（<0.1V）对应于锂离子在石墨层间的嵌入/脱出[40-42]。TXC-1000、TXC-1400、TXG-2000、TXG-2400 和 TXG-2800 的斜坡区和平台区比容量分析结果如图 3-19（a）所示。TXC-1000、TXC-1400、TXG-2000、TXG-2400 和 TXG-2800 的斜坡区比容量占比分别为 79.1%、77.7%、68.5%、57.0%和 50.4%，说明随着炭化-石墨化温度的升高样品中“吸附”式的锂离子存储减少。另外，随着炭化-石墨化温度升高，样品的首次库仑效率（首次充电比容量与放电比容量之比）由 TXC-1000 的 48.7%升至 TXG-2800 的 63.4%，呈现整体增加的趋势。基于上述分析可知，煤基石墨化炭的储锂性能与炭化-石墨化温度有明显的相关性，而炭化-石墨化温度对煤基石墨化炭的微观结构有重要影响。因而，煤基石墨化炭微观结构参数（d_{002}、L_c、I_{D1}/I_G、f_a 和 L_a）与储锂比容量（斜坡区比容量和平台区比容量）的关系分析结果如图 3-19 所示。由图 3-19（b）可知，随着层间距的减小，首次充放电比容量先减小后增大，其中在温度达到 2000℃时总比容量达到最低。另外，由斜坡区比容量和平台区比容量随着层间距不断减小的变化规律可以看出，层间距由 0.3734nm 减小至 0.3401nm，样品的平台区比容量没有明显的变化，而斜坡区比容量呈现逐渐减小的趋势，说明炭化-石墨化温度低于 2000℃时，层间距的变化对样品的“嵌入”式锂离子存储没有影响，主要影响“吸附”式锂离子存储。同样地，在低于 2000℃时，斜坡区比容量和平台区比容量与结构参数如 L_c、I_{D1}/I_G 和 f_a 的关系有相似的变化规律，说明低于 2000℃时，样品中的缺陷结构如烷基侧链、含氧官能团和孔隙结构对

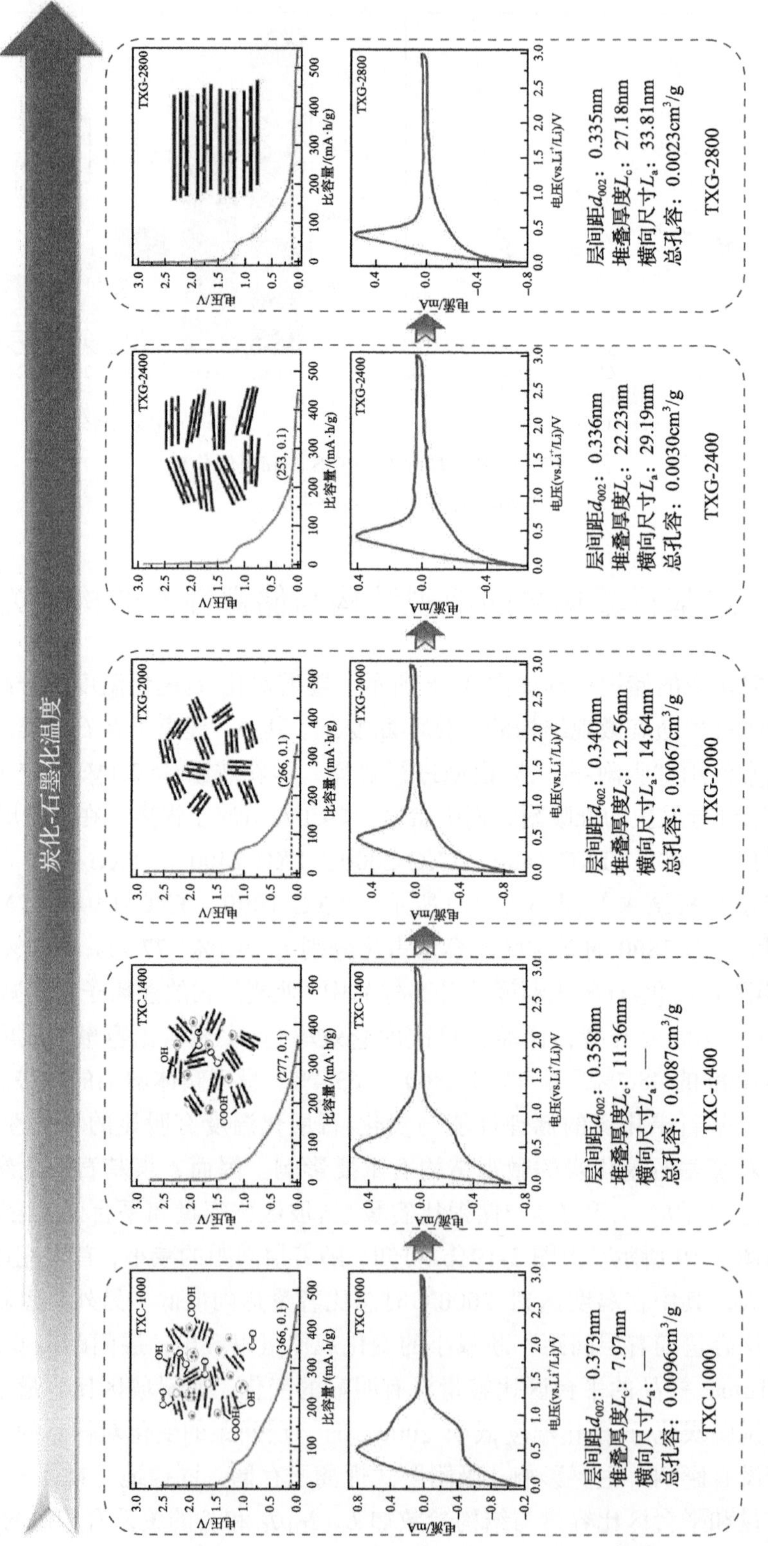

图3-18　煤基石墨化炭的储锂机理

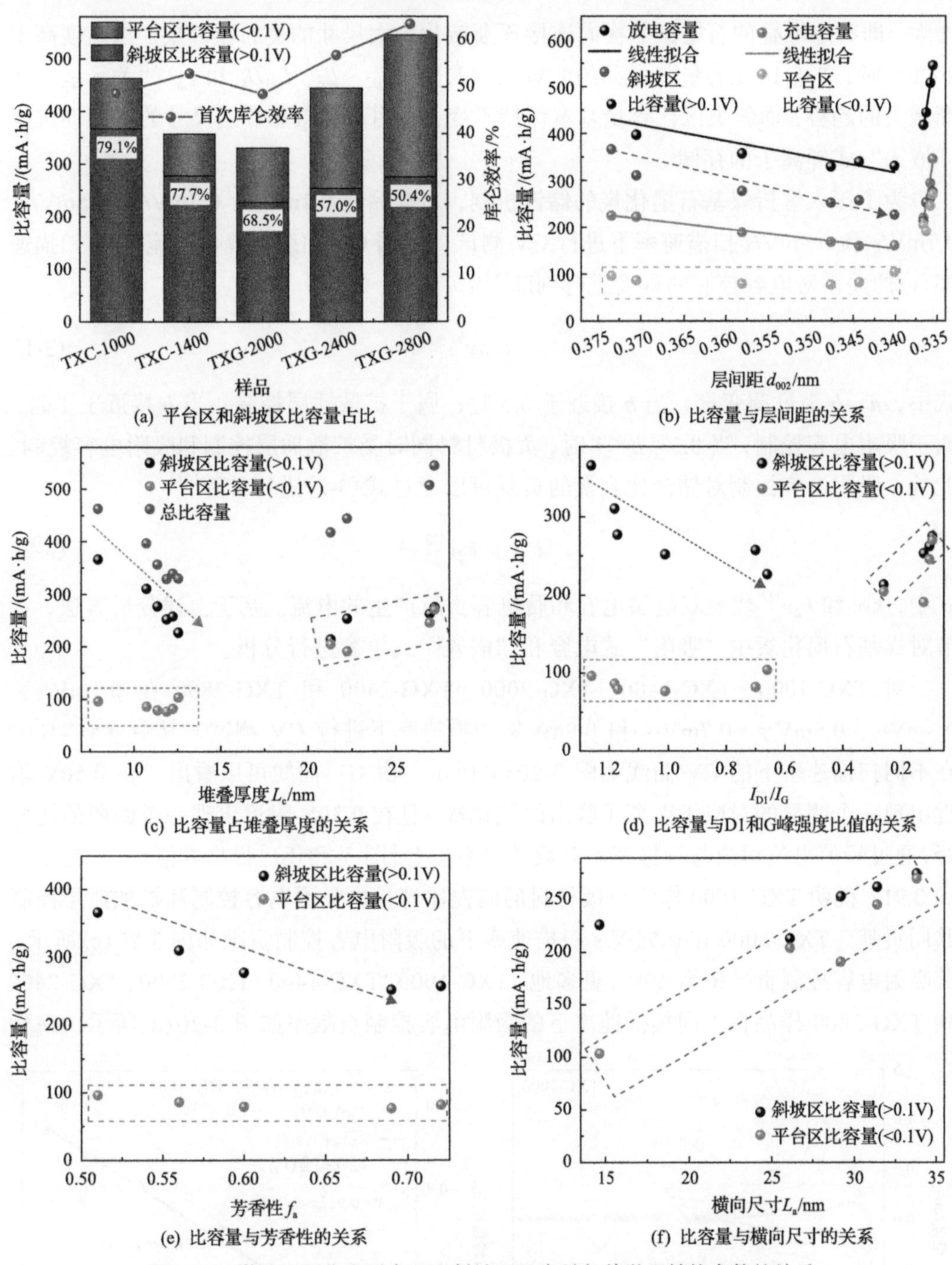

图 3-19　煤基石墨化炭平台区和斜坡区比容量与其微观结构参数的关系

储锂性能有决定性影响，而这类结构主要提供了“吸附”式的储锂容量。随着炭化-石墨化温度由 1000℃升至 2000℃，样品中缺陷结构减少和含氧官能团脱除，而石墨微晶没有明显变化，因而样品的总比容量呈现逐渐降低的趋势。当石墨化温度由 2000℃升至 2800℃时，样品的微观结构变化主要体现在石墨微晶横向尺寸(L_a)的快速增大，即有序堆叠的石墨微晶横向连接逐渐转化为大尺寸的类石墨片层。当温度高于2000℃时，平台区比容量与样品的微观结构参数（d_{002}、L_c、I_{D1}/I_G 和 L_a）的关系呈现逐渐增大的趋势，而斜坡区比容量基本保持不变，说明石墨微晶片层尺寸的增大促进了“嵌入”式锂离子的存储。

为了深入解析煤基石墨化炭的储锂机制，对样品在0.1mV/s、0.3mV/s、0.5mV/s、0.7mV/s和0.9mV/s扫描速率下进行CV测试，根据CV曲线中峰值电流（i）与扫描速率（v）的关系对电容控制的程度进行判断[43]：

$$i=av^b \tag{3-1}$$

式中，a、b 为可调变量。当 b 接近于0.5时，属于扩散插层控制；当 b 接近于1时，属于吸附电容控制；当 $0.5<b<1$ 时，负极材料同时受扩散插层控制和吸附电容控制。此外，吸附电容控制对储锂比容量的贡献可以通过式（3-2）进行计算[44]：

$$i=k_1v+k_2v^{1/2} \tag{3-2}$$

式中，k_1v 和 $k_2v^{1/2}$ 代表双电层电容和赝电容贡献产生的电流。基于上述分析方法，本节对煤基石墨化炭中“吸附”式电容和“嵌入”式电容进行分析。

对TXC-1000、TXC-1400、TXG-2000、TXG-2400和TXG-2800在0.1mV/s、0.3mV/s、0.5mV/s、0.7mV/s和0.9mV/s扫描速率下进行CV测试，其中TXC-1000在不同扫描速率下的CV曲线如图3-20(a)所示。由CV曲线可以看出，在0.50V附近出现一个明显的对应于锂离子脱出的氧化峰，且在0.30V附近出现一个微弱的还原峰，通过峰值电流对数与扫描速率对数的关系拟合[图3-20(b)]得出 b 值，分别为0.88和0.91，说明TXC-1000作为负极材料的储锂比容量由吸附电容控制和扩散插层控制共同贡献。TXC-1000在0.5mV/s扫描速率下的吸附电容控制贡献如图3-20(c)所示，其吸附电容控制贡献率为69%。更多地，TXC-1000、TXC-1400、TXG-2000、TXG-2400和TXG-2800样品在不同扫描速率下的吸附电容控制贡献率如图3-20(d)所示。在相

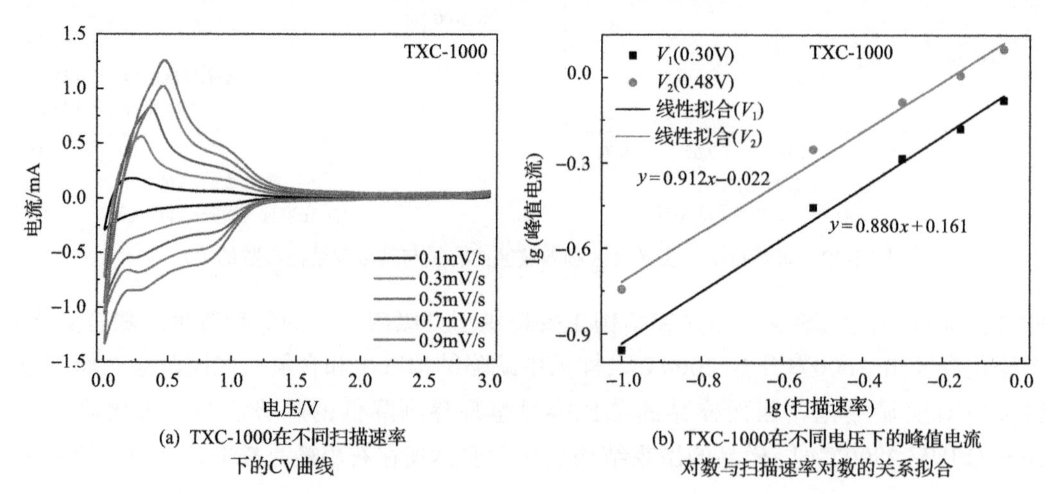

(a) TXC-1000在不同扫描速率下的CV曲线　　(b) TXC-1000在不同电压下的峰值电流对数与扫描速率对数的关系拟合

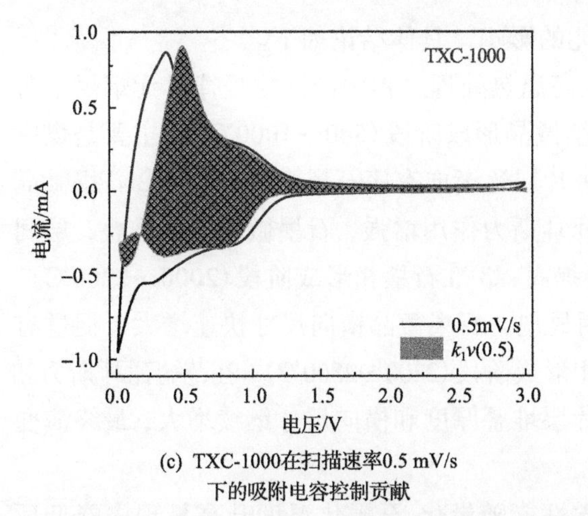

(c) TXC-1000在扫描速率0.5 mV/s
下的吸附电容控制贡献

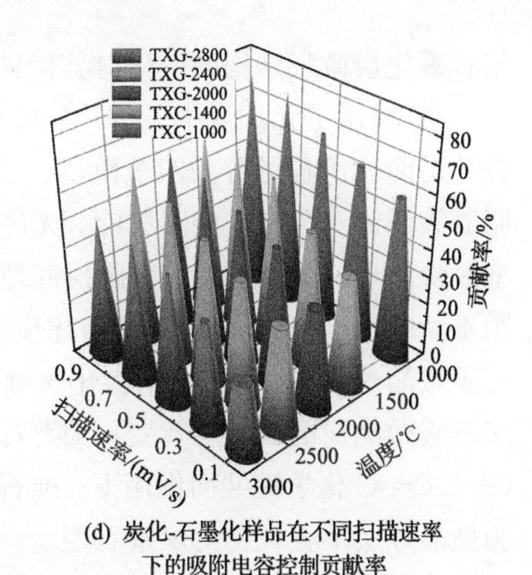

(d) 炭化-石墨化样品在不同扫描速率
下的吸附电容控制贡献率

图 3-20 煤基石墨化炭的储锂机制分析

同扫描速率下，随着炭化-石墨化温度的升高，煤基石墨化炭中吸附电容控制贡献率逐渐减小，这与图 3-19(a)分析相一致。同时，对于同一样品，随扫描速率的增大，煤基石墨化炭中吸附电容控制贡献率增大，说明大电流密度下，样品的储锂比容量由吸附电容控制贡献率增大，因而石墨片层致密的样品在大电流密度下表现出较低的可逆比容量。

综合上述分析，煤基石墨化炭的储锂性能解析如下：①在 1000～1800℃，锂离子存储以"吸附"式为主。经过 1000℃炭化后，所制样品(TXC-1000)的层间距增大，且还保留一些脂肪碳和含氧官能团等缺陷结构，这些缺陷结构能够增加锂离子的吸附活性位点从而提高储锂比容量，而增大的层间距有利于提高锂离子的传输效率，进而改善负极材料的倍率性能和循环稳定性。而随着炭化-石墨化温度的升高，缺陷结构逐渐减少，层间距也不断减小，石墨化炭的储锂比容量也不断降低；②当温度升高至 2000℃，该温度点的样品(TXG-2000)"吸附"和"嵌入"锂离子能力都比较弱，表现出较低的储锂性能，这主要归因于石墨化炭中的缺陷结构减少，且层间距减小，而石墨微晶片层大小没有明显的增大，导致锂离子的嵌入能力没有明显提高。③2000～2800℃，锂离子存储以"嵌入"式为主，样品层间距变化不大，而其石墨微晶结构的横向尺寸在不断增大，堆叠的石墨片层增加，有利于锂离子在石墨片层间的嵌入/脱出，因而表现出不断增高的储锂性能。

3.5 本 章 小 结

本章以太西无烟煤为原料，系统研究了无烟煤在炭化-石墨化(1000～2800℃)过程中微观结构的演变行为，揭示了无烟煤中芳香片层结构在高温热处理过程中的演化规律。同时将煤基石墨化炭用于锂离子电池负极对其电化学性能进行研究，解析了煤基石墨化炭微观结构的变化对其储锂性能的影响，具体结论如下。

(1) 揭示了无烟煤中芳香片层结构在高温热处理过程中的演化规律。无烟煤中芳香片层演化历程可分为四个阶段：①石墨微晶形成阶段(500～1000℃)，主要是煤中脂肪族侧链和含氧官能团脱除，无序芳香片层逐渐向有序石墨微晶转化；②石墨微晶堆叠阶段(1000～2000℃)，因层间范德瓦耳斯力作用增强，石墨微晶逐渐堆叠，层间距不断减小，堆叠厚度增大，有序度显著提高；③准石墨相形成阶段(2000～2200℃)，石墨微晶片层中 C—C/C═C 化学键作用显现，石墨微晶横向尺寸快速增大，促进有序石墨微晶向准石墨相转变；④类石墨相形成阶段(2200～2800℃)，在范德瓦耳斯力和 C—C/C═C 化学键共同作用下，准石墨片层堆叠厚度和横向尺寸继续增大，最终演变为微晶片层堆叠致密的煤基石墨。

(2) 煤基石墨化炭负极材料的电化学性能随炭化-石墨化温度升高呈现先降低后升高的趋势。在 50mA/g 电流密度下，当温度由 1000℃升高至 1800℃，石墨化炭的首次可逆比容量由 225mA·h/g 呈线性降低至 159mA·h/g(相关系数 R^2=0.92)，而在 2000～2800℃范围内，石墨化炭的首次可逆比容量由 160mA·h/g 呈线性增加到 345mA·h/g(R^2=0.99)。同时，在小电流密度下，TXG-2800 表现出较高的储锂比容量和循环稳定性，而在大电流密度下，TXC-1000 表现出较高的倍率性能和循环稳定性。

(3) 煤基石墨化炭的微观结构对其储锂性能具有重要影响。温度低于 2000℃时，石墨化炭中缺陷结构丰富度对其储锂性能起主导作用，缺陷结构越丰富，越有利于锂离子的“吸附”式存储；当石墨化温度高于 2000℃时，石墨化炭中石墨微晶堆叠厚度和横向尺寸对其储锂性能起主导作用，石墨微晶堆叠厚度和横向尺寸越大越有利于锂离子的“嵌入”式存储。

参考文献

[1] Li K K, Liu G Y, Zheng L S, et al. Coal-derived carbon nanomaterials for sustainable energy storage applications[J]. New Carbon Materials, 2021, 36(1): 133-154.

[2] Zhang S, Liu Q, Zhang H, et al. Structural order evaluation and structural evolution of coal derived natural graphite during graphitization[J]. Carbon, 2020, 157: 714-723.

[3] Qin Z. New advances in coal structure model[J]. International Journal of Mining Science and Technology, 2018, 28(4): 541-559.

[4] Wang T, Wang Y, Cheng G, et al. Catalytic graphitization of anthracite as an anode for lithium-ion batteries[J]. Energy & Fuels, 2020, 34(7): 8911-8918.

[5] Gao F, Qu J, Zhao Z, et al. A green strategy for the synthesis of graphene supported Mn_3O_4 nanocomposites from graphitized coal and their supercapacitor application[J]. Carbon, 2014, 80: 640-650.

[6] Ma C, Zhao Y, Li J, et al. Synthesis and electrochemical properties of artificial graphite as an anode for high-performance lithium-ion batteries[J]. Carbon, 2013, 64: 553-556.

[7] Heckmann A, Fromm O, Rodehorst U, et al. New insights into electrochemical anion intercalation into carbonaceous materials for dual-ion batteries: impact of the graphitization degree[J]. Carbon, 2018, 131: 201-212.

[8] Lin X, Huang J, Zhang B. Correlation between the microstructure of carbon materials and their potassium ion storage performance[J]. Carbon, 2019, 143: 138-146.

[9] Xing B, Zhang C, Cao Y, et al. Preparation of synthetic graphite from bituminous coal as anode materials for high performance lithium-ion batteries[J]. Fuel Processing Technology, 2018, 172: 162-171.

[10] Loh G, Baillargeat D. Graphitization of amorphous carbon and its transformation pathways[J]. Journal of Applied Physics, 2013, 114(3): 033534.

[11] Mohammed A S K, Sehitoglu H, Rateick R. Interface graphitization of carbon-carbon composites by nanoindentation[J]. Carbon, 2019, 150: 425-435.

[12] Peng H, Ming X, Pang K, et al. Highly electrically conductive graphene papers via catalytic graphitization[J]. Nano Research, 2022, 15(6): 4902-4908.

[13] Jiang J, Yang W, Cheng Y, et al. Molecular structure characterization of middle-high rank coal via XRD, Raman and FTIR spectroscopy: implications for coalification[J]. Fuel, 2019, 239: 559-572.

[14] Buseck P R, Beyssac O. From organic matter to graphite: graphitization[J]. Elements, 2014, 10(6): 421-426.

[15] Worsley M A, Kuntz J D, Satcher J H, Jr, et al. Synthesis and characterization of monolithic, high surface area SiO_2/C and SiC/C composites[J]. Journal of Materials Chemistry, 2010, 20(23): 4840-4844.

[16] Sun J, Niu J, Liu M, et al. Biomass-derived nitrogen-doped porous carbons with tailored hierarchical porosity and high specific surface area for high energy and power density supercapacitors[J]. Applied Surface Science, 2018, 427: 807-813.

[17] Xing B L, Zeng H H, Huang G X, et al. Magnesium citrate induced growth of noodle-like porous graphitic carbons from coal tar pitch for high-performance lithium-ion batteries[J]. Electrochimica Acta, 2021, 376: 138043.

[18] Zhang S, Song B, Cao C, et al. Structural evolution of high-rank coals during coalification and graphitization: X-ray diffraction, Raman spectroscopy, high-resolution transmission electron microscopy, and reactive force field molecular dynamics simulation study[J]. Energy & Fuels, 2021, 35(3): 2087-2097.

[19] Li K, Liu Q, Hou D, et al. Quantitative investigation on the structural characteristics and evolution of high-rank coals from Xinhua, Hunan Province, China[J]. Fuel, 2021, 289: 119945.

[20] Nakamura Y, Yoshino T, Satish-Kumar M. An experimental kinetic study on the structural evolution of natural carbonaceous material to graphite[J]. American Mineralogist, 2017, 102(1): 135-148.

[21] Nakamura Y, Akai J. Microstructural evolution of carbonaceous material during graphitization in the Gyoja-yama contact aureole: HRTEM, XRD and Raman spectroscopic study[J]. Journal of Mineralogical and Petrological Sciences, 2013, 108(3): 131-143.

[22] Contescu C I, Guldan T, Wang P, et al. The effect of microstructure on air oxidation resistance of nuclear graphite[J]. Carbon, 2012, 50(9): 3354-3366.

[23] Sivakkumar S R, Nerkar J, Pandolfo A. Rate capability of graphite materials as negative electrodes in lithium-ion capacitors[J]. Electrochimica Acta, 2010, 55(9): 3330-3335.

[24] He X, Liu X, Nie B, et al. FTIR and Raman spectroscopy characterization of functional groups in various rank coals[J]. Fuel, 2017, 206: 555-563.

[25] Chen Y, Mastalerz M, Schimmelmann A. Characterization of chemical functional groups in macerals across different coal ranks via micro-FTIR spectroscopy[J]. International Journal of Coal Geology, 2012, 104: 22-33.

[26] Odeh A O. Qualitative and quantitative ATR-FTIR analysis and its application to coal char of different ranks[J]. Journal of Fuel Chemistry and Technology, 2015, 43(2): 129-137.

[27] Xie W, Weng L T, Ng K M, et al. Clean graphene surface through high temperature annealing[J]. Carbon, 2015, 94: 740-748.

[28] Wang Z S, Xing B L, Zeng H H, et al. Space-confined carbonization strategy for synthesis of carbon nanosheets from glucose and coal tar pitch for high-performance lithium-ion batteries[J]. Applied Surface Science, 2021, 547: 149228.

[29] Sundberg M, Malmqvist G, Magnusson A, et al. Alumina forming high temperature silicides and carbides[J]. Ceramics International, 2004, 30(7): 1899-1904.

[30] Serovaiskii A Y, Kolesnikov A Y, Kutcherov V G. Formation of iron hydride and iron carbide from hydrocarbon systems at ultra-high thermobaric conditions[J]. Geochemistry International, 2019, 57(9): 1008-1014.

[31] Hou L, Xing B L, Kang W W, et al. Aluminothermic reduction synthesis of porous silicon nanosheets from vermiculite as high-performance anode materials for lithium-ion batteries[J]. Applied Clay Science, 2022, 218: 106418.

[32] Bataleva Y V, Palyanov Y N, Borzdov Y M, et al. Conditions for diamond and graphite formation from iron carbide at the *P-T* parameters of lithospheric mantle[J]. Russian Geology and Geophysics, 2016, 57(1): 176-189.

[33] Kang H K, Kang S B. Thermal decomposition of silicon carbide in a plasma-sprayed Cu/SiC composite deposit[J]. Materials Science and Engineering: A, 2006, 428(1-2): 336-345.

[34] Xu F, Wang B, Yang D, et al. Thermal degradation of typical plastics under high heating rate conditions by TG-FTIR: pyrolysis behaviors and kinetic analysis[J]. Energy Conversion and Management, 2018, 171: 1106-1115.

[35] Wei J, Liu X, Guo Q, et al. A comparative study on pyrolysis reactivity and gas release characteristics of biomass and coal using TG-MS analysis[J]. Energy Sources, Part A: Recovery, Utilization, and Environmental Effects, 2018, 40(17): 2063-2069.

[36] Song R, Song H, Zhou J, et al. Hierarchical porous carbon nanosheets and their favorable high-rate performance in lithium ion batteries[J]. Journal of Materials Chemistry, 2012, 22(24): 12369-12374.

[37] Guo S, Chen Y, Shi L, et al. Nitrogen-doped biomass-based ultra-thin carbon nanosheets with interconnected framework for high-performance lithium-ion batteries[J]. Applied Surface Science, 2018, 437: 136-143.

[38] Xing B L, Zeng H H, Huang G X, et al. Porous graphene prepared from anthracite as high performance anode materials for lithium-ion battery applications[J]. Journal of Alloys and Compounds, 2019, 779: 202-211.

[39] Tian M, Wang W, Liu Y, et al. A three-dimensional carbon nano-network for high performance lithium ion batteries[J]. Nano Energy, 2015, 11: 500-509.

[40] Sato K, Noguchi M, Demachi A, et al. A mechanism of lithium storage in disordered carbons[J]. Science, 1994, 264(5158): 556-558.

[41] Kaskhedikar N A, Maier J. Lithium storage in carbon nanostructures[J]. Advanced Materials, 2009, 21(25-26): 2664-2680.

[42] Wang K, Xu Y, Wu H, et al. A hybrid lithium storage mechanism of hard carbon enhances its performance as anodes for lithium-ion batteries[J]. Carbon, 2021, 178: 443-450.

[43] Gao S, Jiang Q, Shi Y, et al. High-performance lithium battery driven by hybrid lithium storage mechanism in 3D architectured carbonized eggshell membrane anode[J]. Carbon, 2020, 166: 26-35.

[44] Shan H, Xiong D, Li X, et al. Tailored lithium storage performance of graphene aerogel anodes with controlled surface defects for lithium-ion batteries[J]. Applied Surface Science, 2016, 364: 651-659.

4　高性能煤基石墨负极材料的制备及其储锂性能

4.1　引　　言

能源危机与环境污染问题已成为人类共同关注且亟待解决的两大难题。面对这种情况，世界各国都对清洁、可再生的绿色新能源的发展以及高性能储能设备的开发提出了更为紧迫的要求。锂离子电池作为新一代绿色能量储存和转换装置，具有能量密度高、循环寿命长、放电电压高、无记忆效应、自放电率低及环境污染小等优点，已被广泛用于便携式电子设备、静态储能系统及电动/混合动力汽车等领域[1]。负极材料是锂离子电池的核心部件之一，其结构及性质对电池的性能起着关键性作用。在众多锂离子电池负极材料中，以天然石墨为主要代表的石墨类炭材料因具有优异的导电性、平稳的充放电平台、良好的嵌/脱锂性能等优点，成为锂离子电池负极材料的首选，也是商业化最成功的负极材料[2]。但近年来随着新能源汽车及多功能电子产品的迅猛发展，现有天然石墨负极因循环稳定性较差、倍率性能较低等缺点[3]，远不能满足消费者对高性能储能器件的需求。另外，随着航天航空、国防科技等领域对石墨(石墨烯)需求的增加，天然石墨逐渐成为重要的战略资源[4]，价格稳步升高，从而使得石墨资源用于锂离子电池负极材料受到严重制约，因此，寻求一种来源广泛、成本低廉的原料制备高性能石墨类负极材料来替代天然石墨已迫在眉睫。

煤炭作为含碳量仅次于石墨的天然矿产，资源丰富、价格低廉，含有大量与石墨类似的芳环结构，碳原子层面具有一定程度的择优取向性，且结构较为致密，被认为是一种制备富含石墨微晶产品的优质原料。目前，以不同煤炭为原料制备石墨类材料的研究均有报道。González 等采用高温石墨化处理西班牙无烟煤制备出煤基石墨[5]；周安宁课题组以陕北神府煤为原料，采用硼酸催化-石墨化法制备出具有较高石墨化度的超细石墨粉[6]；邱介山课题组通过催化石墨化处理太西无烟煤制备出人造石墨，并将其用作合成石墨烯的原料[7]。近年来，随着新能源材料需求量的剧增和煤炭资源应用领域的拓展，以煤炭为原料来制备石墨类负极材料的研究也有相关报道。时迎迎等以太西无烟煤为原料，经石墨化-碳包覆改性制备出具有核壳结构的石墨复合材料，其用作锂离子电池负极材料的首次可逆比容量达 330.4mA · h/g[8]。Xing 等通过炭化-石墨化处理西山煤电烟煤制备出优质人造石墨负极材料，其可逆比容量可达 310.3mA · h/g，且具有优异的倍率特性和良好的循环稳定性[9]。Cameán 等以西班牙无烟煤和煤炭燃烧飞灰中的未燃炭为原料，采用高温石墨化制备出石墨负极材料，其可逆比容量分别可达 250mA · h/g 和 310mA · h/g[10]。Zhou 等以煤基焦炭末为原料，采用催化石墨化制备出 B 掺杂石墨化负极材料，其可逆比容量可达 360.3mA · h/g[11]。上述研究表明，以煤炭为前驱体，在高温热处理条件下可转化为富含石墨微晶结构的石墨产品，且可替代天然石墨用作锂离子电池负极材料。但现有关于煤基石墨类负极材料的研究多数主要集中在探索其制备工艺的可行性，而对煤基石墨类材料的微观结构以及煤基石墨微观结构与其对应负极储锂特性之间的内在联系等关注较少。

鉴于此，本章从煤炭自身固有特性出发，充分利用其原生孔隙丰富，且富含官能团、侧链等特点，以济源无烟煤为原料，采用预先炭化-石墨化制备煤基石墨，系统研究煤基石墨的微晶片层特征、表面形貌、比表面积、孔径分布等微观结构，并探讨其用作锂离子电池负极材料的储锂特性。研究成果对锂离子电池用高性能煤基石墨类负极材料的研发和煤炭资源的高效洁净利用均具有重要意义。

4.2　煤基石墨的微观结构

4.2.1　微晶结构表征

济源无烟煤、炭化料和不同煤基石墨的 XRD 谱图如图 4-1 所示。由图 4-1 可知，济源无烟煤在 2θ=20°～30°处呈现出一个明显的宽峰，对应于石墨微晶结构的(002)面衍射峰，说明原料煤的有机大分子结构中含有一定数量的芳香片层结构[12]。此外，原料煤的 XRD 谱图中还出现了少量由无机矿物成分所引起的杂质衍射峰，通过 X 射

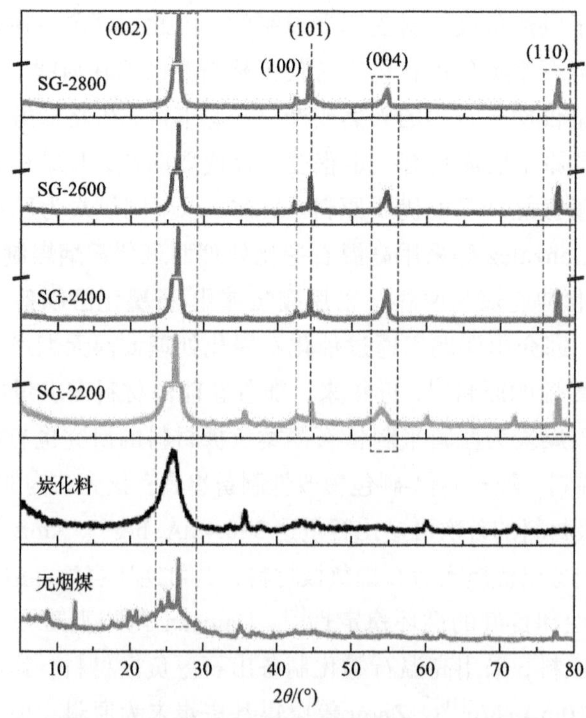

图 4-1　无烟煤、炭化料和煤基石墨的 XRD 谱图

线荧光光谱（ARL Quant'x）对原料煤的煤灰进行成分分析发现，其主要成分为SiO_2（37.02%）、Al_2O_3（26.85%）、Fe_2O_3（21.43%）、CaO（7.56%）、K_2O（2.96%）、TiO_2（1.97%）和Na_2O（0.56%）等，表明济源无烟煤中的少量无机杂质主要是含Si、Al、Fe、Ca、K、Ti及Na等元素的化合物。当原料煤经1000℃炭化处理后，炭化料的（002）面衍射峰明显变窄，相对强度增强，说明其石墨微晶结构的有序度提高。其原因在于，在炭化处理过程中，原料煤发生热解反应，其有机大分子结构中的侧链、表面官能团等逐渐断裂或分解，芳环缩合程度提高，芳香片层结构趋于有序堆叠[13]。对于经不同石墨化温度处理的煤基石墨而言，其XRD谱图除在2θ为26.5°附近存在一个非常尖锐的石墨微晶（002）面衍射峰外，在42.5°、44.3°、54.2°和77.4°左右出现代表石墨微晶结构的（100）、（101）、（004）和（110）晶面特征峰，这与天然石墨[14]和人造石墨[15]所展现出的XRD特征峰非常接近，表明炭化料经2200～2800℃高温石墨化处理后形成了大量较为完美的石墨微晶结构。

根据XRD测试结果，利用式（2-1）、式（2-2）和式（2-3）计算出的四种煤基石墨的层间距d_{002}、堆叠厚度L_c、横向尺寸L_a和石墨化度G等微晶结构参数见表4-1。随着石墨化温度的升高，煤基石墨的堆叠厚度L_c和横向尺寸L_a逐渐增大，层间距d_{002}则由0.3371nm逐渐降低至0.3359nm，石墨化度G由80.23%提高至94.19%。其原因在于，高温石墨化过程中，随着石墨化温度的升高，煤中芳香片层结构逐渐发育长大，形成石墨片层，同时石墨片层逐渐有序堆叠，最终转化为具有较高石墨化度的石墨微晶。当石墨化温度为2800℃时，煤基石墨SG-2800的层间距为0.3359nm，非常接近于理想石墨的层间距（d_{002}=0.3354nm），且其石墨化度可达94.19%，远高于超细石墨粉（80.35%）[6]、煤系天然石墨（89.30%）[16]、沥青基人造石墨（92.80%）[17]和针状焦人造石墨（93.02%）[18]，表明煤基石墨SG-2800具有较为理想的石墨微晶结构。

表4-1　煤基石墨的微晶结构参数

样品编号	石墨化温度/℃	L_a/nm	L_c/nm	d_{002}/nm	G/%
SG-2200	2200	21.3	11.5	0.3371	80.23
SG-2400	2400	22.8	18.4	0.3367	84.88
SG-2600	2600	24.7	20.0	0.3363	89.53
SG-2800	2800	26.4	24.4	0.3359	94.19

图4-2为炭化料和煤基石墨的Raman光谱。由图4-2可知，炭化料和不同煤基石墨均在1358cm^{-1}和1580cm^{-1}附近出现两个不同强度的特征峰，分别代表炭材料的D峰和G峰。其中D峰主要是由石墨微晶中的无定形碳和结构缺陷产生的A_{1g}振动所引起，G峰则与石墨微晶中有序碳原子平面层的E_{2g}振动密切相关[19]。从图4-2可以看出，四种煤基石墨展现出非常尖锐的G峰，且峰强度明显高于炭化料，而其D峰

则逐渐变弱，表明炭化料经高温石墨化后，具有较为完整的石墨微晶片层结构。在炭材料的研究过程中，常采用 D 峰与 G 峰的强度比值 I_D/I_G 来表征材料中有序石墨微晶结构的含量，I_D/I_G 越小，石墨微晶结构越多，材料的石墨化度越高[11]。通过计算可得，炭化料的 I_D/I_G 为 1.25，而当炭化料经 2200℃石墨化处理后，煤基石墨 SG-2200 的 I_D/I_G 迅速降低至 0.23，且随着石墨化温度升高，I_D/I_G 逐渐减小，当石墨化温度为 2800℃时，煤基石墨 SG-2800 的 I_D/I_G 仅为 0.08，表明石墨化温度是影响石墨微晶结构发育的重要因素，随着石墨化温度的升高，煤基石墨中石墨微晶结构的含量越来越高，石墨化度逐渐提高。此外，从图 4-2 还可以看出，四种煤基石墨样品均在 2690cm^{-1} 和 3200cm^{-1} 附近呈现出尖锐 2D 和相对较弱的 2D′石墨微晶特征峰，进一步证实煤基石墨具有较为完整的石墨微晶片层和较高的石墨化度。

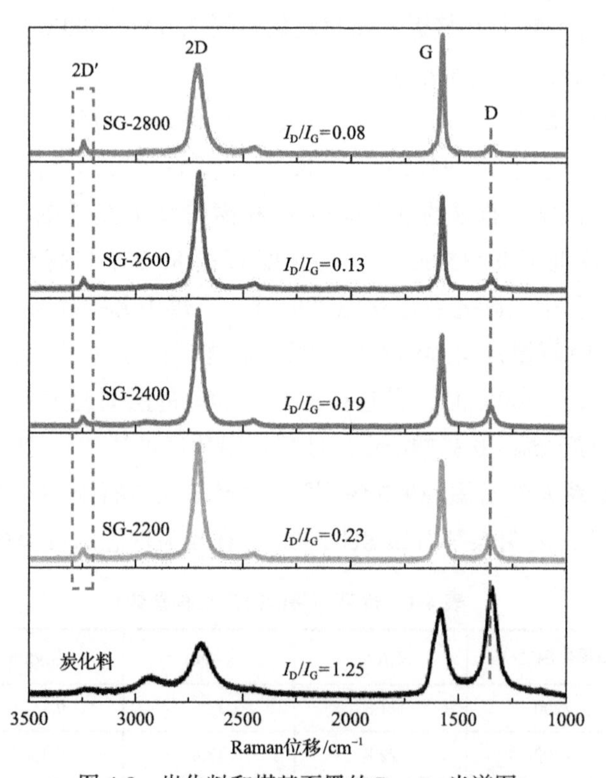

图 4-2　炭化料和煤基石墨的 Raman 光谱图

4.2.2　形貌结构表征

为进一步研究煤基石墨的微观结构，图 4-3 给出了无烟煤、炭化料和煤基石墨的 SEM 照片。由图 4-3(a)和(b)可以看出，无烟煤表面较为粗糙，结构较致密，且呈各向异性，整体结构无取向。当无烟煤经炭化处理后，其炭基体在整体结构上有定向排列的倾向，且在局部区域形成了较为明显的鳞片状类石墨微晶片层结构[图 4-3(c)和(d)]。图 4-3(e)、(f)和图 4-3(g)、(h)分别为煤基石墨 SG-2600 和 SG-2800 的 SEM

照片，两种煤基石墨的炭基体中含有大量的石墨微晶片层结构，且这些石墨微晶片层发育较为完整，呈定向堆叠，形成高度有序的三维石墨微晶。此外，石墨微晶边缘或片层结构之间出现少量的纳米孔道等结构缺陷，这主要可能是由高温石墨化处理过程中炭基体挥发分进一步逸出或无机矿物质成分的挥发等导致的。为进一步揭示煤基石墨的微晶结构，采用 TEM 对煤基石墨 SG-2800 进行形貌观察，其结果如图 4-4 所示。由图 4-4 可知，煤基石墨 SG-2800 中富含大量的鳞片状石墨微晶，微晶片层尺寸大小

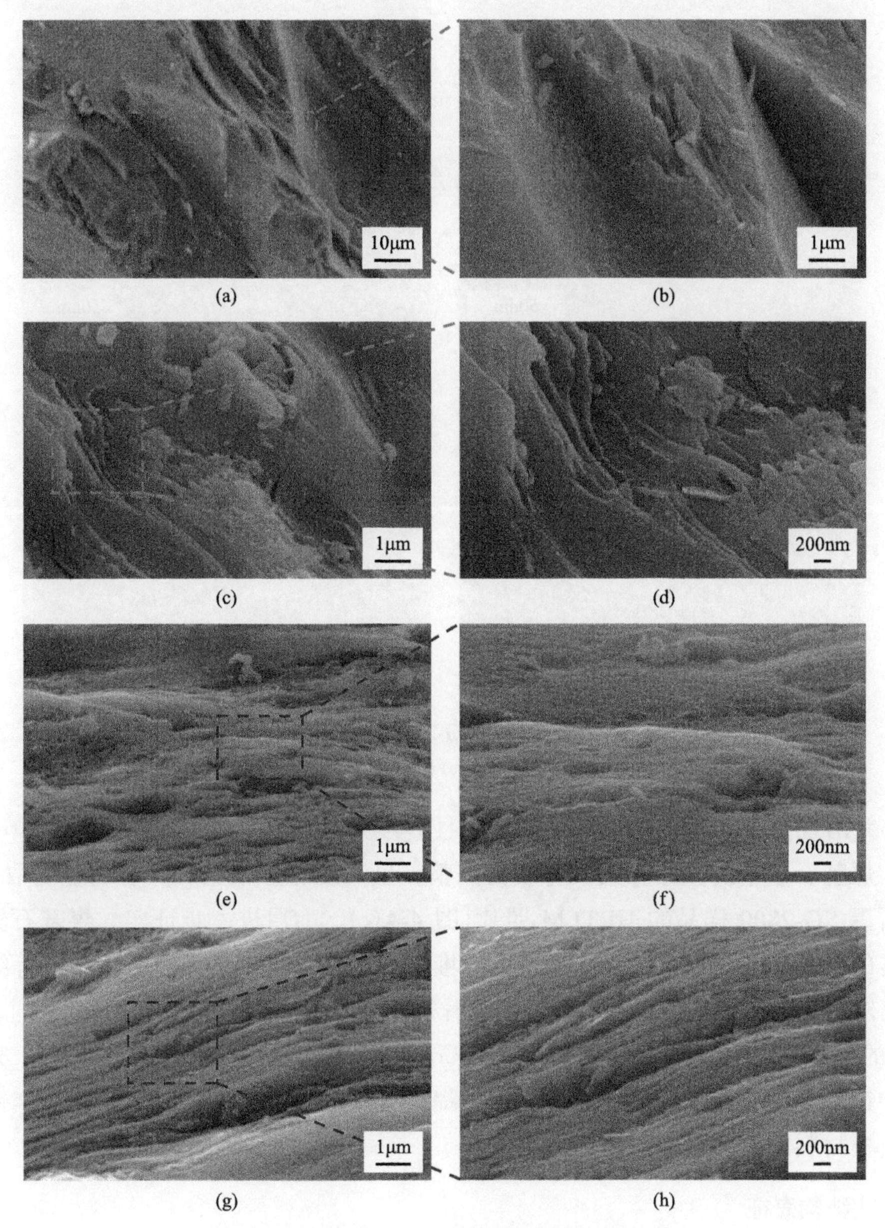

图 4-3 无烟煤、炭化料和煤基石墨的 SEM 照片

(a)和(b)无烟煤；(c)和(d)炭化料；(e)和(f)煤基石墨 SG-2600；(g)和(h)煤基石墨 SG-2800

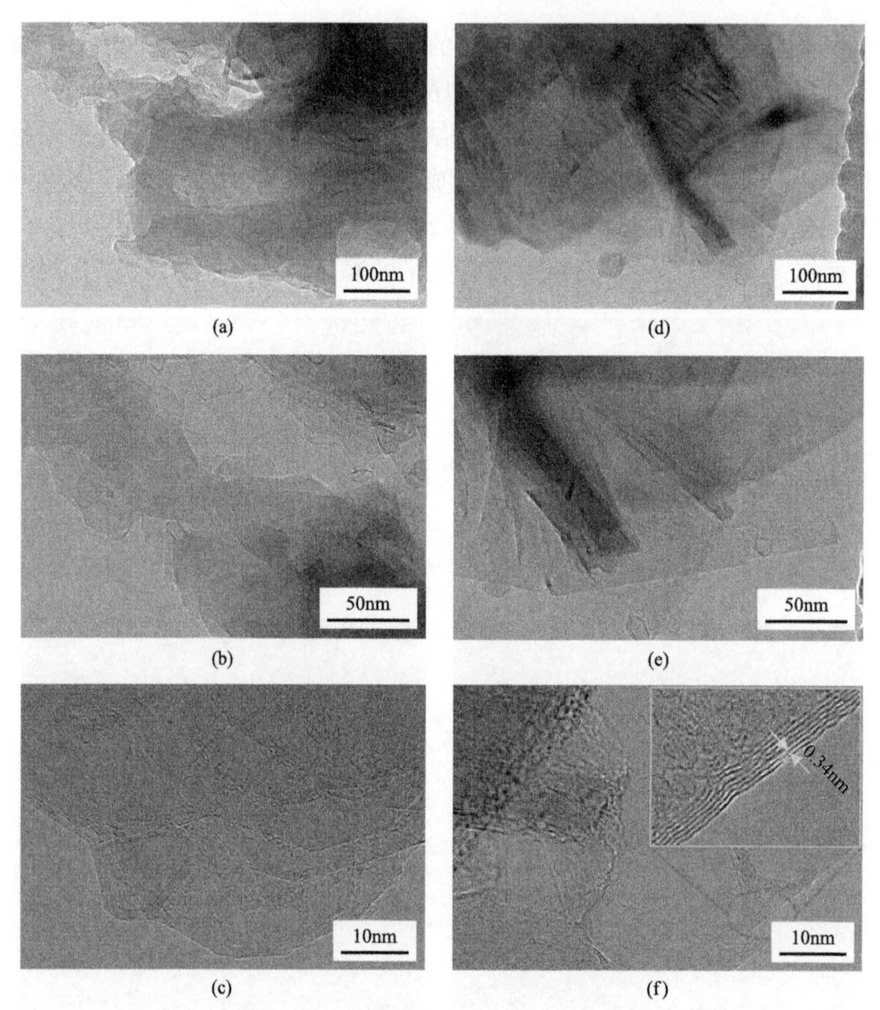

图 4-4 煤基石墨 SG-2800 样品的 TEM 图

(a)、(b)、(d)和(e)为 TEM 图；(c)和(f)为高分辨率 TEM 图(HRTEM)

不一，并出现少量的纳米孔道等结构缺陷[图 4-4(a)、(b)]。而由图 4-4(d)和(e)可以看出，煤基石墨中的微晶片层发育较为完整，呈高度有序堆叠，具有明显的取向性。煤基石墨 SG-2800 样品的 HRTEM 照片[图 4-4(c)、(f)]进一步证实，煤基石墨中含有丰富的石墨微晶片层，且其纹理清晰，堆叠有序，中间夹杂少量纳米孔道等结构缺陷。此外，经估算，煤基石墨中石墨微晶片层的层间距约为 0.34nm[图 4-4(f)]，这与 XRD 的测试结果完全吻合。煤基石墨中高度有序的石墨微晶片层不仅有利于充放电过程中锂离子的快速嵌入与脱出，而且能提高材料的导电性，从而改善其用作锂离子电池负极材料的倍率性能。

4.2.3 孔结构表征

由图 4-5(a)可知，四种不同石墨化温度下所制煤基石墨的 N_2 吸附-脱附等温线形状相似，均属于典型的Ⅳ型等温线，其特征是：在低压区，随着相对压力的增大吸附量增加不明显，且在相对压力 P/P_0=0.5～0.9 出现明显的脱附滞后环，表明煤基石墨富含一定数量的中孔结构。从煤基石墨的孔径分布曲线［图 4-5(b)］可以看出，煤基石墨的中孔主要分布在 3.8～24.0nm 范围内，其中，孔径为 4.0～12.0nm 的孔隙占有较大比例。石墨材料中所含的纳米孔道不仅可作为锂离子存储的空间，提高对应电极材料的储锂比容量，而且可作为充放电过程中锂离子的传递通道，改善电极材料的倍率性能[20]。

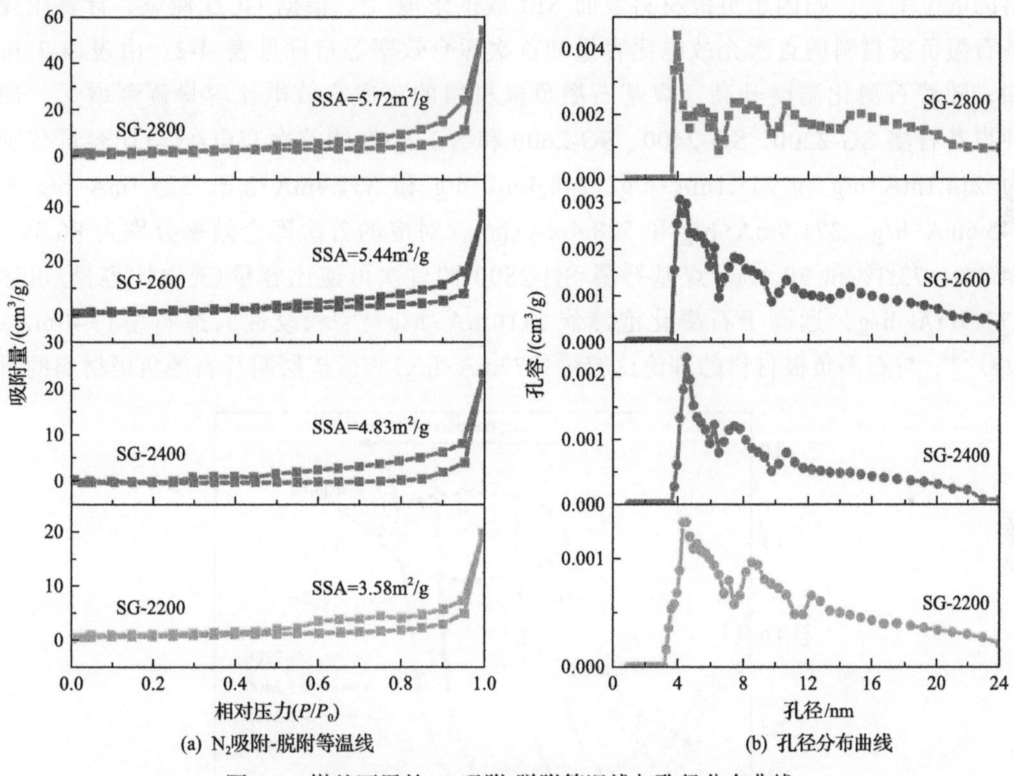

图 4-5　煤基石墨的 N_2 吸附-脱附等温线与孔径分布曲线

根据吸附等温线，计算出四种煤基石墨 SG-2200、SG-2400、SG-2600 和 SG-2800 的 BET 比表面积(SSA)分别为 $3.58m^2/g$、$4.83m^2/g$、$5.44m^2/g$ 和 $5.72m^2/g$。随着石墨化温度的升高，煤基石墨的比表面积逐渐增大，这可能归因于：在石墨化过程中，较高的热处理温度更有利于炭基体中挥发分和无机矿物质的充分逸出，从而在石墨微晶中留下更多的结构缺陷。当石墨化处理温度为 2800℃时，煤基石墨的 BET 比表面积可达 $5.72m^2/g$，稍高于采用热压烧结法所制备的人造石墨负极材料($4.65m^2/g$)[21]。煤基石墨中较高的比表面积将会增大锂离子的存储空间，提高其对应负极材料的储锂比容量。

4.3　煤基石墨负极材料的储锂性能

4.3.1　恒流充放电测试

图 4-6 为煤基石墨负极材料在 0.1C 倍率下的首次 GCD 曲线。由图 4-6 可知，四种煤基石墨的 GCD 曲线在 0.2V 以下均出现一段较长的电位平台，对应于锂离子在负极材料石墨微晶片层间的嵌入与脱出过程。此外，放电曲线在 0.75V 左右表现出的电位平台，归因于负极材料表面 SEI 膜的形成[22]。根据 GCD 测试，计算出煤基石墨负极材料的首次充放电比容量和首次库仑效率等指标见表 4-2。由表 4-2 可知，随着石墨化温度升高，煤基石墨负极材料的首次充放电比容量逐渐增大，四种煤基石墨 SG-2200、SG-2400、SG-2600 和 SG-2800 的首次充电/放电比容量分别为 214.1mA·h/g 和 248.1mA·h/g、248.4mA·h/g 和 331.4mA·h/g、325.7mA·h/g 和 445.6mA·h/g、371.9mA·h/g 和 528.4mA·h/g，对应的首次库仑效率分别为 86.3%、74.9%、73.1%和 70.4%。煤基石墨 SG-2800 的首次可逆比容量(充电比容量)可达 371.9mA·h/g，远高于石墨化泡沫炭(310mA·h/g)[23]和改性人造石墨(340mA·h/g)[24]，与石墨负极材料的理论比容量(372mA·h/g)和微扩层鳞片石墨负极材料的可

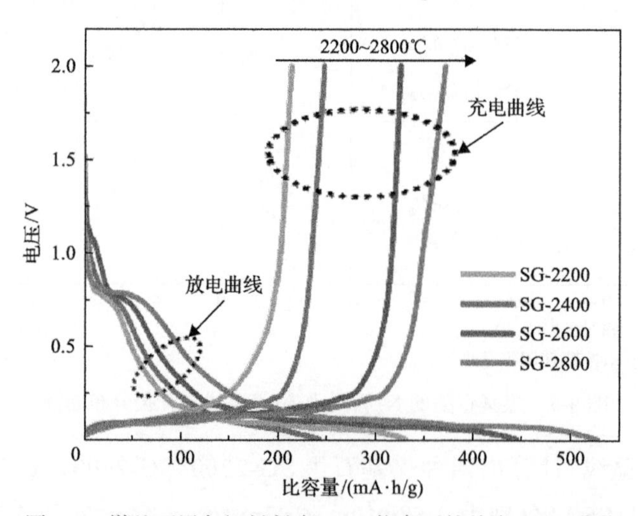

图 4-6　煤基石墨负极材料在 0.1C 倍率下的首次 GCD 曲线

表 4-2　煤基石墨负极材料的首次充放电比容量和首次库仑效率

样品编号	放电比容量/(mA·h/g)	充电比容量/(mA·h/g)	不可逆比容量/(mA·h/g)	首次库仑效率/%
SG-2200	248.1	214.1	34.0	86.3
SG-2400	331.4	248.4	83.0	74.9
SG-2600	445.6	325.7	119.9	73.1
SG-2800	528.4	371.9	156.5	70.4

逆比容量(379.8mA·h/g)[25]相当。煤基石墨 SG-2800 较高的可逆比容量与其较高的石墨化度、完整的石墨微晶片层及较高的比表面积等密切相关。

4.3.2 循环伏安测试

为进一步探究煤基石墨负极材料的储能特性，图 4-7 给出了煤基石墨 SG-2600 和 SG-2800 的电化学性能。CV 曲线可以直观反映电极材料表面的电化学行为。由煤基石墨负极材料在 0.1mV/s 扫描速率下前三次的 CV 曲线[图 4-7(a)、(b)]可知，煤基石墨 SG-2600 和 SG-2800 具有相似的 CV 曲线。在嵌锂过程中，两种煤基石墨负极材料的首次 CV 曲线在 0.60V 附近出现代表 SEI 膜形成的还原峰。而在随后两次循环过程中，该还原峰几乎完全消失，表明首次循环后负极材料表面基本形成了比较稳定的 SEI 膜[26]。此外，经首次循环后，负极材料在 0.15V 和 0.01V 附近出现两个还原峰，分别与煤基石墨因材料孔隙及官能团消耗的不可逆嵌锂和石墨微晶片层的可逆嵌锂有关。在脱锂过程中，煤基石墨负极材料在 0.25V 附近呈现出明显的氧化峰，归因于锂离子从石墨微晶片层中脱出[27]。

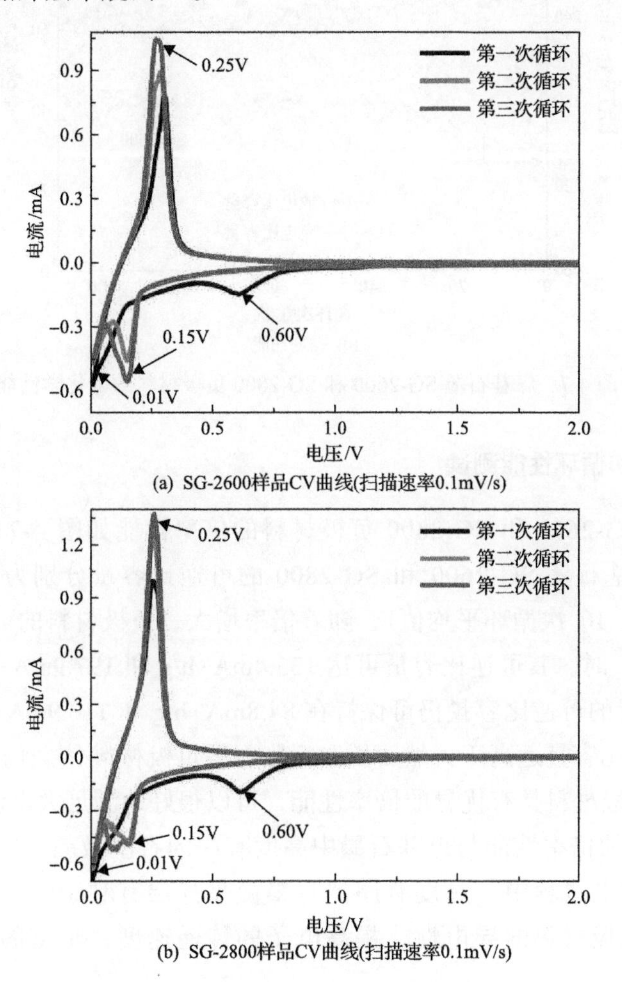

(a) SG-2600样品CV曲线(扫描速率0.1mV/s)

(b) SG-2800样品CV曲线(扫描速率0.1mV/s)

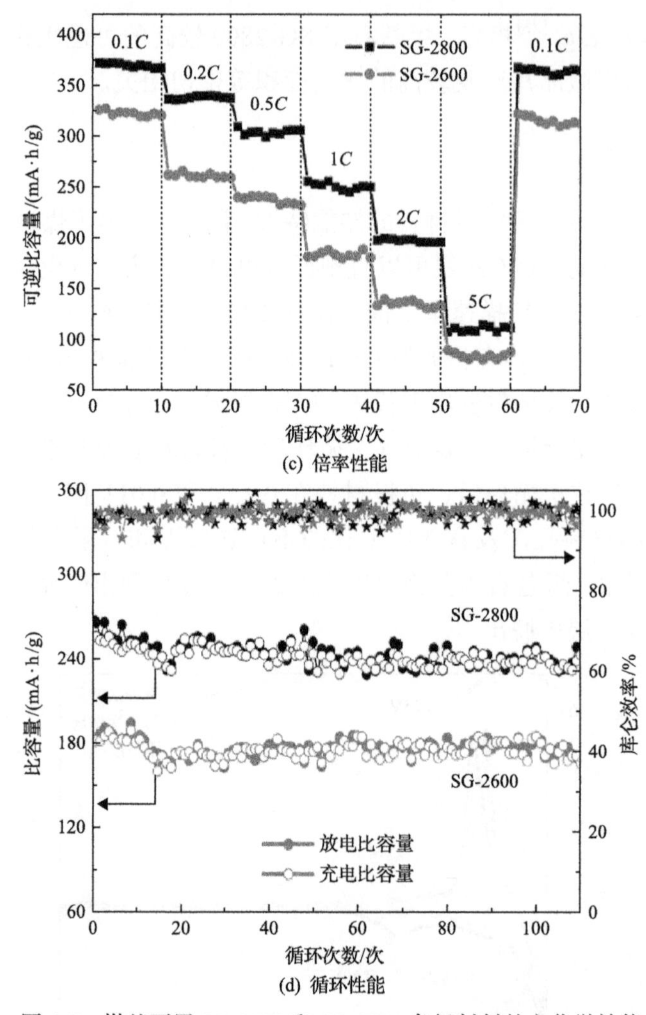

(c) 倍率性能

(d) 循环性能

图 4-7　煤基石墨 SG-2600 和 SG-2800 负极材料的电化学性能

4.3.3　倍率性能和循环性能测试

煤基石墨 SG-2600 和 SG-2800 负极材料的倍率性能如图 4-7(c)所示。当倍率为 0.1C 时，煤基石墨 SG-2600 和 SG-2800 的可逆比容量分别为 322.2mA·h/g 和 369.7mA·h/g(取 10 次循环平均值)，随着倍率增大，负极材料的可逆比容量逐渐减小，当倍率为 2C 时，其可逆比容量可达 135.4mA·h/g 和 197.9mA·h/g，当倍率继续增至 5C 时，二者的可逆比容量仍可保持在 84.8mA·h/g 和 110.9mA·h/g，在大电流密度下二者的可逆比容量远高于天然石墨和膨胀石墨负极材料(均小于 80mA·h/g)[2]，表明煤基石墨负极材料具有优异的倍率性能，可以很好地满足大电流充放电的要求。该负极材料优异的倍率性能与煤基石墨中高度有序的石墨微晶片层和丰富的纳米孔道有关。在充放电过程中，高度有序的石墨微晶片层有利于锂离子的快速嵌入与脱出，且改善负极材料的导电性，提高电子的传递速度；丰富的纳米孔道则可为锂离子的快速传递提供高效的传输通道，大大降低锂离子的扩散阻力[9]。此外，经60次循环后，当倍率重新恢复至0.1C时，煤基石墨SG-2600和SG-2800的可逆比容量仍可恢复至315.1mA·h/g和364.5mA·h/g，可逆比容量保持率分别为97.8%和98.6%，表明煤基石墨负极材料具有良好的电化学稳定性。

循环寿命是衡量负极材料性能优劣的重要指标之一。本研究在1C倍率条件下对煤基石墨SG-2600和SG-2800进行110次循环充放电测试，其结果如图4-7(d)所示。由图4-7(d)可知，随着循环次数的增加，煤基石墨SG-2600和SG-2800的充电/放电比容量稍有衰减，但总体比较稳定，经110次循环后，两种负极材料的可逆比容量由最初的183.7mA·h/g和251.1mA·h/g分别降至172.5mA·h/g和236.8mA·h/g，可逆比容量保持率高达93.9%和94.3%。此外，从图4-7(d)中还可以看出，在110次循环充放电过程中，煤基石墨SG-2600和SG-2800的库仑效率均接近于100%，进一步证实煤基石墨负极材料具有良好的循环可逆性和电化学稳定性。

4.4 本章小结

(1)以济源无烟煤为原料，采用预先炭化-石墨化处理可制备富含大量高度有序石墨微晶片层的煤基石墨。石墨化温度是影响煤基石墨微晶片层和纳米孔道等微观结构特征的重要因素。随着石墨化温度升高，煤基石墨微晶片层逐渐发育长大，高度有序堆叠，石墨化度提高，纳米孔道数量增加。当石墨化温度为2800℃时，煤基石墨SG-2800具有较为完整的石墨微晶片层和较高的石墨化度(94.19%)，其比表面积可达$5.72m^2/g$，且富含孔径为3.8～24.0nm的纳米孔道。

(2)煤基石墨SG-2800用作锂离子电池负极材料时具有优异的储锂特性，其在0.1C倍率下的可逆比容量可达369.7mA·h/g，5C倍率下仍可维持在110.9mA·h/g，经110次循环后，其可逆比容量保持率高达94.3%，显示出优异的倍率性能和良好的循环稳定性。煤基石墨优异的电化学性能与其高度有序的石墨微晶片层和丰富的纳米孔道等密切相关。

参 考 文 献

[1] 李玉龙, 刘瑞峰, 周颖, 等. 锂离子电池硬碳负极材料的研究进展[J]. 材料导报, 2017, 31(S1): 236-241.

[2] 周海辉, 吴璇, 周成坤, 等. AlF_3包覆天然石墨负极材料的制备及其电化学性能[J]. 无机化学学报, 2018, 34(4): 676-682.

[3] Wu X, Yang X, Zhang F, et al. Carbon-coated isotropic natural graphite spheres as anode material for lithium-ion batteries[J]. Ceramics International, 2017, 43(12): 9458-9464.

[4] 传秀云. 石墨的纳米结构组装[J]. 无机材料学报, 2017, 32(11): 1121-1127.

[5] González D, Montes-Morán M A, Garcia A B. Influence of inherent coal mineral matter on the structural characteristics of graphite materials prepared from anthracites[J]. Energy & Fuels, 2005, 19(1): 263-269.

[6] 张亚婷, 张晓欠, 刘国阳, 等. 神府煤制备超细石墨粉[J]. 化工学报, 2015, 66(4): 1514-1520.

[7] Zhou Q, Zhao Z, Zhang Y, et al. Graphene sheets from graphitized anthracite coal: preparation, decoration, and application[J].

Energy & Fuels, 2012, 26 (8) : 5186-5192.

[8] 时迎迎, 臧文平, 楠顶, 等. 太西煤的石墨化改性及其锂离子电池负极性能[J]. 煤炭学报, 2012, 37 (11) : 1925-1929.

[9] Xing B, Zhang C, Cao Y, et al. Preparation of synthetic graphite from bituminous coal as anode materials for high performance lithium-ion batteries[J]. Fuel Processing Technology, 2018, 172: 162-171.

[10] Cameán I, Lavela P, Tirado J L, et al. On the electrochemical performance of anthracite-based graphite materials as anodes in lithium-ion batteries[J]. Fuel, 2010, 89 (5) : 986-991.

[11] Zhou X, Ma L, Yang J, et al. Properties of graphitized boron-doped coal-based coke powders as anode for lithium-ion batteries[J]. Journal of Electroanalytical Chemistry, 2013, 698: 39-44.

[12] 岳晓明, 吴雅俊, 张双全, 等. 物理化学两步活化法制备煤基活性炭电极材料[J]. 中国矿业大学学报, 2017, 46 (4) : 888-894.

[13] 梁鼎成, 解强, 党钾涛, 等. 不同煤阶煤中温热解半焦微观结构及形貌研究[J]. 中国矿业大学学报, 2016, 45 (4) : 799-806.

[14] Badenhorst H. Microstructure of natural graphite flakes revealed by oxidation: limitations of XRD and Raman techniques for crystallinity estimates[J]. Carbon, 2014, 66: 674-690.

[15] Liu T, Luo R, Yoon S H, et al. Anode performance of boron-doped graphites prepared from shot and sponge cokes[J]. Journal of Power Sources, 2010, 195 (6) : 1714-1719.

[16] 刘钦甫, 袁亮, 李阔, 等. 不同变质程度煤系石墨结构特征[J]. 地球科学, 2018, 43 (5) : 1663-1669.

[17] Huang S, Guo H, Li X, et al. Carbonization and graphitization of pitch applied for anode materials of high power lithium ion batteries[J]. Journal of Solid State Electrochemistry, 2013, 17 (5) : 1401-1408.

[18] Fan C L, He H, Zhang K H, et. al. Structural developments of artificial graphite scraps in further graphitization and its relationships with discharge capacity[J]. Electrochimica Acta, 2012, 75: 311-315.

[19] 苏现波, 司青, 宋金星. 煤的拉曼光谱特征[J]. 煤炭学报, 2016, 41 (5) : 1197-1202.

[20] Yue X, Sun W, Zhang J, et al. Macro-mesoporous hollow carbon spheres as anodes for lithium-ion batteries with high rate capability and excellent cycling performance[J]. Journal of Power Sources, 2016, 331: 10-15.

[21] Ma C, Zhao Y, Li J, et al. Synthesis and electrochemical properties of artificial graphite as an anode for high-performance lithium-ion batteries[J]. Carbon, 2013, 64: 553-556.

[22] 赵琢, 贾晓川, 李晶, 等. 天然石墨负极的氧化改性[J]. 新型炭材料, 2013, 28 (5) : 385-390.

[23] Rodríguez E, Cameán I, García R, et al. Graphitized boron-doped carbon foams: performance as anodes in lithium-ion batteries[J]. Electrochimica Acta, 2011, 56 (14) : 5090-5094.

[24] Fan C L, Chen H. Preparation, structure, and electrochemical performance of anodes from artificial graphite scrap for lithium ion batteries[J]. Journal of Materials Science, 2011, 46 (7) : 2140-2147.

[25] 何月德, 简志敏, 刘洪波, 等. 微扩层鳞片石墨负极材料的制备及电化学性能研究[J]. 无机材料学报, 2013, 28 (9) : 931-936.

[26] 刘洪波, 李富营, 何月德, 等. 真空-液相法制备沥青炭包覆人造石墨负极材料的研究[J]. 湖南大学学报(自然科学版), 2016, 43 (6) : 70-75.

[27] Ru H, Xiang K, Zhou W, et al. Bean-dreg-derived carbon materials used as superior anode material for lithium-ion batteries[J]. Electrochimica Acta, 2016, 222: 551-560.

5 微扩层改性对煤基石墨微观结构和储锂特性的影响

5.1 引 言

锂离子电池因其能量密度高、循环寿命长和无记忆效应等优点，在各种能量存储与转换器件中脱颖而出。负极材料作为锂离子电池的核心部件之一，其结构和性质对电池的性能有着重要影响[1]。目前，商业应用中最为常用的负极材料为石墨，但其存在可逆比容量低(理论比容量仅为372mA·h/g)、大倍率性能差、体积膨胀率较高等问题，很难满足当今市场对高能量和高功率密度电池的需求[2]。

为了改善石墨类负极材料存在的结构缺陷，近年来诸多研究者尝试从不同的角度对其结构进行优化。例如，清华大学康飞宇课题组通过液相浸渍法用酚醛树脂对天然石墨进行包覆处理[3]；成会明院士课题组以乙炔为碳源，采用气相沉积法对天然石墨球进行包覆，制备具有核壳结构的改性石墨负极材料[4]；Liu 等以尿素为改性剂对石墨进行改性，制备 N 掺杂石墨烯[5]。众多研究结果表明通过表面包覆、元素掺杂和化学修饰等改性方法对石墨结构进行优化处理有利于改善其电化学性能。其中，对石墨片层进行微扩层改性处理不仅有利于保留锂离子嵌入/脱出的石墨片层结构，同时也为锂离子扩散与存储提供高效的传输通道和引入更多的活性位点[6]。目前，湖南大学刘洪波课题组使用浓硝酸和冰醋酸对天然鳞片石墨进行微扩层处理，研究结果表明微扩层石墨负极材料的首次可逆比容量和首次库仑效率得到明显提升[7]。清华大学 Lin 等使用高氯酸对天然鳞片石墨进行改性制备微扩层石墨，研究结果表明微扩层石墨作为锂离子电池负极材料倍率性能得到有效改善[8]。然而，目前进行改性的石墨多数是天然的鳞片石墨，其结构较为致密且资源相对紧缺，在其规模化应用中受到一定的制约。

煤炭作为富含芳香结构的天然矿产，资源丰富且价格低廉，是制备石墨类炭材料的优质原料[9]。另外，煤炭作为具有由众多芳香环结构、侧链及官能团相互交联而形成的独特三维有机大分子结构，也是制备多孔炭的重要原料[10]。而以资源丰富的煤炭为原料制备具有适量孔结构的微扩层石墨在理论上具有可行性，同时也有利于煤炭的高值化利用。因此，本章以高碳含量的太西无烟煤为原料经过石墨化处理制备煤基石墨，采用液相氧化插层-热还原方法制备微扩层煤基石墨，系统研究氧化剂用量对微扩层煤基石墨的层间距、微晶尺寸、纳米孔道、含氧官能团等微观结构的影响，并测试微扩层煤基石墨作为锂离子电池负极材料的储锂性能。

5.2 氧化微扩层改性对煤基石墨微观结构的影响

5.2.1 微晶结构表征

图 5-1 为煤基石墨和不同微扩层煤基石墨的 XRD 谱图。由图 5-1 可知，煤基石墨(CG-2600)分别在 26.5°、42.5°、44.6°、54.5°和 77.6°出现了对应石墨结构的(002)、(100)、(101)、(004)和(110)晶面特征峰；且其(002)峰对应的层间距 d_{002} 为 0.3358nm，根据石墨化度公式计算可得 CG-2600 的石墨化度 G 为 95.3%，这说明 CG-2600 中富含类石墨的片层堆叠结构。随着氧化剂用量的增加，微扩层煤基石墨的(002)晶面特征峰强度逐渐减弱并向低衍射角偏移[11]，且 ECG-0.25、ECG-0.30、ECG-0.35 和 ECG-0.40 的(002)峰对应的层间距 d_{002} 分别为 0.3365nm、0.3374nm、0.3375nm 和 0.3386nm，相应的石墨化度 G 分别为 86.6%、76.2%、75.7%和 62.2%，说明微扩层煤基石墨在片层被剥离开的基础上仍保留着较高的石墨化度。此外，根据 XRD 测试结果，利用谢乐公式估算煤基石墨和微扩层煤基石墨的横向尺寸 L_a 和堆叠厚度 L_c，结果见表 5-1。由表 5-1 可以看出，随着氧化剂用量的增加，微扩层煤基石墨的横向尺寸 L_a 逐渐减小，而堆叠厚度 L_c 逐渐增大，这说明经过氧化后的煤基石墨粒度减小，

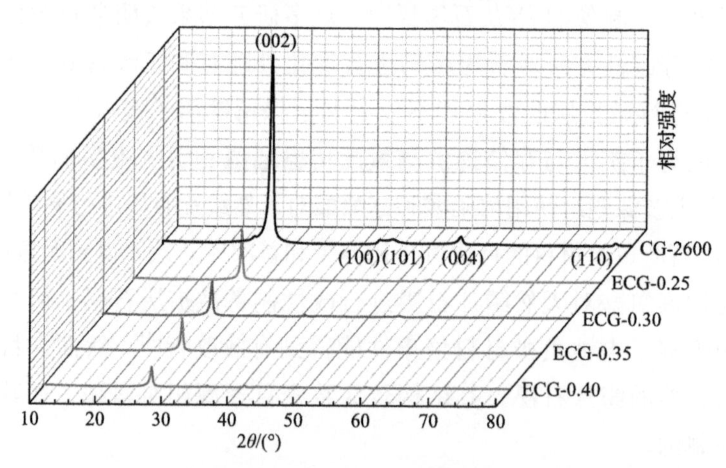

图 5-1 煤基石墨和不同微扩层煤基石墨的 XRD 谱图

表 5-1 煤基石墨和不同微扩层煤基石墨的晶格参数

样品	$2\theta_{002}$/(°)	d_{002}/nm	L_a/nm	L_c/nm	G/%
CG-2600	26.520	0.3358	28.2	13.9	95.3
ECG-0.25	26.462	0.3365	26.8	14.7	86.6
ECG-0.30	26.390	0.3374	21.5	14.9	76.2
ECG-0.35	26.387	0.3375	17.7	15.0	75.7
ECG-0.40	26.295	0.3386	17.0	16.7	62.2

而堆叠厚度 L_c 随着层间距的增大逐渐增大。

煤基石墨和不同微扩层煤基石墨的 Raman 谱图如图 5-2 所示。煤基石墨和微扩层煤基石墨均在 1350cm^{-1} 附近和 1580cm^{-1} 附近出现两个分别对应代表 sp^3 杂化碳的 D 峰和 sp^2 石墨化碳的 G 峰，其中 D 峰和 G 峰的强度比值(I_D/I_G)可以衡量材料中缺陷结构和石墨化结构相对含量的变化[12]。由 Raman 谱图分析可得，CG-2600、ECG-0.25、ECG-0.30、ECG-0.35 和 ECG-0.40 的 I_D/I_G 分别为 0.56、0.86、0.96、1.35 和 1.37，说明随着氧化剂用量的增加煤基石墨中 sp^2 石墨化碳含量减少，而缺陷结构逐渐增多，这进一步证实煤基石墨经氧化后发生了轻微扩层变化。

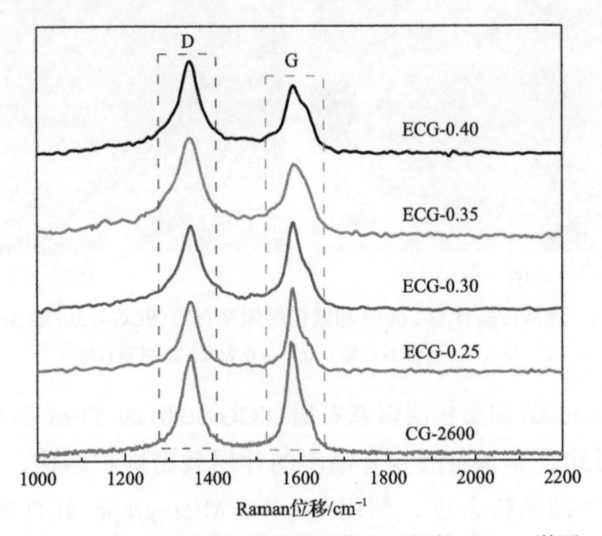

图 5-2 煤基石墨和不同微扩层煤基石墨的 Raman 谱图

5.2.2 形貌结构表征

通过 SEM 对煤基石墨(CG-2600)和微扩层煤基石墨(ECG-0.30)的微观形貌进行观察，结果如图 5-3 所示。如图 5-3(a)和(b)所示，CG-2600 呈块状结构且表面光滑，可以观察到片层致密地定向排列，是典型的鳞片状石墨微晶片层结构。而由图 5-3(c)～(f)可以看出，经过微扩层的 ECG-0.30 具有明显的片层结构，且片层仍保持有序堆叠，这说明氧化后的煤基石墨片层得到轻度剥离。

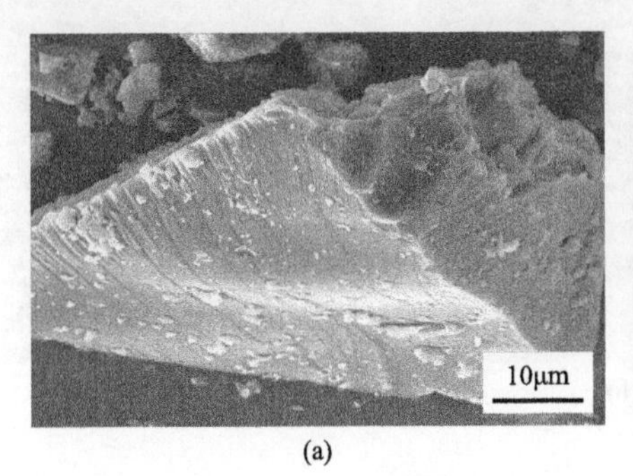

(a)

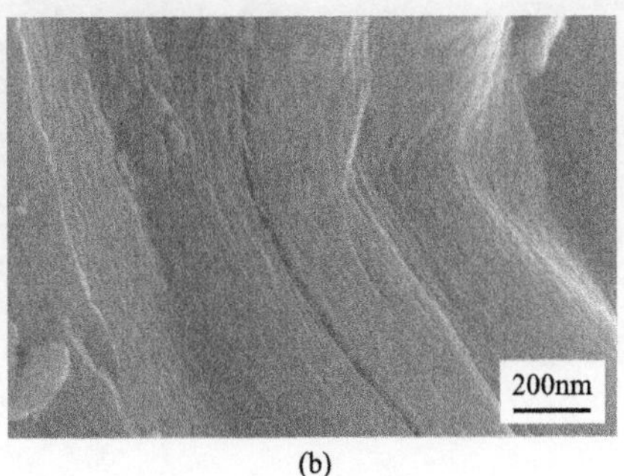

(b)

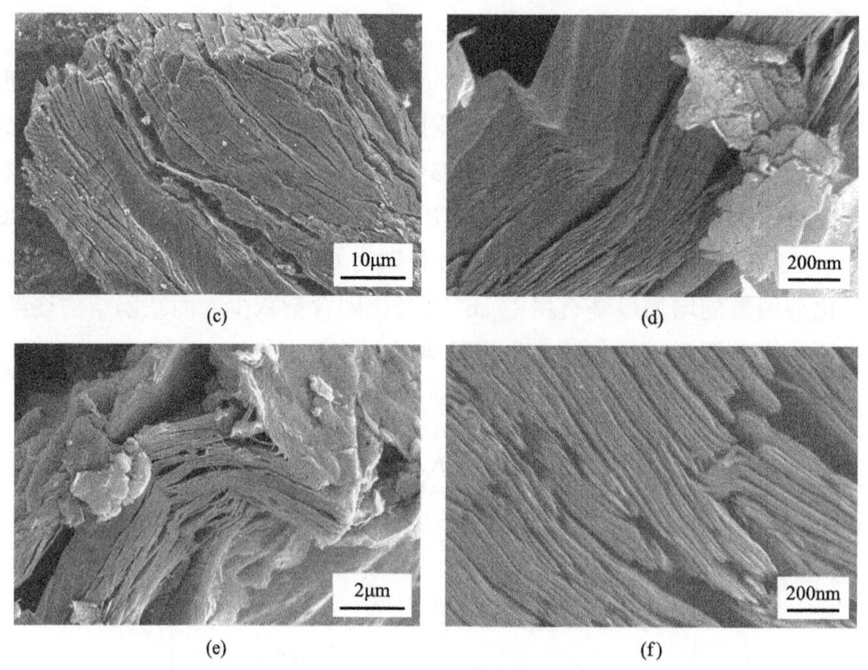

图 5-3 煤基石墨(CG-2600)和微扩层煤基石墨(ECG-0.30)的 SEM 图

(a)、(b)为煤基石墨；(c)～(f)为微扩层煤基石墨

煤基石墨(CG-2600)和微扩层煤基石墨(ECG-0.30)的 TEM 图如图 5-4 所示。由图 5-4(a)和(b)可知，煤基石墨具有厚实的片层致密堆积结构，且其高分辨图[图 5-4(c)]呈现出清晰的晶格条纹，利用 Digital Micrograph 软件测得晶格间距约为 0.335nm，通过衍射图[图 5-4(c)嵌入图]进行分析，可以观察到衍射点阵呈规则的直线形排列，说明煤基石墨具有高度的石墨化结构。如图 5-4(d)和(e)所示，微扩层煤基石墨具有明显的层状结构且形貌较为疏松，由高分辨图[图 5-4(f)]可以看出，微扩层煤基石墨中含有无定形碳和较高石墨化度的炭，且清晰晶格条纹的层间距约为 0.337nm，与 XRD 测试结果基本一致，这也进一步说明氧化后的煤基石墨达到了微扩层改性的目的。此外，由图 5-4(g)～(i)可以看出，微扩层煤基石墨中还含有较多的纳米孔道结构，这将有利于其作为锂离子电池负极材料对锂离子的吸附和扩散。

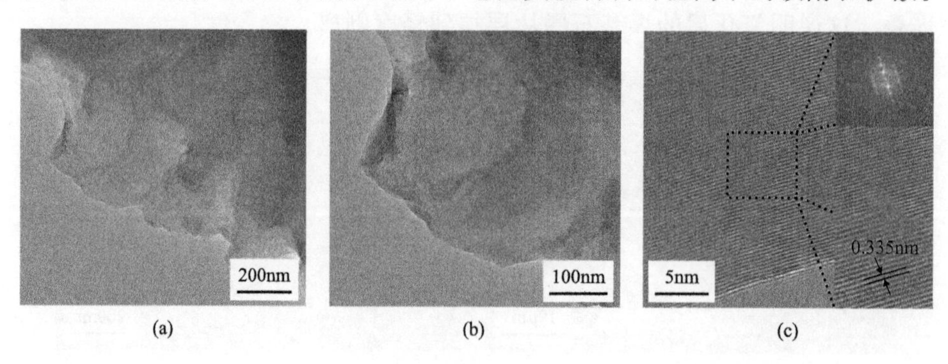

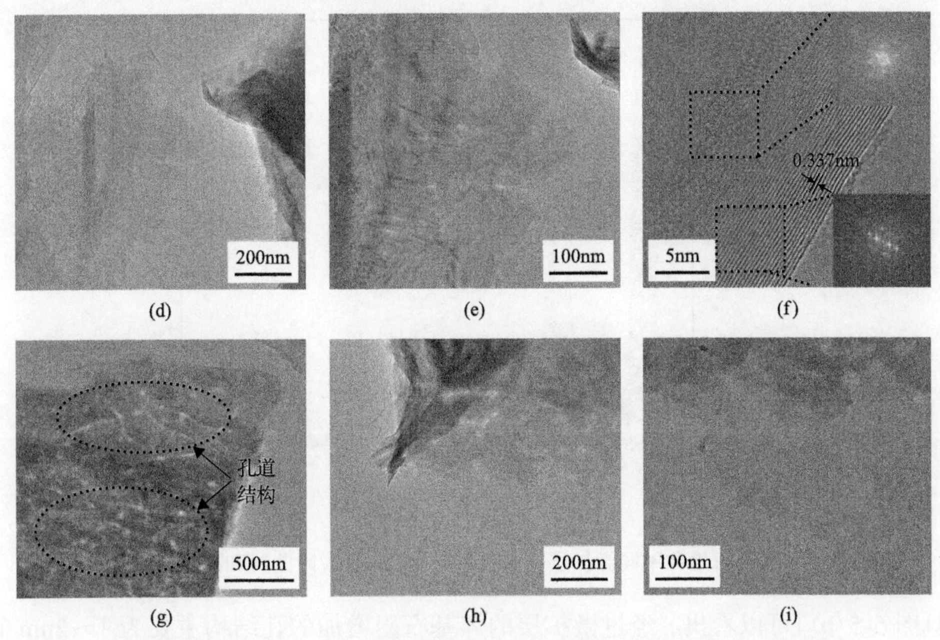

图 5-4 煤基石墨(CG-2600)和微扩层煤基石墨(ECG-0.30)的 TEM 图

(a)～(c)为煤基石墨；(d)～(i)为微扩层煤基石墨

5.2.3 孔结构表征

为了研究微扩层煤基石墨的孔隙结构，煤基石墨和微扩层煤基石墨的 N_2 吸附-脱附等温线和孔径分布曲线测试结果如图 5-5 所示。由图 5-5(a)可以看出，煤基石墨具有较低的吸附量，表明其孔隙结构不太发达。经过微扩层的煤基石墨呈现出相似的Ⅳ类型等温线且具有属于 H3 型的迟滞回线。具体为：在低压区(P/P_0<0.1)吸附量明显增加，说明微扩层煤基石墨中含有一定的微孔结构；在中高压范围内(P/P_0>0.1)出现一个明显的迟滞环，这说明经过微扩层的煤基石墨增加了一些中孔结构[13]。由孔径分

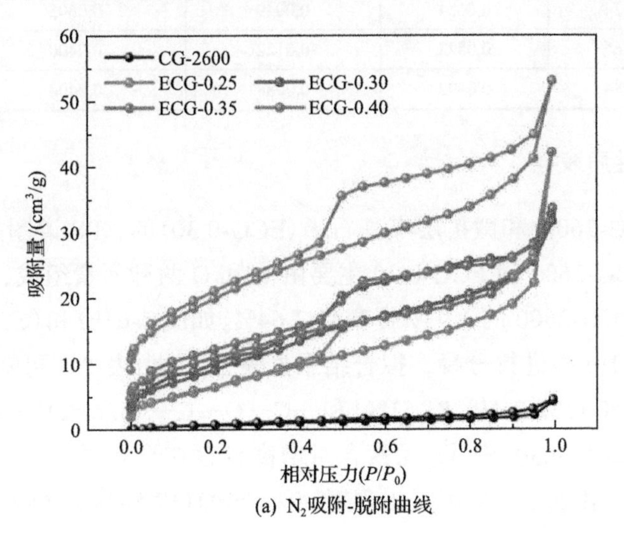

(a) N_2吸附-脱附曲线

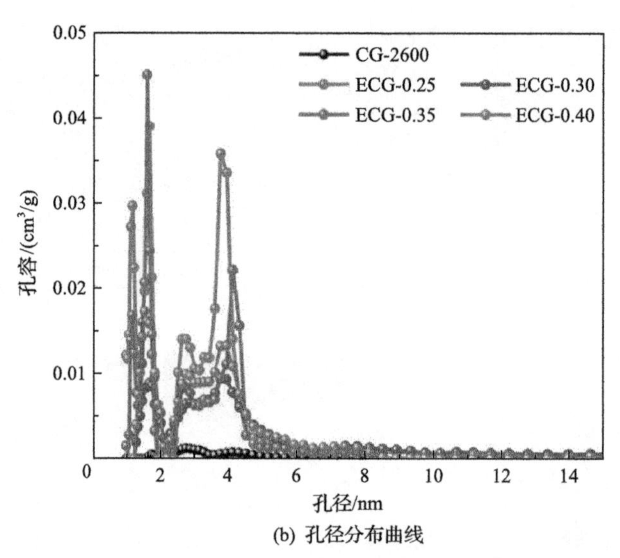

(b) 孔径分布曲线

图 5-5 煤基石墨和不同微扩层煤基石墨的 N_2 吸附-脱附曲线和孔径分布曲线

布图[图 5-5(b)]可以看出，经过微扩层的煤基石墨增加的孔结构主要为 1～2nm 的微孔和 2～6nm 的中孔。微扩层煤基石墨的比表面积和总孔容由煤基石墨的 1.854m^2/g 和 0.0068cm^3/g 增加到 ECG-0.30 的 24.624m^2/g 和 0.0654cm^3/g(表 5-2)，这说明微扩层煤基石墨在保持片层堆叠有序的基础上，增加了适当的孔隙结构，不仅有利于其作为锂离子电池负极材料为锂离子的存储提供足够的活性位点，同时有助于吸附在堆叠片层表面的锂离子更容易在石墨片层间扩散[9]。

表 5-2 煤基石墨和微扩层煤基石墨的孔结构参数

样品	比表面积/(m^2/g)	总孔容/(cm^3/g)	微孔孔容/(cm^3/g)	中、大孔孔容/(cm^3/g)	外表面积/(m^2/g)
CG-2600	1.854	0.0068	0.0002	0.0066	1.705
ECG-0.25	41.417	0.0723	0.0199	0.0524	27.099
ECG-0.30	24.624	0.0654	0.0049	0.0605	24.624
ECG-0.35	39.865	0.0522	0.0122	0.0400	39.865
ECG-0.40	34.384	0.0492	0.0088	0.0404	34.384

5.2.4 表面化学性质表征

煤基石墨(CG-2600)和微扩层煤基石墨(ECG-0.30)的 XPS 谱图如图 5-6 所示。由图 5-6(a)可知，CG-2600 和 ECG-0.30 主要由 C 和 O 两种元素组成，经过微扩层的煤基石墨 O 含量由 CG-2600 的 1.93%提高到 3.64%。如图 5-6(b)和(c)所示，对 CG-2600 和 ECG-0.30 的 O1s 峰进行分峰，拟合结果见表 5-3。由表 5-3 可知，CG-2600 的 O 元素主要以—C═O(532.9eV，81.51%)和—C—O—C—(536.8eV，18.49%)存在，而经过微扩层后，ECG-0.30 中 O 元素含量增高且存在形式增多，分别在 530.3eV、531.8eV、533.5eV 和 536.3eV 附近出现对应—C═O(19.58%)、O═C—O(27.61%)、

—C—O—(50.10%)和—C—O—C—(2.70%)的特征峰，这说明经过氧化微扩层增加了

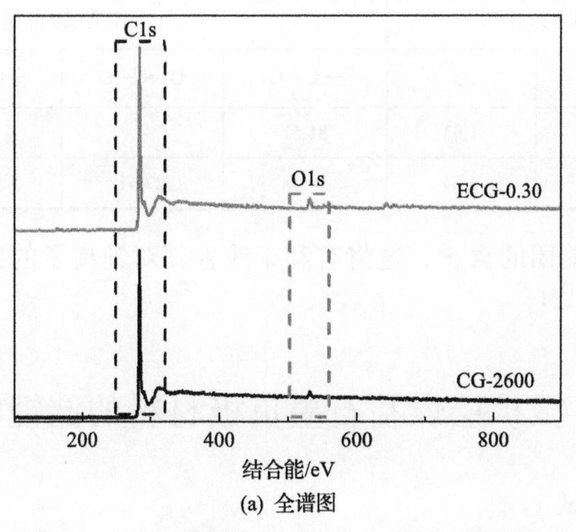

(a) 全谱图

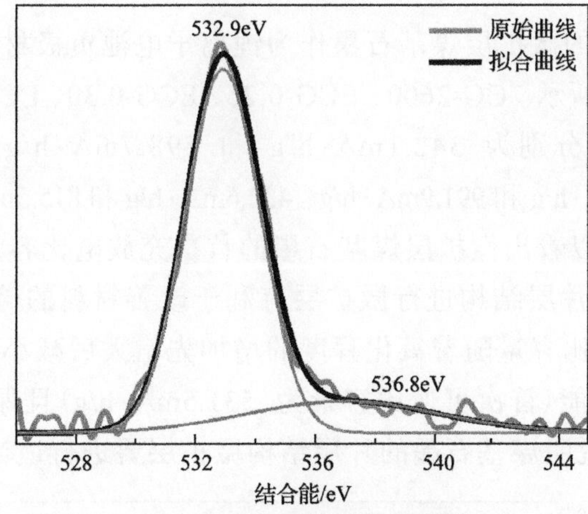

(b) CG-2600 O1s 高分辨拟合谱图

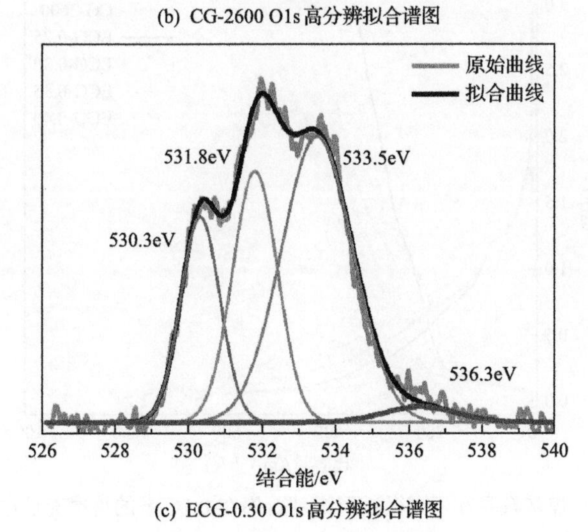

(c) ECG-0.30 O1s 高分辨拟合谱图

图 5-6　煤基石墨(CG-2600)和微扩层煤基石墨(ECG-0.30)的 XPS 谱图

表 5-3 煤基石墨(CG-2600)和微扩层煤基石墨(ECG-0.30)的原子组成和含氧官能团相对含量

样品	原子组成/%		含氧官能团含量/%			
	C	O	—C=O	O=C—O	—C—O—	—C—O—C—
CG-2600	98.07	1.93	81.51	—	—	18.49
ECG-0.30	96.36	3.64	19.58	27.61	50.10	2.70

ECG-0.30 中含氧官能团的含量，这将有利于改善其对锂离子的亲和力，从而达到改善电化学性能的目的[14]。

5.3 微扩层煤基石墨负极材料的储锂特性

5.3.1 电化学性能测试

煤基石墨和不同的微扩层煤基石墨作为锂离子电池负极材料在 0.1C 下的首次充放电曲线如图 5-7 所示。CG-2600、ECG-0.25、ECG-0.30、ECG-0.35 和 ECG-0.40 的首次充放电比容量分别为 342.1mA·h/g 和 598.7mA·h/g、349.5mA·h/g 和 662.7mA·h/g、531.5mA·h/g 和 991.9mA·h/g、432.6mA·h/g 和 815.5mA·h/g、388.7mA·h/g 和 768.2mA·h/g，可以看出微扩层煤基石墨的首次充放电比容量均高于煤基石墨，这说明对煤基石墨的片层结构进行微扩层有利于改善材料的储锂特性。而微扩层煤基石墨的首次可逆比容量随着氧化程度的增加先增大后减小，其中 ECG-0.30 表现出最高的电化学性能(首次可逆比容量为 531.5mA·h/g)且保持着较高的首次库仑效率(53.6%)，这说明煤基石墨的片层结构微扩层要进行适当调控[15]。

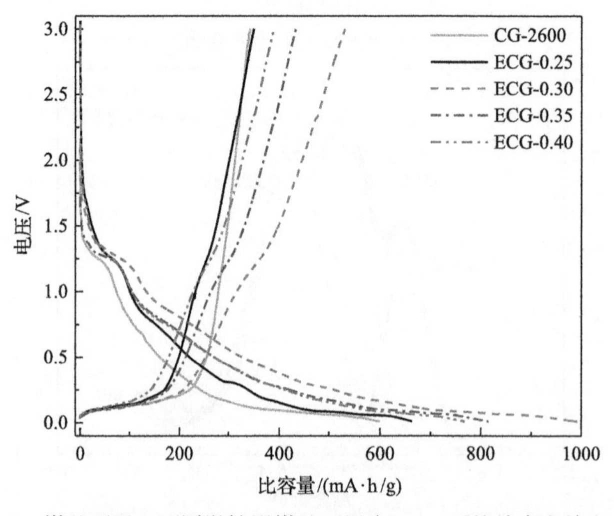

图 5-7 煤基石墨和不同微扩层煤基石墨在 0.1C 下的首次充放电曲线

为了深入地研究微扩层煤基石墨的储锂行为，CG-2600 和 ECG-0.30 在电压窗口为 0.01～3.0V 的 CV 曲线如图 5-8 所示。由图 5-8(a)可知，在首次嵌入锂离子过程中，在 0.5V 和 0.75V 附近出现两个对应 SEI 膜形成的还原峰，且在随后的锂离子脱出过程中还原峰消失，说明首次循环后电极表面已经形成稳定的 SEI 膜。另外，在接近 0.01V 附近出现一个明显的还原峰，这对应锂离子嵌入煤基石墨片层的过程。脱出锂离子过程中，在 0.40V 附近出现一个明显的氧化峰，对应于锂离子从煤基石墨片层脱出过程。第三次和第二次 CV 曲线基本重合，这说明 CG-2600 负极材料在第二次循环后已经形成稳定的氧化还原反应。与 CG-2600 负极材料的 CV 曲线相比，微扩层后 ECG-0.30 负极材料[图 5-8(b)]在脱出锂离子过程中不仅在 0.40V 附近出现了与煤基石墨相似的锂离子脱出氧化峰，同时在 1.2V 附近出现较宽的类似石墨烯电极材料的锂离子脱出氧化峰，这说明微扩层煤基石墨 ECG-0.30 不仅具有煤基石墨的储锂特性同时兼具类石墨烯材料的储锂优势。因此，微扩层后的 ECG-0.30 展现出较高的充放电比容量。

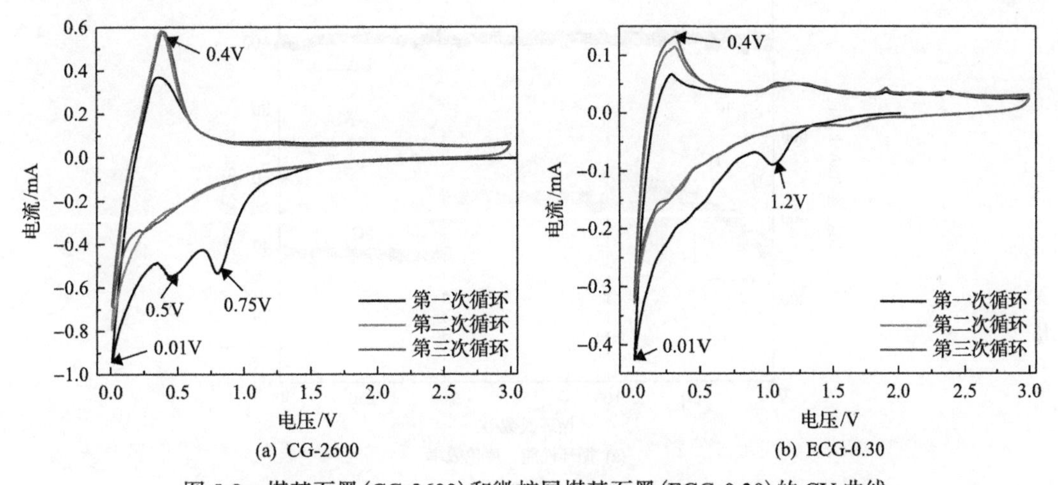

图 5-8　煤基石墨(CG-2600)和微扩层煤基石墨(ECG-0.30)的 CV 曲线

煤基石墨和不同微扩层煤基石墨负极材料在不同电流密度下的倍率性能测试结果如图 5-9 所示。由图 5-9 可知，微扩层煤基石墨在不同电流密度下的充放电比容量均高于煤基石墨，其中 ECG-0.30 表现出最优的倍率性能。在 5C 大电流密度下，ECG-0.30 的平均可逆比容量为 333mA·h/g，远高于微扩层处理前的煤基石墨(47mA·h/g)和已报道的膨胀石墨(53mA·h/g)[16]。另外，当电流密度再次恢复到 0.1C 时，ECG-0.30 的比容量达到 705mA·h/g，这说明微扩层煤基石墨具有良好的修复性能。ECG-0.30 的循环稳定性测试结果如图 5-10(a)所示。ECG-0.30 在 1C 较大倍率下比容量呈现明显上升，经过多次充放电循环，库仑效率逐渐趋于稳定。这主要是因为微扩层煤基石墨 ECG-0.30 的层间距得到合适的调控，使得其在大倍率下锂离子能够有效地嵌入/脱出，增加了可逆比容量，从而表现出良好的倍率性能[17]。锂离子在负极

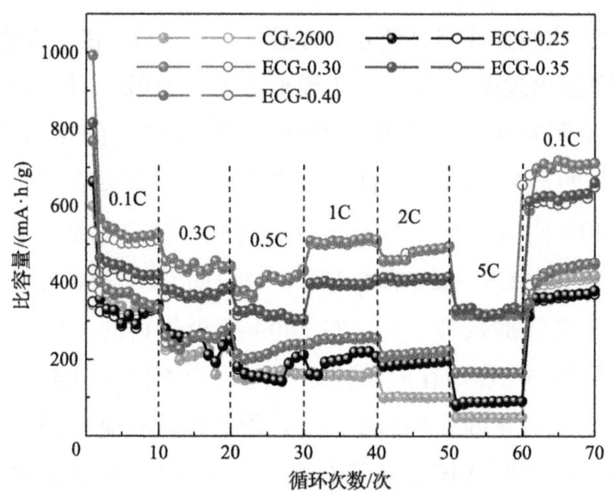

图 5-9　煤基石墨和不同微扩层煤基石墨电极在不同电流密度下的倍率性能图

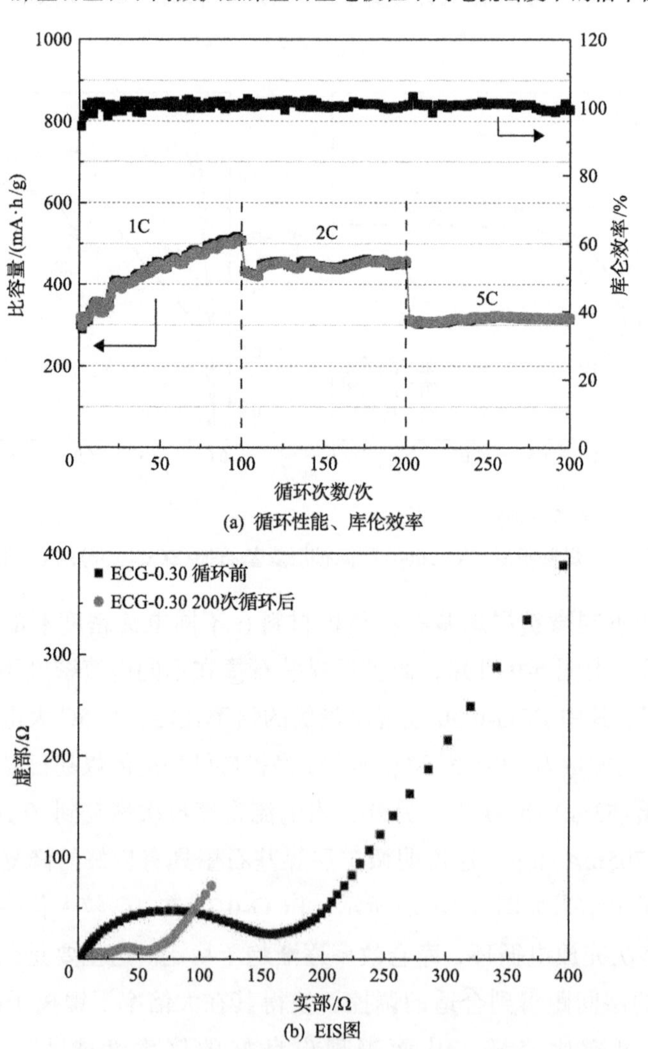

(a) 循环性能、库仑效率

(b) EIS图

图 5-10　ECG-0.30 电极的循环性能、库仑效率和 EIS 图

材料固相中以小倍率传输时，一般的离子传输速率即可满足锂离子的传输需求——使锂离子及时嵌入各层之间，层间空间得到充分利用。而在大倍率下，离子传输速率对锂离子嵌入有着重要的影响，如果材料的离子传输速率较低，短时间内石墨颗粒外部的锂离子来不及充分嵌入石墨层间，导致石墨颗粒中产生浓差极化，锂离子嵌入中止，造成大倍率下低的可逆比容量[18]。因此，微扩层煤基石墨的层间距得到了扩张，增大了材料的离子传输速率，使其改善了倍率性能。

微扩层煤基石墨 ECG-0.30 在循环前和 200 次循环后的 EIS 图如图 5-10(b)所示。循环前 ECG-0.30 电极的 EIS 图在高频区呈现明显的半圆，半圆直径对应电极材料自身的电化学阻抗；在低频区为一条斜率约为 45°的直线，反映了锂离子的扩散性能。经过 200 次循环后，ECG-0.30 电极的 EIS 图在高频区出现两个半圆弧，较小的半圆弧对应 SEI 膜的阻抗，较大的半圆弧表示电荷在负极材料中的转移阻抗[19]。此外，从半圆直径变化可以看出，经过 200 次充放电循环后电极本身的阻抗大幅减小，这说明微扩层煤基石墨 ECG-0.30 负极具有良好的锂离子扩散能力[20]。

5.3.2 储锂机制分析

微扩层煤基石墨的储锂机制示意图如图 5-11 所示。经过微扩层处理后，微扩层煤基石墨的层间距略微增大且横向尺寸减小，同时增加了一些纳米孔道和含氧官能团，而微扩层煤基石墨表现出改善的电化学性能与这些结构的变化有着密不可分的关系。如图 5-11(a)所示，微扩层煤基石墨增大的层间距降低了锂离子的传输阻力，并为锂离子在石墨片层间的储存提供了更多的活性位点，使得微扩层煤基石墨的储锂性能得到有效的提高；另外，微扩层煤基石墨内的纳米孔道增加了锂离子传输路径，提高了锂离子的扩散效率。经过微扩层的煤基石墨还增加了一些含氧官能团，如图 5-11(b)所示，这些含氧官能团主要连接在石墨微晶的边缘部分，能够增强材料对锂离子的亲和力，有助于电极表面形成稳定的 SEI 膜。然而，过多的含氧官能团将不利于电极表面生成均匀的 SEI 膜，会导致循环稳定性损失。因此，氧化程度是影响微扩层煤基石墨电化学性能的重要因素，可以通过调整氧化剂用量来调控微扩层煤基石墨的结构，使其达到最佳的电化学性能。综上分析可知，微扩层煤基石墨表现出改善的储锂性能与其高度有序的石墨微晶片层、丰富的纳米孔道和含氧官能团等因素密切相关。如图 5-11(c)所示，煤基石墨中具有合适层间距的微晶片层可优化锂离子的传输通道，强化嵌入/脱出过程，并且改善导电性，增强离子传输速率；纳米孔道可增加锂离子的吸附空间，并提供高效的传输通道；表面含氧官能团可增加电化学活性位点，且增强 SEI 膜的稳定性。

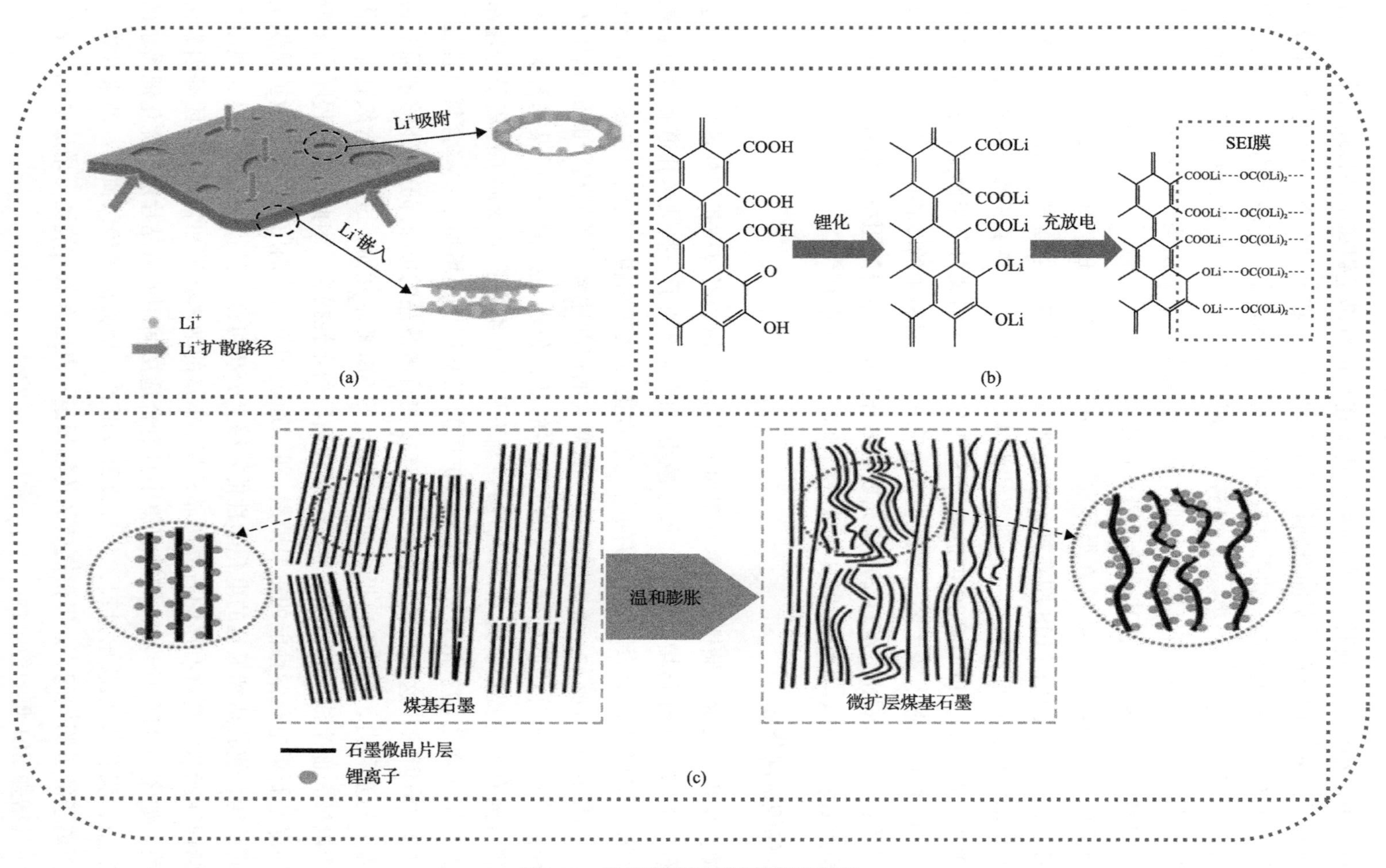

图5-11　微扩层煤基石墨的储锂机制

5.4　本 章 小 结

(1)以浓硫酸为插层剂，$KMnO_4$为氧化剂，采用液相氧化插层-热处理工艺对煤基石墨进行微扩层改性处理成功制备微扩层煤基石墨，通过调节氧化剂的用量实现对其微扩层程度的调控。

(2)微扩层改性处理不仅扩大了煤基石墨中石墨微晶的层间距，减小横向尺寸，增加纳米孔道，同时可以在煤基石墨中引入羰基、羟基、羧基等含氧官能团。微扩层煤基石墨用作锂离子电池负极材料展现出优于煤基石墨的储锂性能，其中在 0.1C 下微扩层煤基石墨的可逆比容量最高可达 531.5mA·h/g，在 5C 大电流密度下比容量仍保持在 331mA·h/g。

(3)微扩层煤基石墨层间距的增大以及纳米孔道和含氧官能团的引入不仅为锂离子的存储提供较多的活性位点，同时为锂离子的高效扩散降低了阻力，从而达到改善材料电化学性能的目的。

参 考 文 献

[1] Qi W, Shapter J G, Wu Q, et al. Nanostructured anode materials for lithium-ion batteries: principle, recent progress and future perspectives[J]. Journal of Materials Chemistry A, 2017, 5(37): 19521-19540.

[2] Wu Y P, Rahm E, Holze R. Carbon anode materials for lithium ion batteries[J]. Journal of Power Sources, 2003, 114(2): 228-236.

[3] Zou L, Kang F, Zheng Y P, et al. Modified natural flake graphite with high cycle performance as anode material in lithium ion batteries[J]. Electrochimica Acta, 2009, 54(15): 3930-3934.

[4] Liu S H, Ying Z, Wang Z M, et al. Improving the electrochemical properties of natural graphite spheres by coating with a pyrolytic carbon shell[J]. New Carbon Materials, 2008, 23(1): 30-36.

[5] Liu C, Liu X, Tan J, et al. Nitrogen-doped graphene by all-solid-state ball-milling graphite with urea as a high-power lithium ion battery anode[J]. Journal of Power Sources, 2017, 342: 157-164.

[6] 张丽津, 彭大春, 何月德, 等. 氧化微扩层处理对天然鳞片石墨结构及其电化学性能的影响研究[J]. 炭素技术, 2016, 35(6): 17-22.

[7] Jian Z, Liu H, Kuang J, et al. Natural flake graphite modified by mild oxidation and carbon coating treatment as anode material for lithium ion batteries[J]. Procedia Engineering, 2012, 27: 55-62.

[8] Lin Y, Huang Z H, Yu X, et al. Mildly expanded graphite for anode materials of lithium ion battery synthesized with perchloric acid[J]. Electrochimica Acta, 2014, 116: 170-174.

[9] 邢宝林, 张传涛, 谌伦建, 等. 高性能煤基石墨负极材料的制备及其储锂特性研究[J]. 中国矿业大学学报, 2019, 48(5): 1133-1142.

[10] Xing B L, Guo H, Chen L J, et al. Lignite-derived high surface area mesoporous activated carbons for electrochemical capacitors[J]. Fuel Processing Technology, 2015, 138: 734-742.

[11] Kim S, Lee J Y, Yoon T H. Few-layer-graphene with high yield and low sheet resistance via mild oxidation of natural graphite[J]. RSC Advances, 2017, 7(57): 35717-35723.

[12] Ferrari A, Robertson J, Tan P, et al. Raman scattering of non–planar graphite: arched edges, polyhedral crystals, whiskers and cones[J]. Philosophical Transactions of the Royal Society of London. Series A: Mathematical, Physical and Engineering

Sciences, 2004, 362(1824): 2289-2310.

[13] Xing B, Zeng H, Huang G, et al. Porous graphene prepared from anthracite as high performance anode materials for lithium-ion battery applications[J]. Journal of Alloys and Compounds, 2019, 779: 202-211.

[14] Sheng L, Jiang H, Liu S, et al. Nitrogen-doped carbon-coated MnO nanoparticles anchored on interconnected graphene ribbons for high-performance lithium-ion batteries[J]. Journal of Power Sources, 2018, 397: 325-333.

[15] Wu Y P, Jiang C, Wan C, et al. Anode materials for lithium ion batteries from mild oxidation of natural graphite[J]. Journal of Applied Electrochemistry, 2002, 32(9): 1011-1017.

[16] 向瑾. 改性石墨作为锂离子电池负极材料的研究[D]. 武汉：华中科技大学, 2017.

[17] 张丽津. 氧化微扩层天然石墨负极的制备及其电化学性能的研究[D]. 长沙：湖南大学, 2016.

[18] Kaskhedikar N A, Federov V, Simon A, et al. Expanded graphite as anode for lithium ion battery[J]. Zeitschrift für Anorganische und Allgemeine Chemie, 2008, 634(11): 2050.

[19] Li K, Shua F, Guo X, et al. High performance porous MnO@C composite anode materials for lithium-ion batteries[J]. Electrochimica Acta, 2016, 188: 793-800.

[20] Lu W, Liu G, Xiong Z, et al. An experimental investigation of composite phase change materials of ternary nitrate and expanded graphite for medium-temperature thermal energy storage[J]. Solar Energy, 2020, 195: 573-580.

6 煤基多孔炭纳米片的结构调控及其储锂特性

6.1 引　言

石墨作为锂离子电池负极材料存在导电性良好、充放电电压平台稳定和成本低等优势，但是石墨负极材料存在可逆比容量低、倍率性能差等问题，导致锂离子电池的能量密度、大电流倍率性能及循环稳定性等方面均受到严重限制，难以满足社会发展对高能量和高功率密度电池的要求[1]。为了提高石墨类负极材料的电化学性能，近年来诸多研究通过微晶结构优化来改善石墨类负极材料的储锂性能[2-4]。其中，微晶结构优化法构筑兼具孔结构和石墨微晶结构的多孔石墨类炭负极材料在改善锂离子电池的储锂比容量、倍率性能、循环稳定性等综合指标上具有较大的潜力[5-6]。然而，如何在确保石墨微晶骨架相互贯通的基础上实现孔结构在石墨片层中均匀分布和有机衔接，可控地制备多孔石墨类炭负极材料具有一定的挑战性。因此，寻找一种有效的工艺制备高性能多孔石墨类炭负极材料具有重要意义。

基于此，本章以富含石墨微晶的煤基石墨(TXG-2800)为原料，采用液相氧化-热还原工艺对煤基石墨进行改性制备煤基多孔炭纳米片(CCNSs)，通过调节氧化剂用量比($KMnO_4$/TXG)对CCNSs的孔结构、石墨微晶和表面官能团进行调控。通过SEM、TEM、氮吸附、XRD、Raman、FTIR和XPS对材料的微观结构进行表征，并通过恒流充放电测试、循环伏安测试和电化学阻抗谱测试等对CCNSs负极材料的储锂性能进行测试。

6.2 煤基多孔炭纳米片的结构表征及其储锂特性

6.2.1 煤基多孔炭纳米片的结构表征

CCNSs的多孔结构特征，通过N_2吸附-脱附仪进行测试，结果如图6-1所示。由图6-1(a)可知，煤基石墨(TXG)表现出较低的吸附量，说明TXG中不具有发达的孔隙结构。经过结构调控后，CCNSs的N_2吸附量明显增加，如图6-1(b)～(d)所示，根据IUPAC吸附等温线分类，CCNSs均呈现出Ⅳ类型等温线且具有H3型的迟滞回线，具体特点为：在低压区($P/P_0<0.1$)吸附量略微增加，说明CCNSs中含有一些微孔结构；在中压范围内($0.45<P/P_0<0.99$)，出现一个明显的迟滞环，说明CCNSs中具有丰富的中孔结构；在高压区(P/P_0接近于1)吸附量展现出较明显的增加，这对应于CCNSs中的大孔结构[7]。图6-1(a)～(d)嵌入图给出了TXG和CCNSs的孔径分布

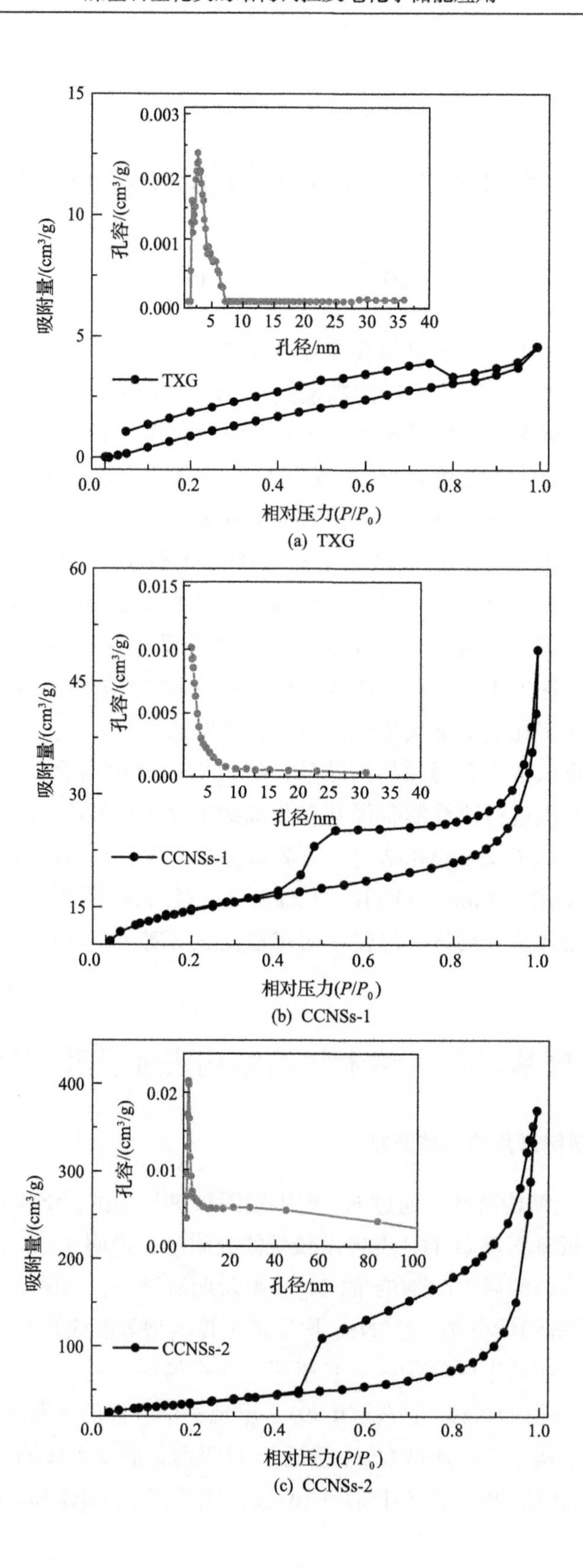

(a) TXG

(b) CCNSs-1

(c) CCNSs-2

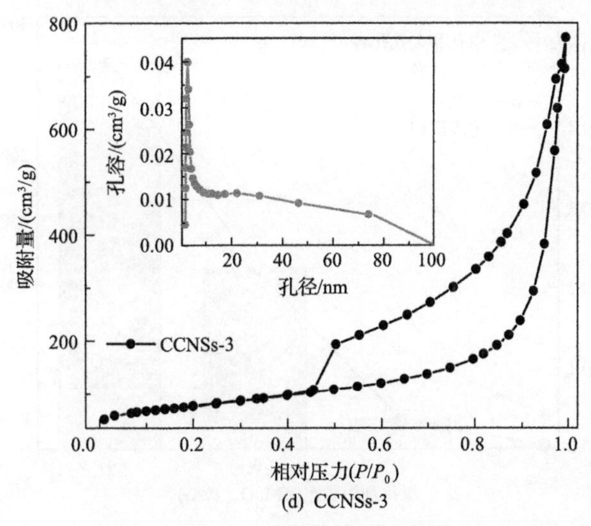

(d) CCNSs-3

图 6-1　TXG 和 CCNSs 的 N_2 吸附-脱附等温线和孔径分布曲线

曲线。随着氧化剂用量比的增大，CCNSs 的孔径分布由 1.5～8nm 的窄孔径向 1.5～100nm 的孔径拓宽，且微孔和中孔的相对孔含量也不断增多。氧化剂用量比对 TXG 和 CCNSs 的孔容和比表面积的影响如图 6-2 所示。由图 6-2 可知，氧化剂增加有利于改善 TXG 孔隙结构，不仅增加了少量的微孔，同时还含有丰富的中孔—大孔(其中 CCNSs-3 的中—大孔率达到 84.3%)，说明经过结构调控后 CCNSs 的孔结构是由“微孔—中孔—大孔”层次孔结构构筑。TXG 和 CCNSs 的比表面积和孔结构具体参数见表 6-1。TXG 比表面积和总孔容仅有 $0.17m^2/g$ 和 $0.002cm^3/g$；经过结构调控后，CCNSs 的比表面积和总孔容由 CCNSs-1 的 $52.1m^2/g$ 和 $0.035cm^3/g$ 增加到 CCNSs-2 的 $120.5m^2/g$ 和 $0.225cm^3/g$，再进一步提升到 CCNSs-3 的 $285.6m^2/g$ 和 $0.483cm^3/g$，说明 CCNSs 中孔结构的发达程度在不断提高。以上结果表明，经过结构调控获得的 CCNSs 具有由微孔—中孔—大孔组成的层次孔结构和较高的比表面积，这将有利于其作为负极材料为锂离子存储提供更多的活性位点，进而提高负极材料的储锂比容量，也为锂离子的高效传输提供有效的通道进而改善负极材料的倍率性能。

表 6-1　TXG 和 CCNSs 的比表面积和孔结构参数

样品	$S_{BET}/(m^2/g)$	$S_{Mic}/(m^2/g)$	$S_{Mes+Mac}/(m^2/g)$	$V_{Total}/(cm^3/g)$	$V_{Mic}/(cm^3/g)$	$V_{Mes+Mac}/(cm^3/g)$
TXG	0.17	0.0	0.17	0.002	0.000	0.002
CCNSs-1	52.1	21.4	30.7	0.035	0.015	0.020
CCNSs-2	120.5	28.6	91.9	0.225	0.031	0.194
CCNSs-3	285.6	96.6	189.0	0.483	0.076	0.407

注：S_{BET} 为 BET 比表面积；S_{Mic} 为微孔比表面积；$S_{Mes+Mac}$ 为中孔和大孔比表面积；V_{Total} 为总孔容；V_{Mic} 为微孔孔容；$V_{Mes+Mac}$ 为中孔和大孔孔容。

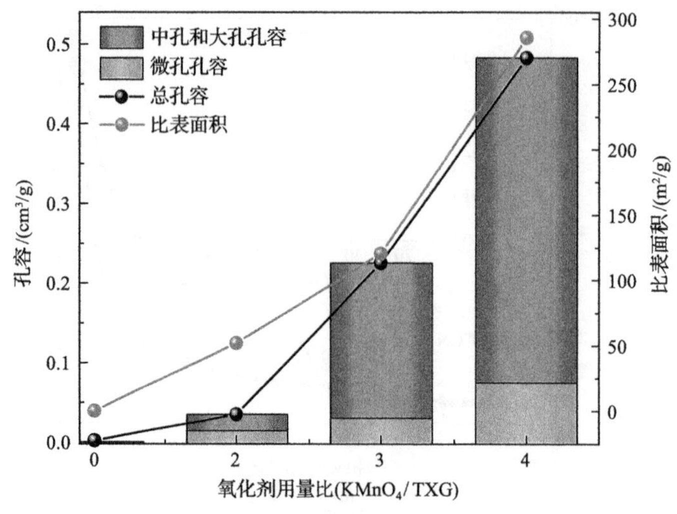

图 6-2　TXG 和 CCNSs 的孔容和比表面积与氧化剂用量比的关系

如图 6-3 所示，CCNSs 的多孔结构和炭纳米片形貌通过 SEM 进行观察。由图 6-3(a)可知，TXG 呈表面褶皱的致密块状形貌结构；经过结构调控后，由图 6-3(b)～(d)可以看出，随着氧化剂用量的增加，TXG 中堆叠的片层结构逐渐被剥离开，石墨片层层间距逐渐增大，形成更加蓬松的由单片层或少片层相互交联的多孔形貌结构，这说明氧化剂用量对 CCNSs 中孔结构的调控有重要影响。为了更细致地观察 CCNSs 的多孔形貌结构，更多 CCNSs-3 的 SEM 图展示如图 6-3(e)～(i)所示。在低放大倍数下可以看出，CCNSs-3[图 6-3(e)]呈现出由大量片层交联形成的弯曲长条结构；由图 6-3(f)～(h)可以观察到 CCNSs-3 中由类石墨烯片层交联形成的三维多孔结构，且由图 6-3(i)可以从正面看出 CCNSs-3 的类石墨烯透明薄纱状的炭纳米片层结构。

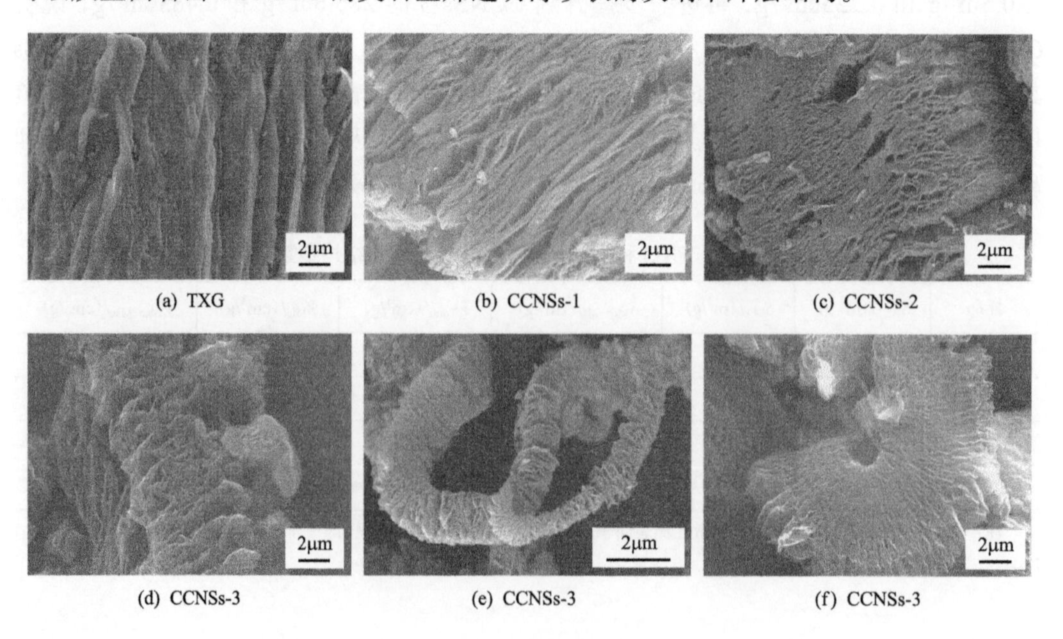

(a) TXG　(b) CCNSs-1　(c) CCNSs-2

(d) CCNSs-3　(e) CCNSs-3　(f) CCNSs-3

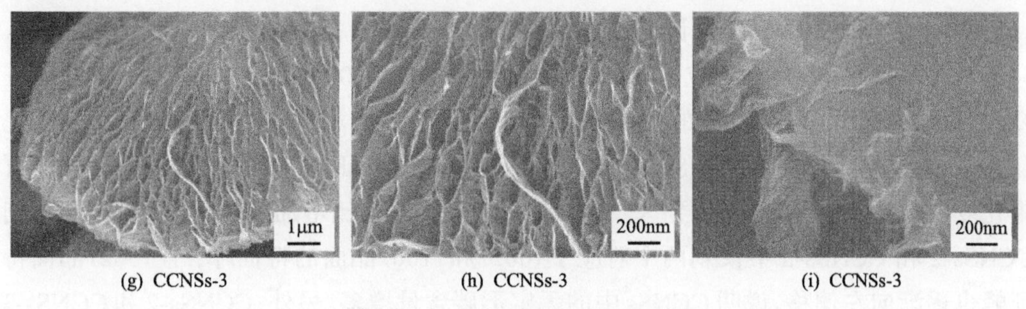

(g) CCNSs-3 (h) CCNSs-3 (i) CCNSs-3

图 6-3 TXG 和 CCNSs 的 SEM 图

CCNSs-3 的炭纳米片形貌结构通过 TEM 进一步观察，结果如图 6-4(a)和(b)可以看出，CCNSs-3 呈现出类石墨烯的褶皱状透明薄纱纳米片层形貌结构[8]；由 HRTEM 图[图 6-4(c)、(d)]可以更清晰地观察到 CCNSs-3 的片层堆叠结构，经测量得出层间距在 0.34～0.42nm，平均层间距约为 0.36nm。由选区电子衍射(selected area electron diffraction, SAED)图[图 6-4(d)嵌入图]可知，CCNSs-3 呈现出两个微亮的圆环光斑，对应石墨化材料的(110)和(101)晶面[9]，说明 CCNSs-3 中保留有一定的石墨微晶片层，这将有利于改善材料的电子传导率，进而增强材料的电化学性能。

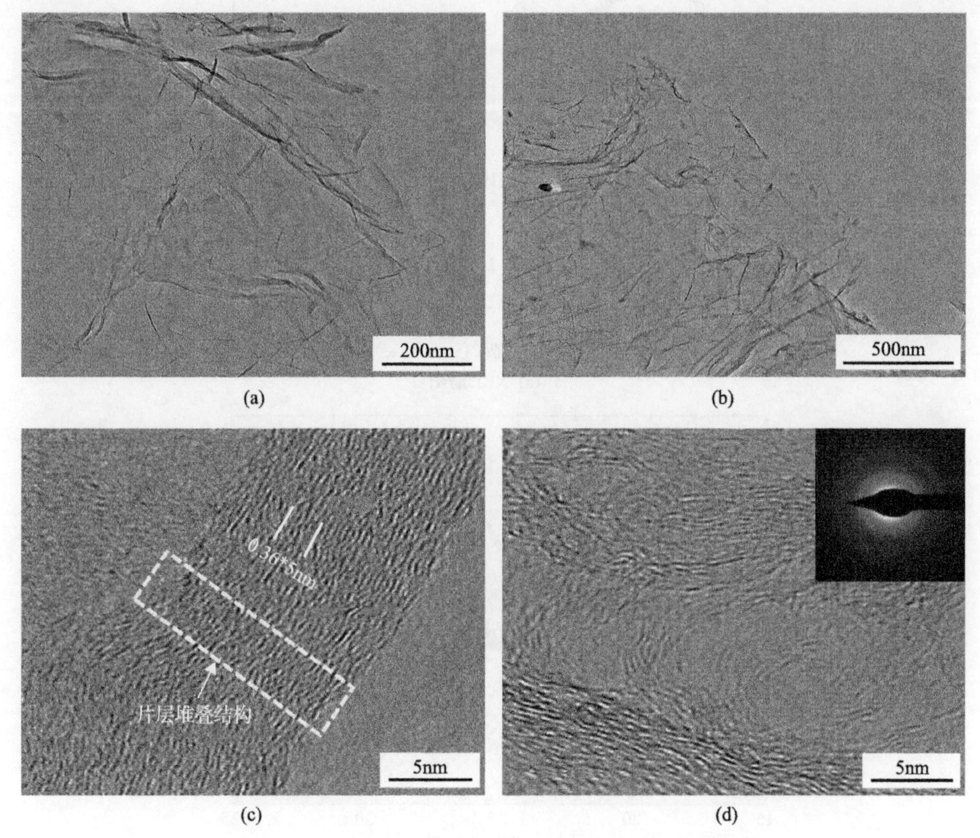

(a) (b) (c) (d)

图 6-4 CCNSs-3 的 TEM、HRTEM 和电子衍射图

(a)、(b)为 TEM 图，(c)、(d)为 HRTEM 图，(d)内嵌图为电子衍射图

TXG 和 CCNSs 的 XRD 谱图如图 6-5(a)所示。TXG 分别在 26.5°、42.5°、44.7°、54.6°和 77.5°附近出现了对应于(002)、(100)、(101)、(004)和(110)晶面的石墨特征峰，说明 TXG 具有良好的结晶度和大量的片层堆积结构。当氧化剂用量比($KMnO_4$/TXG)为 2 时，CCNSs-1 具有与 TXG 相似的特征峰，峰强度相对减弱，其石墨化度由 TXG 的 98.8%降低到 83.7%；随着氧化剂用量比增加到 3 和 4，可以观察到 CCNSs-2 和 CCNSs-3 中仅剩两个对应于(002)和(100)晶面的特征峰，且(002)晶面特征峰也逐渐向左偏移，说明 CCNSs 中的无定形碳含量增多。另外，CCNSs-2 和 CCNSs-3 的(002)特征峰是不对称性的，通过三个理论的高斯拟合峰来评估其无定形碳和石墨化炭的相对含量[10]，拟合图和相关参数如图 6-5(b)和表 6-2 所示。由拟合峰所占面积比可知，CCNSs-2 和 CCNSs-3 中分别含有 27.6%和 29.2%的无定形碳，同时材料中仍含有 48.9%和 38.9%的石墨化炭，这说明随着氧化剂用量比增加，CCNSs 材料中引入多孔结构会导致其石墨化成分减少，但仍保留了一些石墨微晶片层，这与 TEM 分析结果一致。由 SEM 结果可知，随着氧化剂用量比增加，CCNSs 的层间距发生明显改

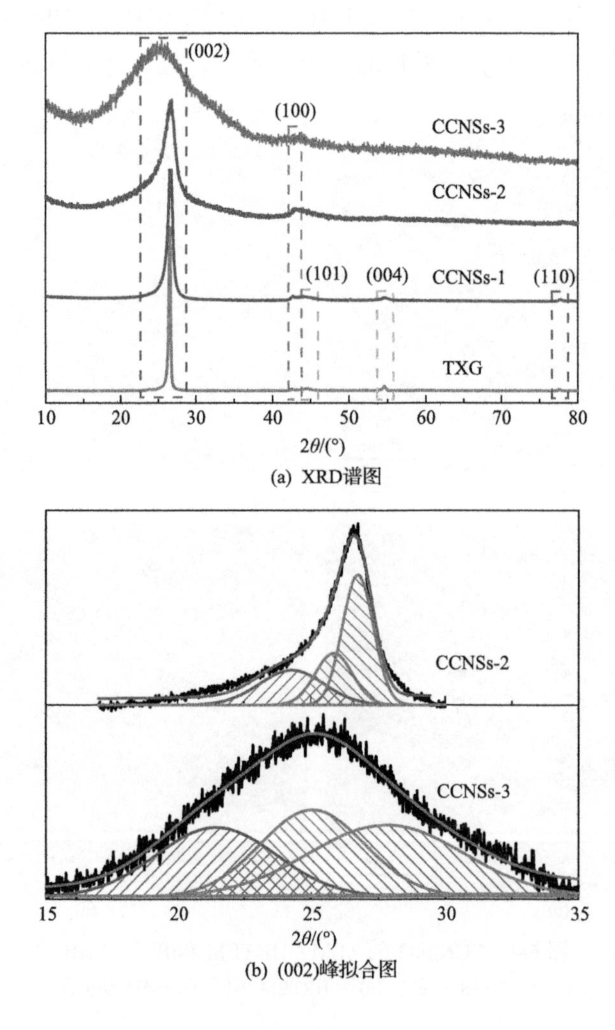

(a) XRD谱图

(b) (002)峰拟合图

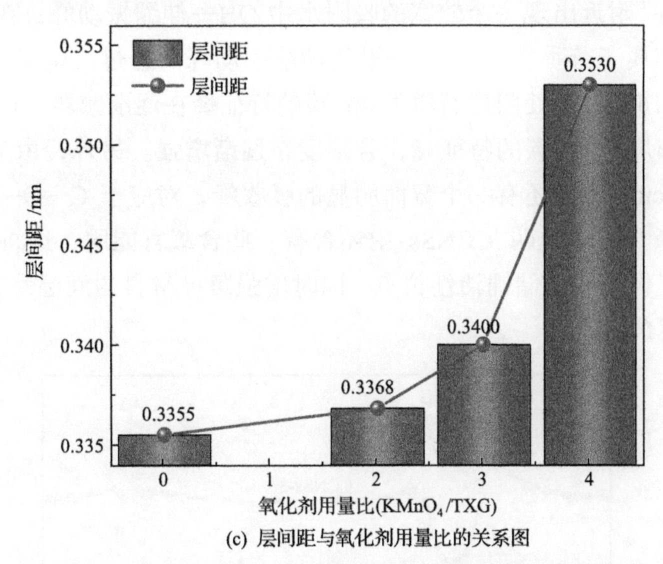

(c) 层间距与氧化剂用量比的关系图

图 6-5 TXG 和 CCNSs 的 XRD 谱图、(002)峰拟合图和层间距与氧化剂用量比的关系图

表 6-2 CCNSs-2 和 CCNSs-3 的(002)峰参数和拟合结果

样品	(002)峰		无定形区		准石墨区		石墨区	
	$2\theta/(°)$	d_{002}/nm	$2\theta/(°)$	A/%	$2\theta/(°)$	A/%	$2\theta/(°)$	A/%
CCNSs-2	26.2	0.3400	24.3	27.6	25.8	23.5	26.7	48.9
CCNSs-3	25.2	0.3530	21.4	29.2	25.0	31.9	27.7	38.9

变，图 6-5(c)给出了层间距与氧化剂用量比的关系图。由图 6-5(c)可以看出，随着氧化剂用量比增加，CCNSs 的层间距由 TXG 的 0.336nm 逐渐增加到 CCNSs-1、CCNSs-2 和 CCNSs-3 的 0.337nm、0.340nm 和 0.353nm，而 CCNSs 中增大的层间距将有助于提高锂离子的传输效率，从而改善负极材料的电化学性能。

TXG 和 CCNSs 的 Raman 谱图如图 6-6(a)所示。由图 6-6(a)可知，TXG 和 CCNSs 在 1338.7cm^{-1} 和 1585.5cm^{-1} 附近出现了两个分别代表缺陷结构的 D 峰和石墨化结构的 G 峰[11-12]，其中 TXG 具有尖锐的 G 峰，说明 TXG 中具有高度有序的石墨化结构[13]。当氧化剂用量比($KMnO_4$/TXG)为 2 时，CCNSs-1 具有明显增强的 D 峰，表明样品中缺陷结构增加。随着氧化剂用量比增加到 3 和 4，CCNSs-2 和 CCNSs-3 的 G 峰增高，说明 TXG 中石墨片层被逐渐剥离，由类石墨烯交联而成的多孔炭纳米片结构增多；同时也可以看到明显的 D 峰，说明 CCNSs-2 和 CCNSs-3 中也含有丰富的无定形结构。因而，通过调节氧化剂用量对 TXG 微观结构进行调控，在保留丰富石墨微晶结构的同时也引入了一些缺陷结构，如孔结构和杂原子官能团等，使得 CCNSs 用作锂离子电池负极材料时，不仅有利于锂离子的嵌入/脱出，同时有助于电子的传导，进而达到改善材料储锂性能的目的。TXG 和 CCNSs 的 FTIR 谱图测试结果如图 6-6(b)所示。

TXG 在 3436cm^{-1}附近出现一个较宽的吸附水中 OH—伸缩振动峰；在 1633cm^{-1}处出现一个明显的归属于芳香核—C═C—键的伸缩振动峰。经过结构调控后，可以发现 CCNSs 材料中 1633cm^{-1}处归属石墨类 sp^{2}碳的特征峰在逐渐减弱，而在 1561cm^{-1}处出现一个新的归属于 sp^{2}碳的特征峰，且强度在逐渐增强。另外，由 FIIR 可以看出，CCNSs 在 1095cm^{-1}附近还有一个宽而明显的吸收峰，对应于 C—O—H 或 C—O—C 键的伸缩振动峰[14]，这说明 CCNSs 中还含有一些含氧官能团，这将有利于 CCNSs 作为负极材料提供更多的储锂活性位点，同时增强负极材料的润湿性，进而达到改善其储锂性能的目的。

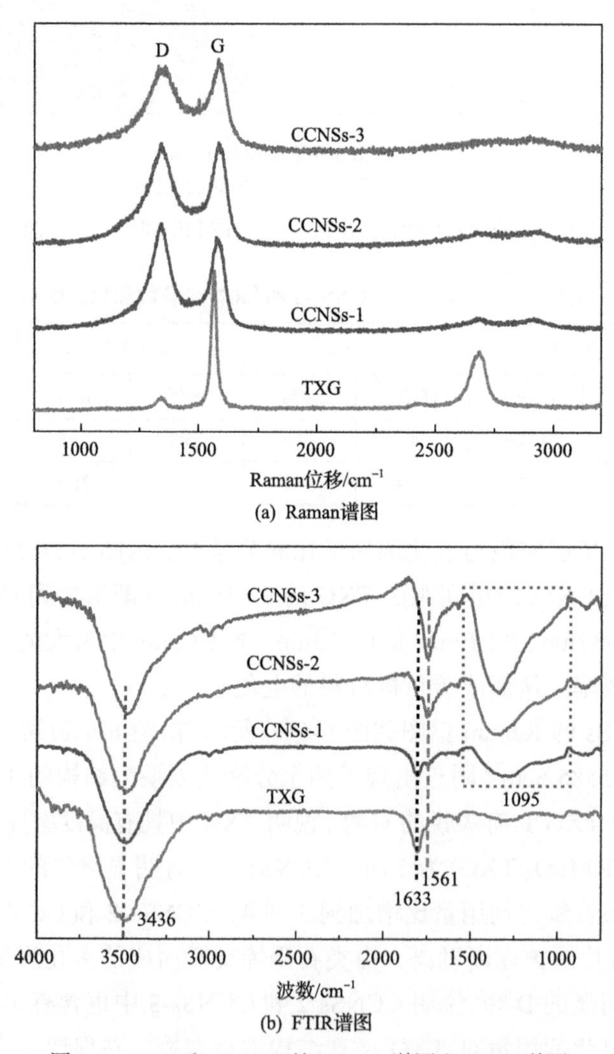

图 6-6 TXG 和 CCNSs 的 Raman 谱图和 FTIR 谱图

TXG 和 CCNSs-3 的表面成分通过 XPS 测试进行检测，结果如图 6-7 所示。由图 6-7(a)可知，TXG 和 CCNSs-3 主要由 C 和 O 两种元素组成，且经过结构调控后，C 含量由

TXG 的 98.82%降低到 CCNSs-3 的 93.89%，而 O 含量由 TXG 的 1.18%增加到 CCNSs-3 的 5.46%，说明经过扩层后多孔炭纳米片中有少量氧原子的引入。由 C1s 高分辨拟合谱图[图 6-7(b)]可知，TXG 中的 C 元素主要以 C═C(284.3eV, 77.10%)、C—C(284.7eV, 15.23%)和 C—O(285.2eV, 7.66%)形式存在；而 CCNSs-3 中的 C 元素由 C═C(284.6eV, 53.5%)、C—C(284.9eV, 19.5%)、C—O(285.4eV, 10.4%)和 C═O (286.0eV, 16.6%)组成[15]。由拟合结果可以看出，CCNSs-3 中仍含有 53.5% sp^2 碳，这有利于增大 π 电子云密度，提高材料的导电性。由 O1s 高分辨拟合谱图[图 6-7(c)]可知，经过结构调控后，CCNSs-3 中的 O 原子由 TXG 中 C—O 键形式转变为以 C═O(531.3eV, 20.0%)、C—OH(532.4eV, 25.0%)、C—O—C(533.8eV, 41.0%)和 O═C—O(536.1eV, 14.0%)的形式存在，这说明 CCNSs-3 中含有丰富的含氧官能团，这将有助于提高负极材料表面的亲和力。

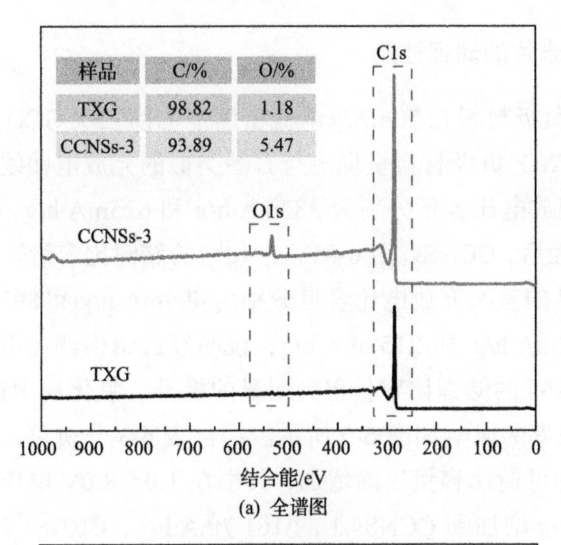

(a) 全谱图

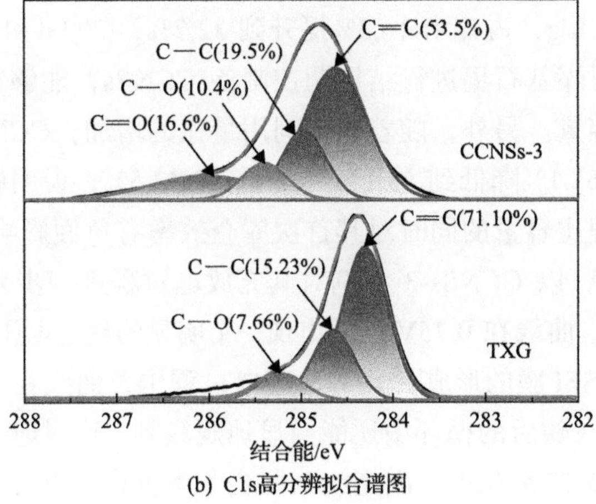

(b) C1s高分辨拟合谱图

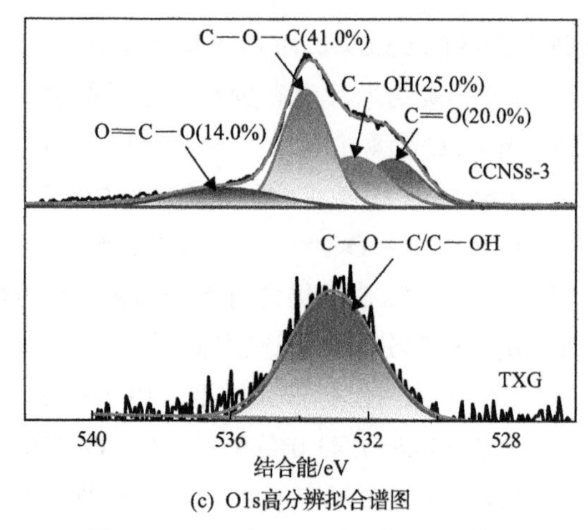

(c) O1s高分辨拟合谱图

图 6-7　TXG 和 CCNSs-3 的 XPS 谱图

6.2.2　煤基多孔炭纳米片的储锂性能

TXG 和 CCNSs 负极材料在 50mA/g 电流密度下的前三次 GCD 曲线如图 6-8 所示。由图 6-8(a)可知，TXG 负极材料呈现出与石墨类似的充放电曲线，具有较低的充放电电压平台，首次充放电比容量分别为 382mA·h/g 和 625mA·h/g，首次库仑效率达到 61.1%。经过结构调控后，CCNSs[图 6-8(b)～(d)]的储锂比容量逐渐增高，CCNSs-1、CCNSs-2 和 CCNSs-3 的首次充放电比容量分别为 494mA·h/g 和 897mA·h/g、653mA·h/g 和 1551mA·h/g、917mA·h/g 和 2158mA·h/g，说明经过结构调控引入孔结构和少量氧原子官能团后，CCNSs 的储锂比容量得到明显的提升。氧化剂用量比对 CCNSs 储锂比容量和首次库仑效率的影响如图 6-9 所示。结合表 6-3 分析可知，随着氧化剂用量比的增大，CCNSs 的可逆比容量逐渐增加，其中在 1.0～3.0V 电压范围的储锂比容量由 TXG 的 62.2mA·h/g 增加到 CCNSs-1 的 161.7mA·h/g、CCNSs-2 的 446.1mA·h/g 和 CCNSs-3 的 578.5mA·h/g，占比由 16.3%提升到 32.7%、68.3%和 63.1%，说明通过液相氧化-热还原工艺对煤基石墨进行结构调控制备 CCNSs，能够有效提升测试电压在 1.0V 以上的储锂比容量。另外，随着氧化剂用量比的增加，CCNSs 负极材料的首次库仑效率由 TXG 的 61.1%降低到 55.1%、42.1%和 42.5%，说明缺陷结构引入在提高 CCNSs 负极材料储锂比容量的同时对其首次库仑效率有负面影响。为了解析 CCNSs 负极材料的储锂特性，以 CCNSs-3 为例对其充放电过程进一步分析。由图 6-8(d)可知，首次放电过程中，曲线在 0.75V 附近出现一个明显的放电电压平台，而在随后的循环中消失，这对应于 SEI 膜的形成[16]；首次充电过程中，曲线在 1.20V 附近出现一个电压平台，且该平台在随后的循环中还能明显地观察到，这对应于负极材料中锂离子的脱出过程。另外，第二次和第三次充放电曲线基本重合，说明 SEI 膜在第一次循环中基本形成，同时稳定的锂离子嵌入/脱出过程也初步形成。

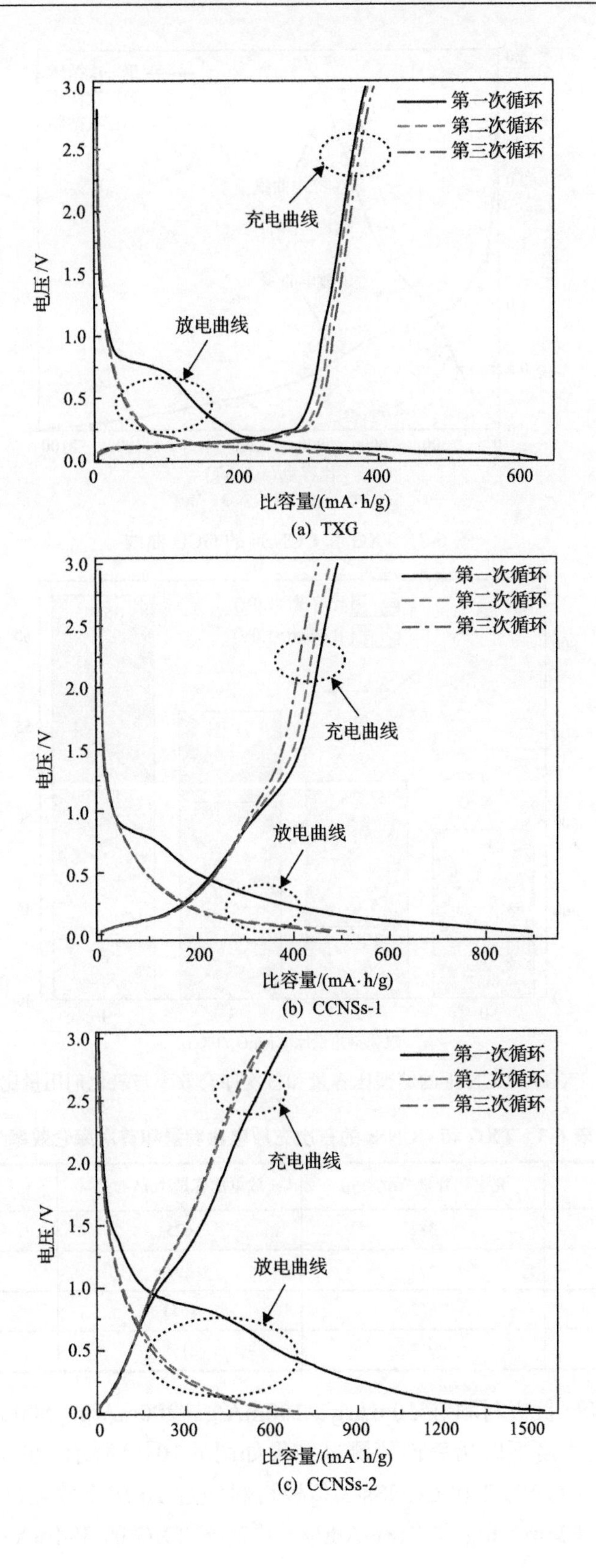

第一次循环
第二次循环
第三次循环
充电曲线
放电曲线
电压/V
比容量/(mA·h/g)
(a) TXG
第一次循环
第二次循环
第三次循环
充电曲线
放电曲线
电压/V
比容量/(mA·h/g)
(b) CCNSs-1
第一次循环
第二次循环
第三次循环
充电曲线
放电曲线
电压/V
比容量/(mA·h/g)
(c) CCNSs-2

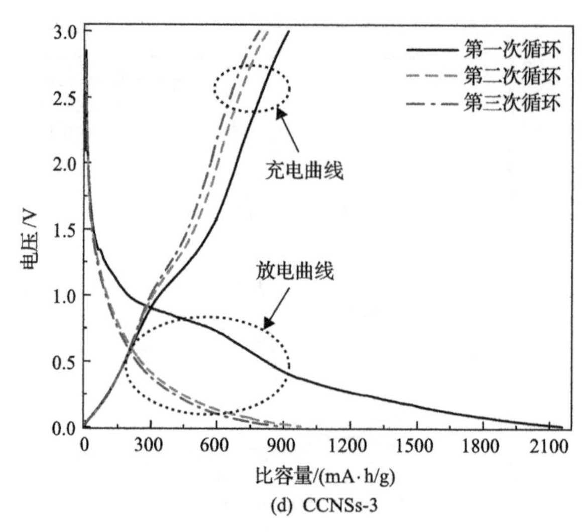

(d) CCNSs-3

图 6-8　TXG 和 CCNSs 的 GCD 曲线

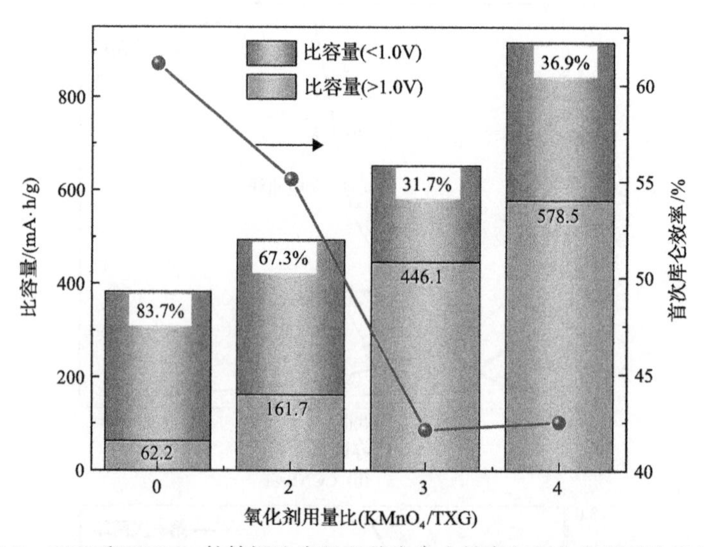

图 6-9　TXG 和 CCNSs 的储锂比容量和首次库仑效率与氧化剂用量比的关系

表 6-3　TXG 和 CCNSs 的首次充放电比容量和首次库仑效率

样品	充电比容量/(mA·h/g)	放电比容量/(mA·h/g)	首次库仑效率/%
TXG	382	625	61.1
CCNSs-1	494	897	55.1
CCNSs-2	653	1551	42.1
CCNSs-3	917	2158	42.5

TXG 和 CCNSs 负极材料在 50mA/g、100mA/g、200mA/g、500mA/g、1000mA/g 和 2000mA/g 电流密度下的倍率性能测试结果如图 6-10(a)所示。在 50mA/g 小电流密度下，CCNSs-1、CCNSs-2 和 CCNSs-3 负极材料经过 20 次充放电循环平均可逆比容量为 435mA·h/g、525mA·h/g 和 718mA·h/g，均高于 TXG 的 394mA·h/g，这说明经过

结构调控的 CCNSs 负材料储锂性能得到改善。在 1000mA/g 和 2000mA/g 大电流密度下，CCNSs 表现出比 TXG 更优的倍率性能，其中 CCNSs-1、CCNSs-2 和 CCNSs-3 在 1000mA/g 和 2000mA/g 电流密度下平均可逆比容量仍有 121mA·h/g 和 105mA·h/g、238mA·h/g 和 159mA·h/g、388mA·h/g 和 300mA·h/g，均高于 TXG 在相同电流密度下的平均可逆比容量(仅有 90mA·h/g 和 66mA·h/g)，这说明引入孔结构和增大层间距有助于改善煤基石墨负极材料在大电流密度下的锂离子传输能力。另外，当电流密度再次恢复到 500mA/g 和 100mA/g 时，CCNSs 负极材料的储锂比容量仍具有良好的修复性，说明材料结构具有较高的稳定性。TXG 和 CCNSs 在不同电流密度下的平均放电电压曲线如图 6-10(b)所示。在 1000mA/g 和 2000mA/g 大电流密度下，TXG 的放电电压衰减很快，而 CCNSs 相对较为平缓，这进一步说明 CCNSs 负极材料具有更高的倍率性能。

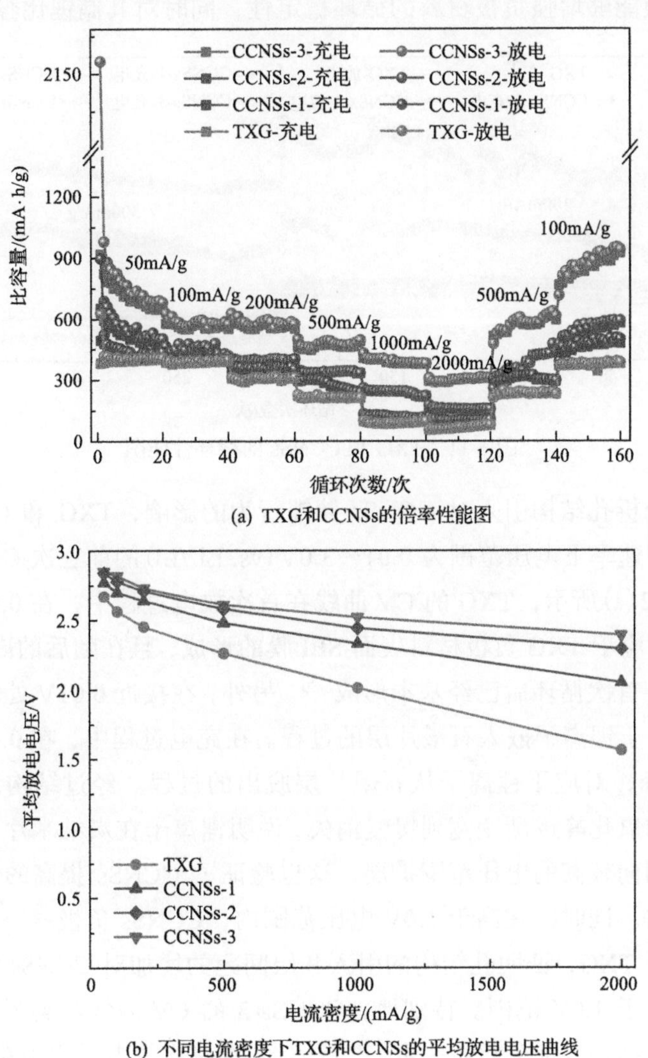

(a) TXG和CCNSs的倍率性能图

(b) 不同电流密度下TXG和CCNSs的平均放电电压曲线

图 6-10　TXG 和 CCNSs 的倍率性能图和不同电流密度下 TXG 和 CCNSs 的平均放电电压曲线

TXG 和 CCNSs 在 100mA/g 和 500mA/g 电流密度下循环 200 次的储锂性能测试结果如图 6-11 所示。相比于 TXG 负极材料(421mA·h/g)，CCNSs 表现出更高的储锂比容量，在 100mA/g 电流密度下经过 200 次循环后，CCNSs-1、CCNSs-2 和 CCNSs-3 的平均可逆比容量分别达到 500mA·h/g、793mA·h/g 和 1274mA·h/g。值得注意的是，CCNSs-2 和 CCNSs-3 的储锂比容量经过 200 次循环后，由 590.0mA·h/g 和 945.4mA·h/g 升高至 939.9mA·h/g 和 1484.4mA·h/g，这可能是因为在初始充放电过程中未脱出的锂离子随着充放电发生氧化还原环境的改变不断脱出，同时在不断的充放电过程中，锂离子的传输过程更加高效，进而表现出不断增加的储锂性能[17]。在 500mA/g 较大电流密度下，CCNSs-1、CCNSs-2 和 CCNSs-3 经过 200 次循环后的平均可逆比容量仍有 268mA·h/g、812mA·h/g 和 1262mA·h/g，均高于煤基石墨(139mA·h/g)，表明引入孔结构和增大层间距能够增强负极材料的循环稳定性，同时对其储锂比容量有增进作用。

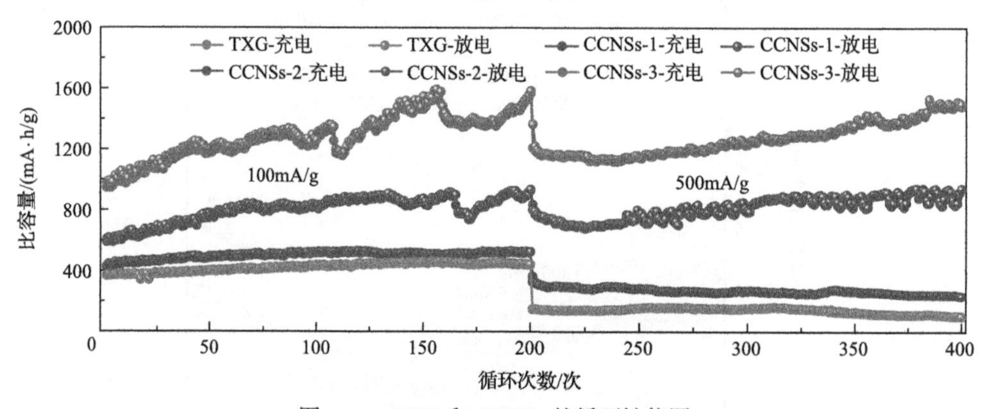

图 6-11　TXG 和 CCNSs 的循环性能图

为了深入分析孔结构引入对 CCNSs 储锂行为的影响，TXG 和 CCNSs 负极材料在 0.5mV/s 扫描速率下电压范围为 0.01～3.0V(vs. Li^+/Li)的前三次 CV 曲线如图 6-12 所示。如图 6-12(a)所示，TXG 的 CV 曲线在首次放电过程中，在 0.96V 附近出现一个还原峰，这对应于 TXG 负极材料表面 SEI 膜的形成，且在随后的嵌锂过程中消失，说明该 SEI 膜在首次循环后已经基本形成[18]。另外，在接近 0.01V 处也出现一个明显的还原峰，对应于锂离子嵌入石墨片层的过程。在充电过程中，在 0.42V 附近出现一个明显的氧化峰，对应于锂离子从石墨片层脱出的过程。经过结构调控后，CCNSs 在 0.30V 附近的氧化峰逐渐变宽到慢慢消失，说明锂离子在炭纳米片中的脱出过程由较低的电压范围向较高的电压范围扩展，这也验证了 CCNSs 提高的储锂比容量主要在高电压范围内。同时，在高于 1.0V 电压范围内，CCNSs 负极材料的 CV 曲线围成的面积明显大于 TXG，证明孔结构的引入和层间距的增加对 CCNSs 储锂比容量的改善主要分布在高于 1.0V 范围。特别地，CCNSs-3 的 CV 曲线与类石墨烯材料相似，这与其微观形貌结构表征分析相一致[19]。具体地，在首次放电过程中在 0.75V 和 0.01V 处出现两个对应 SEI 膜形成和锂离子嵌入 CCNSs 中的还原峰，而在充电过程中在

1.20V 附近出现一个对应锂离子脱出 CCNSs 的氧化峰,与其恒流充放电曲线的特征相对应。

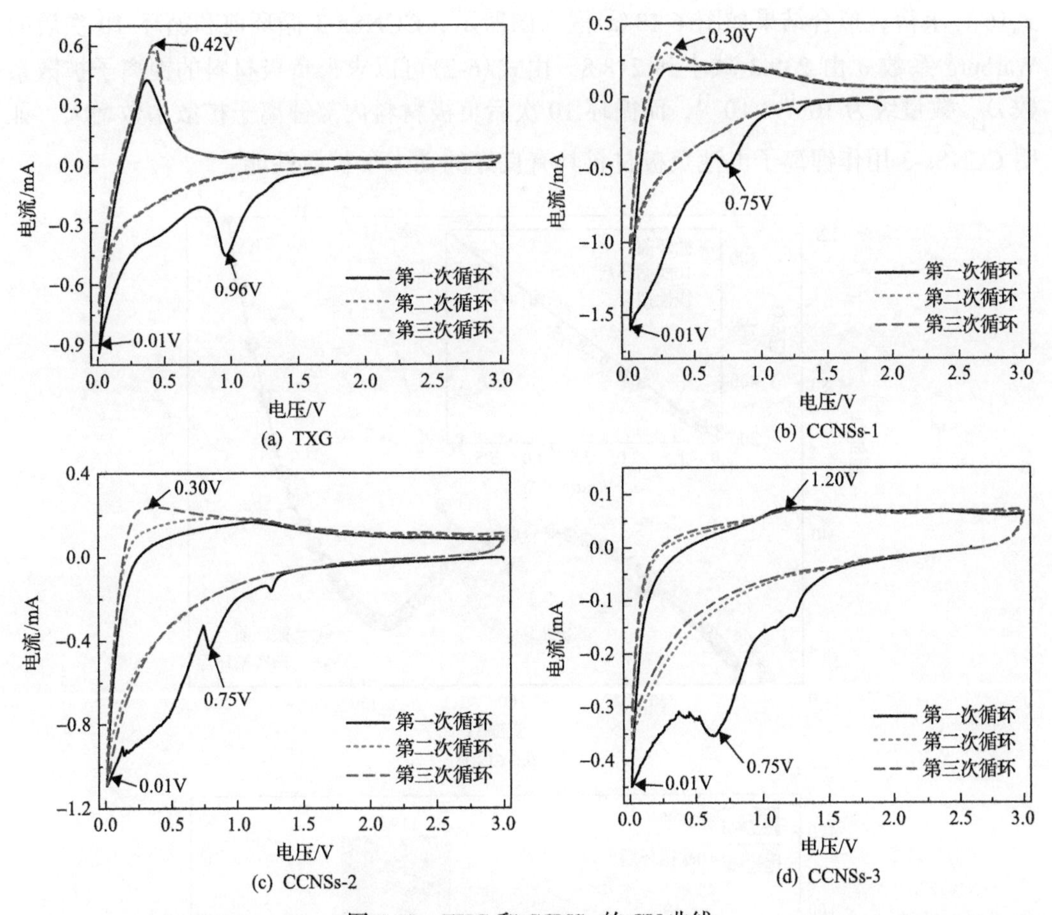

图 6-12 TXG 和 CCNSs 的 CV 曲线

CCNSs-3 循环前和循环 10 次后的 EIS 图如图 6-13(a)所示。由图 6-13(a)可知,CCNSs-3 的 EIS 图由中高频区的一个半圆和低频区的一条斜线组成。通过等效电路[图 6-13(b)内嵌图]进行拟合分析,CCNSs-3 中电解液与电极之间的接触电阻(R_s)和电荷转移电阻(R_{ct})循环前后的变化如图 6-13(b)所示。由图 6-13(b)可知,经过 10 次循环后,CCNSs-3 的 R_s 和 R_{ct} 分别由 21.5Ω 和 119.6Ω 减小到 12.0Ω 和 69.6Ω,说明经过 10 次循环后 CCNSs-3 中的电荷转移能力增强。另外,锂离子在负极材料内部的扩散系数可以通过 EIS 图进行评估,扩散系数计算公式如下[20-21]:

$$Z'=R_s+R_{ct}+\sigma\omega^{-0.5} \tag{6-1}$$

$$D_{Li^+}=(R^2T^2)/\left(2A^2n^4F^4C_{Li^+}\sigma^2\right) \tag{6-2}$$

式中,σ 为 Warburg 系数;ω 为角频率;Z'为阻抗实部;R 为气体常数;T 为热力学温度；A 为电极表面积；n 为电化学反应电子的数量；F 为法拉第常数；C_{Li^+} 为锂离子的摩尔浓度；D_{Li^+} 为锂离子扩散系数。Warburg 系数 σ 可以通过 Z'与 $\omega^{-0.5}$ 的线性关系式(6-1)求得，拟合结果如图 6-13(a)嵌入图所示，CCNSs-3 循环前和循环 10 次后的 Warburg 系数 σ 由 239.3 减小到 218.8。由式(6-2)可以求得负极材料的锂离子扩散系数 D_{Li^+} 数量级为 10^{-10}～10^{-11}，而循环 10 次后负极材料内部锂离子扩散系数增大，证明 CCNSs-3 用作锂离子电池负极材料具有良好的动力学扩散性能。

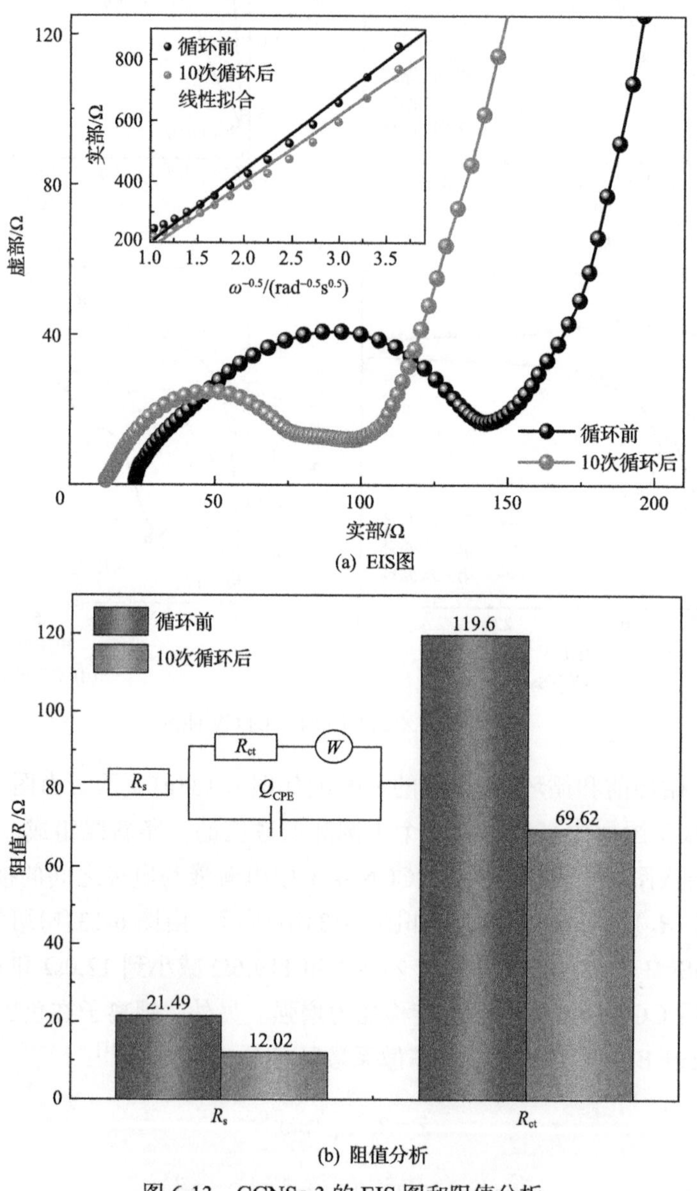

图 6-13　CCNSs-3 的 EIS 图和阻值分析

6.2.3 煤基多孔炭纳米片的微观结构与储锂性能的构效关系

CCNSs的储锂机理分析如图6-14所示。随着氧化剂用量比（$KMnO_4$/TXG）的增加，CCNSs的储锂比容量逐渐增加，其中CCNSs微观结构参数与其储锂比容量的关系如图6-15(a)、(b)所示。由图6-15(a)可知，随着层间距由TXG的0.335nm逐渐增加到CCNSs-3的0.353nm，样品的储锂比容量由TXG的383mA·h/g逐渐增加到CCNSs-3的917mA·h/g，其中电压窗口0.01～1.0V的储锂比容量均维持在300mA·h/g左右，没有明显的提升，而电压窗口1.0～3.0V的储锂比容量由TXG的62.2mA·h/g逐渐增加到CCNSs-3的578.5mA·h/g，说明通过液相氧化-热还原工艺对煤基石墨进行结构调控增加的储锂比容量具有较高的电压窗口。如图6-14所示，随着氧化剂用量比的增加，样品的CV曲线在1.0～3.0V范围内围成的面积逐渐增加，对应于CCNSs不断增加的储锂比容量；同时通过GCD充电曲线可以看出，充电电压平台逐渐消失，这反映了样品中“嵌入”式储锂的减少，说明层间距的增大会对“吸附”式储锂有促进作用。此外，CCNSs的孔结构参数比表面积与其储锂比容量的关系如图6-15(b)所示。随着比表面积由TXG的0.172m^2/g增加到CCNSs-3的285.6m^2/g，样品在1.0～3.0V的比容量由62.2mA·h/g逐渐增加到CCNSs-3的578.5mA·h/g，这主要归因于CCNSs中孔结构的引入与层间距的增大。

基于上述分析，对CCNSs在扫描速率0.1mV/s、0.3mV/s、0.5mV/s、0.7mV/s和0.9mV/s下进行CV测试，其中CCNSs-3在不同扫描速率下的CV曲线如图6-15(c)所示。通过峰值电流对数与扫描速率对数的关系拟合[图6-15(d)]得出b值，可以看出斜率b值为0.69和0.77，说明CCNSs-3作为负极材料其储锂比容量由吸附电容控制和扩散插层控制共同贡献。对CCNSs在不同扫描速率下的吸附电容控制贡献率进行解析计算，其中CCNSs-3在0.9mV/s下的吸附电容控制解析结果如图6-15(e)所示。在1.0V以上增加的储锂比容量基本为吸附电容控制贡献。如图6-15(f)所示，总结了三种CCNSs样品在不同扫描速率下的吸附电容控制和扩散插层控制贡献率。在同一扫描速率下，随着氧化剂用量比的增加，CCNSs中吸附电容控制贡献率逐渐增加，如在0.1mV/s下吸附电容控制贡献率由CCNSs-1的29.82%增加到CCNSs-2的30.55%，再到CCNSs-3的37.19%，说明引入孔结构和增大层间距有利于提高CCNSs负极材料“吸附”式储锂比容量。对于同一样品，随着扫描速率的增大，CCNSs中吸附电容控制贡献率增大，如CCNSs-1在0.1mV/s、0.3mV/s、0.5mV/s、0.7mV/s和0.9 mV/s下的吸附电容控制贡献率为29.82%、38.43%、44.91%、51.17%和56.26%，说明在高扫描速率下“吸附”式储锂比容量占比增高，对应于CCNSs在大电流密度下的高倍率性能。

综上分析可知，通过液相氧化-热还原工艺对煤基石墨进行层间距调控、引入孔结构有利于提高材料的储锂比容量。主要原因是：一方面，孔结构引入不仅增加了石墨片层的层间距也引入一些缺陷结构，层间距的增大和缺陷结构的引入会为锂离子的

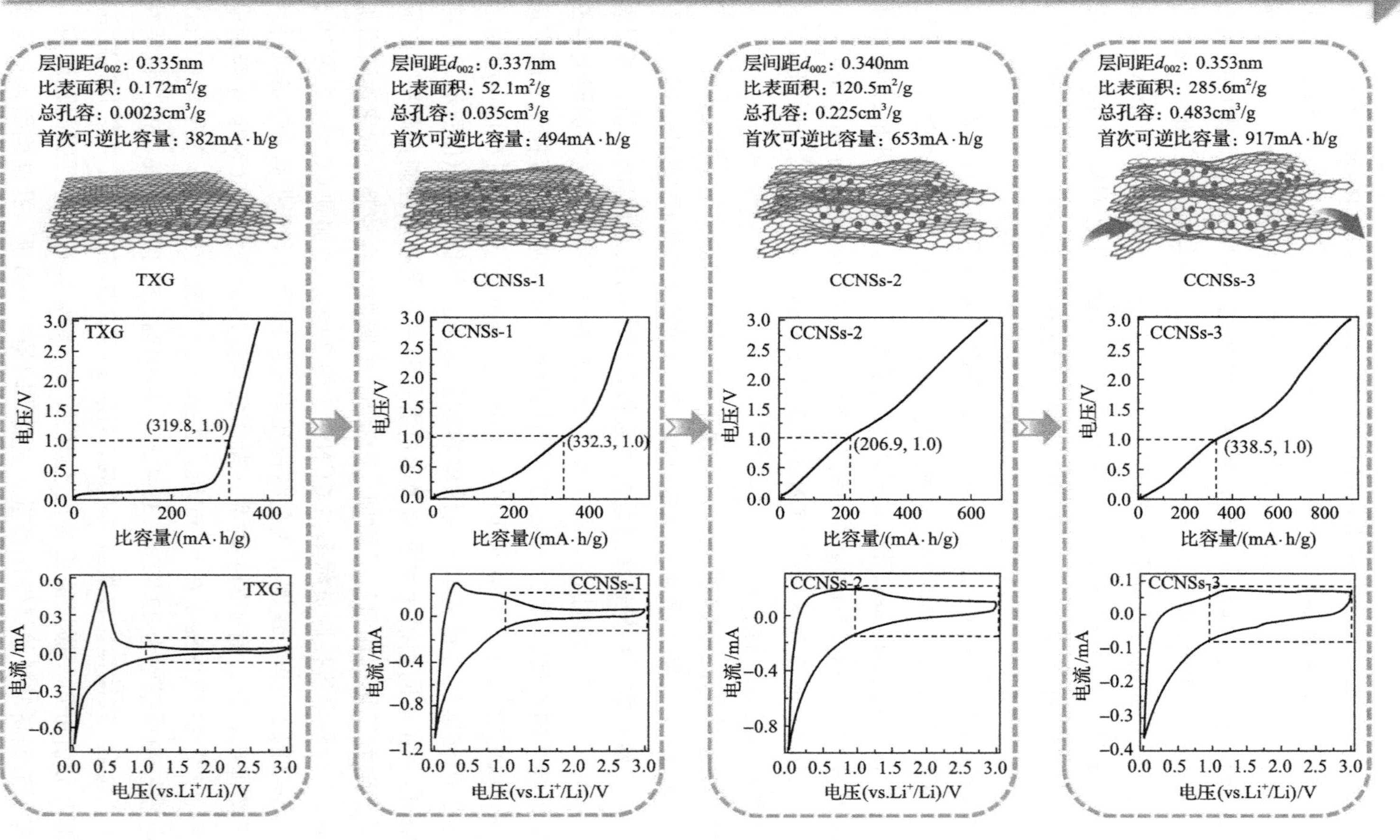

图 6-14　CCNSs的储锂机理

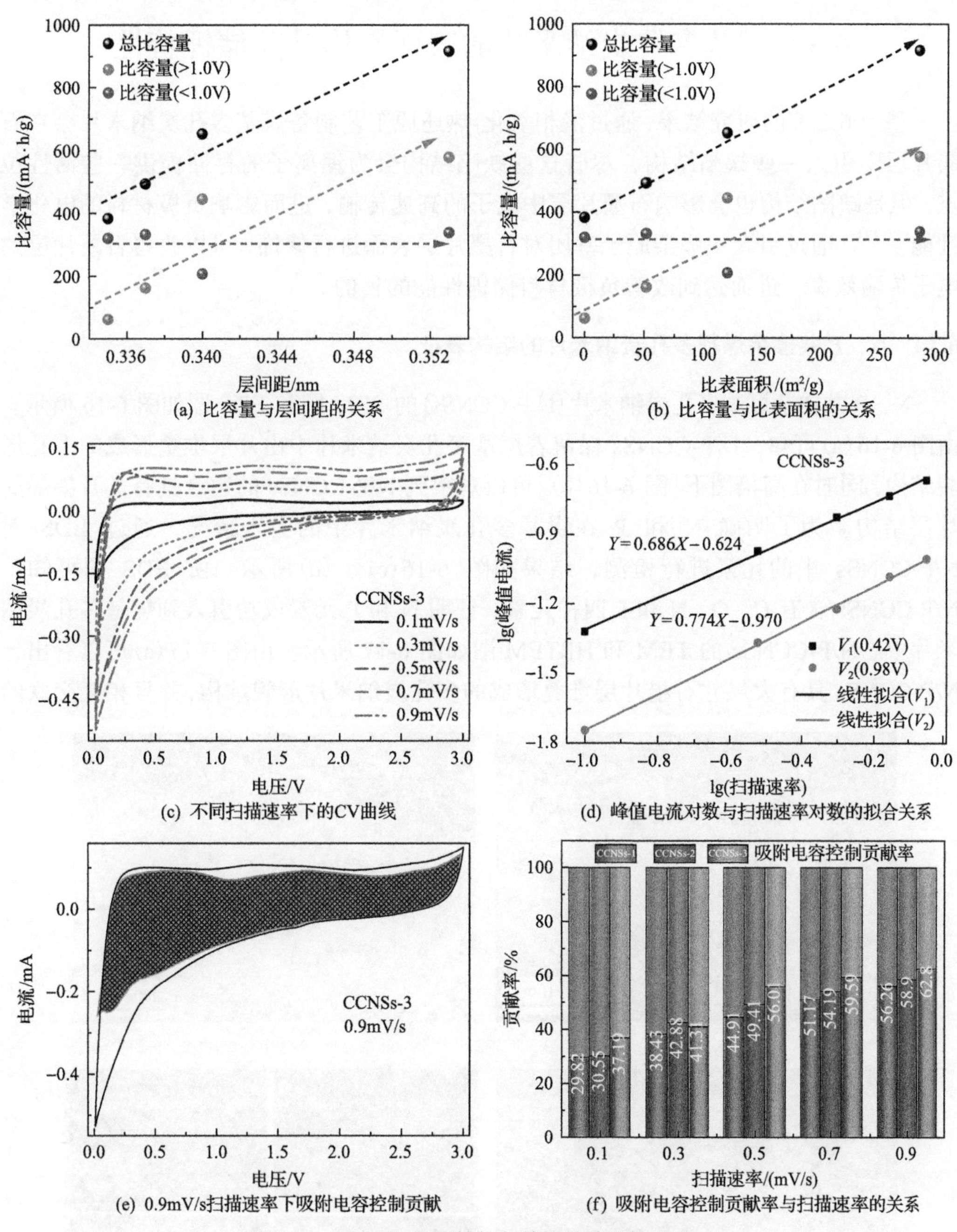

(a) 比容量与层间距的关系

(b) 比容量与比表面积的关系

(c) 不同扫描速率下的CV曲线

(d) 峰值电流对数与扫描速率对数的拟合关系

(e) 0.9mV/s扫描速率下吸附电容控制贡献

(f) 吸附电容控制贡献率与扫描速率的关系

图 6-15 CCNSs 微观结构与储锂性能的构效关系

存储提供更多的活性位点，从而改善了材料的储锂比容量；另一方面，增大的层间距不仅有助于提高“吸附”式储锂比容量，同时为锂离子的快速传输提供了高效通道，从而改善倍率性能和循环稳定性。

6.3　煤基多孔炭纳米片的表面修饰及其储锂特性

基于 6.2 节的研究结果，通过液相氧化-热还原工艺制备煤基多孔炭纳米片会在石墨片层中引入一些缺陷结构，尽管这些缺陷结构会为锂离子的存储提供一些活性位点，但是缺陷结构也会影响石墨片层中电子的高速传输，进而影响负极材料的电化学性能[22-23]。通过引入一些杂原子基团对石墨片层表面进行修饰，可以改善石墨片层的电子传输效率，进而达到改善负极材料储锂性能的目的。

6.3.1　N、P 共掺杂煤基多孔炭纳米片的结构表征

N、P 共掺杂煤基多孔炭纳米片(N/P-CCNSs)的 SEM 图和 EDS 图如图 6-16 所示。由图 6-16(a)可知，N/P-CCNSs 保留着煤基多孔炭纳米片中由片层堆叠形成的多孔形貌结构，同时在高倍图下[图 6-16(b)]可以观察到 N/P-CCNSs 的边缘具有类石墨烯的片层结构。为了明确 N 和 P 在煤基多孔炭纳米片中的引入情况，通过 EDS 对 N/P-CCNSs 中的元素进行检测，结果如图 6-16(c)、(d)所示。由 EDS 图可知，N/P-CCNSs 含有 C、O、N 和 P 四种元素，证明 N 和 P 元素成功引入到煤基多孔炭纳米片中。N/P-CCNSs 的 TEM 和 HRTEM 图如图 6-17 所示。由图 6-17(a)可以看出，N/P-CCNSs 具有大尺寸石墨片层堆叠形成的多孔炭纳米片形貌结构，并且相互交联的

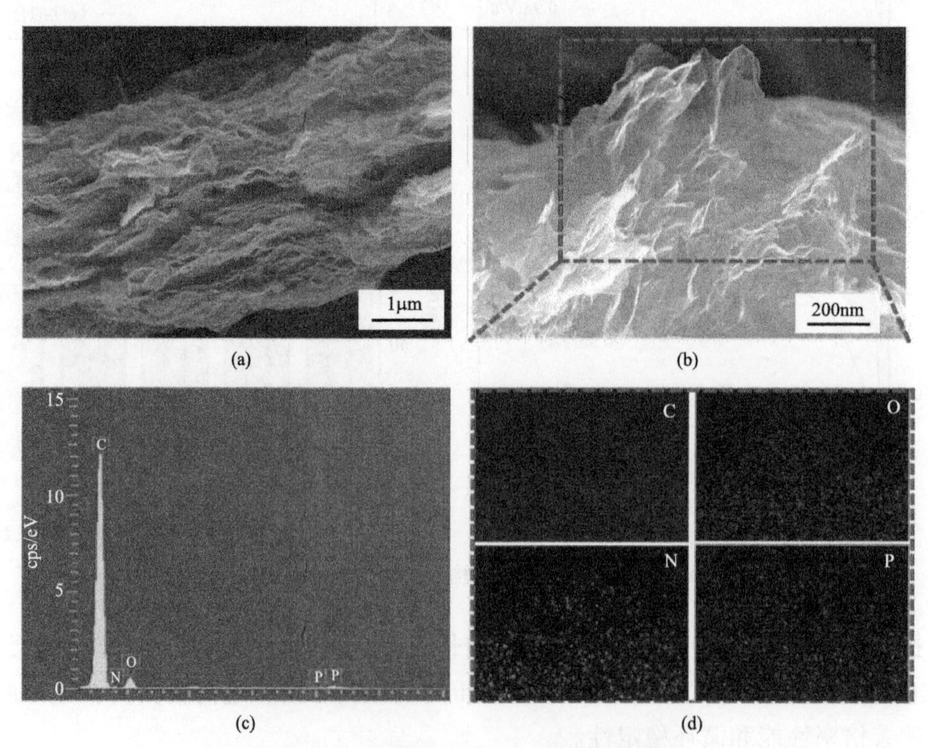

图 6-16　N/P-CCNSs 的 SEM 图和 EDS 图

(a)和(b)为 SEM 图；(c)和(d)为 EDS 图

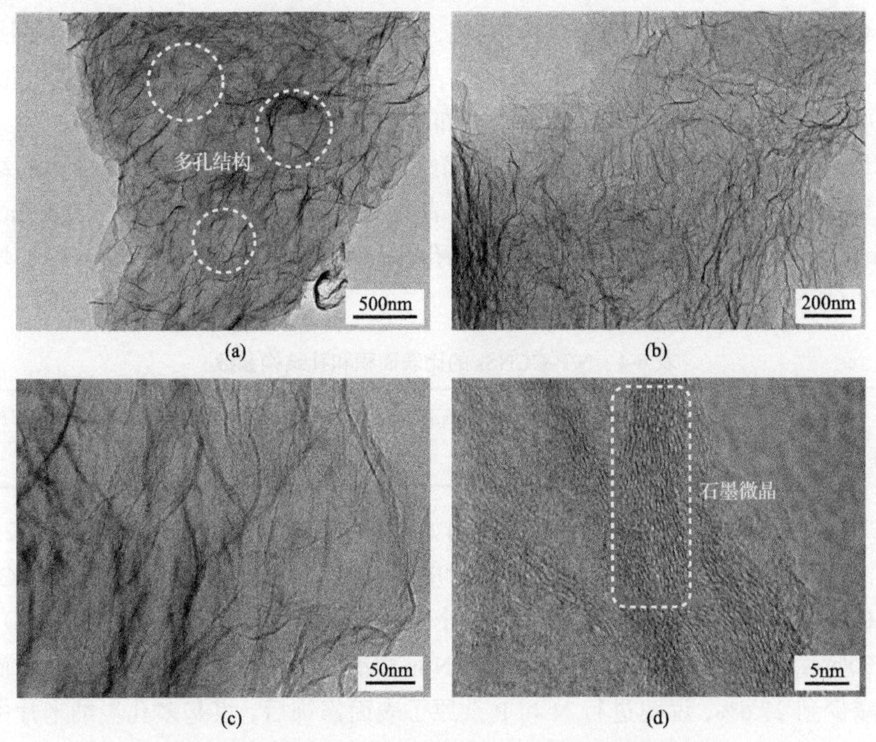

图 6-17　N/P-CCNSs 的 TEM(a)～(c)和 HRTEM(d)图

炭纳米片层间形成了一些孔道结构。在高倍电镜下，从图 6-17(b)、(c)可以观察到炭纳米片表面呈褶皱状的形貌结构。通过 HRTEM 图[图 6-17(d)]可知，N/P-CCNSs 中还保留一些有序的石墨微晶结构，说明 N/P-CCNSs 不仅含有丰富的孔结构还存在一些石墨微晶结构。

N/P-CCNSs 的 N_2 吸附-脱附等温线和孔径分布曲线如图 6-18 所示。N/P-CCNSs

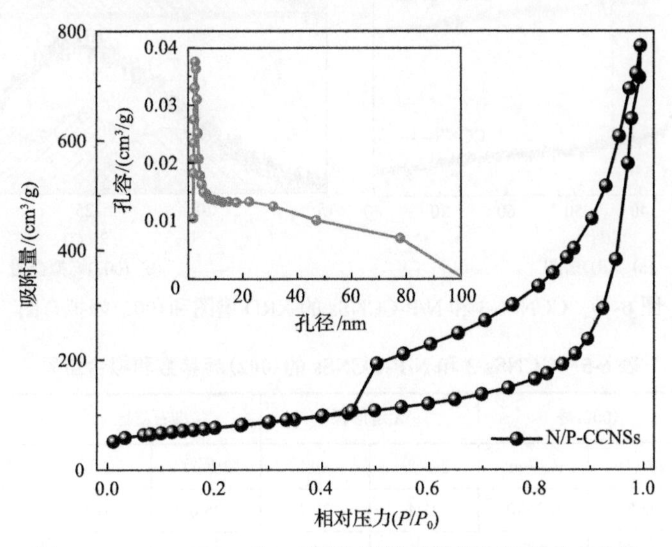

图 6-18　N/P-CCNSs 的 N_2 吸附-脱附等温线和孔径分布曲线

具有与 CCNSs 相似的 N_2 吸附-脱附等温线，均属于Ⅳ类型且具有 H3 型迟滞回线，说明 N/P-CCNSs 中仍然保留有 CCNSs 的多孔结构。由 N/P-CCNSs 的孔径分布曲线(图 6-18 嵌入图)可以看出，N/P-CCNSs 的孔径分布在 1.5～100nm，说明 N 和 P 引入后，N/P-CCNSs 的孔结构没有明显的变化，仍然具有微孔—中孔—大孔的层次孔结构。N/P-CCNSs 的比表面积和孔结构参数见表 6-4。与 CCNSs-3 相比(285.6m²/g 和 0.483cm³/g)，N/P-CCNSs 的比表面积和总孔容(321.4m²/g 和 0.586cm³/g)略有增加，说明 N/P-CCNSs 具有丰富的孔隙结构。

表 6-4 N/P-CCNSs 的比表面积和孔结构参数

样品	S_{BET}/(m²/g)	S_{Mic}/(m²/g)	$S_{Mes+Mac}$/(m²/g)	V_{Total}/(cm³/g)	V_{Mic}/(cm³/g)	$V_{Mes+Mac}$/(cm³/g)	平均粒径/nm
N/P-CCNSs	321.4	130.9	190.5	0.586	0.10	0.486	1.9

CCNSs-3 和 N/P-CCNSs 的 XRD 谱图如图 6-19(a)所示。N/P-CCNSs 在 25.2°和 43.2°附近呈现出两个与 CCNSs-3 相同的对应于(002)和(100)晶面的特征峰。CCNSs-3 和 N/P-CCNSs 的(002)特征峰可以通过三个高斯峰进行拟合，结果如图 6-19(b)所示。如表 6-5 所示，与 CCNSs-3 相比，N/P-CCNSs 中的无定形组分增多到 38.4%，而石墨化组分减少到 27.6%，说明进行 N 和 P 杂原子表面修饰后，煤基多孔炭纳米片中保留的石墨微晶结构减少，这主要归因于 N 和 P 杂原子掺杂后在一定程度上抑制了石墨片层的团聚。

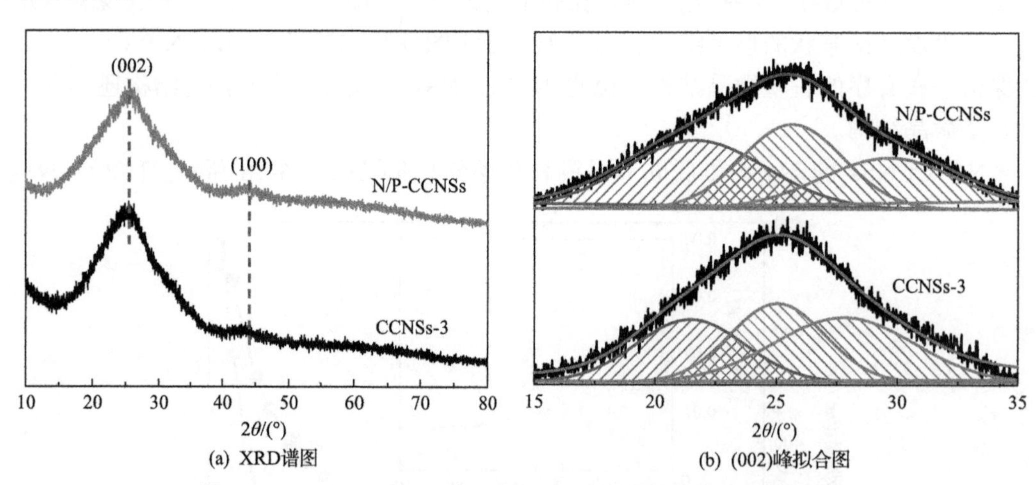

图 6-19 CCNSs-3 和 N/P-CCNSs 的 XRD 谱图和(002)峰拟合图

表 6-5 CCNSs-3 和 N/P-CCNSs 的(002)峰参数和拟合结果

样品	(002)峰		无定形区		准石墨区		石墨区	
	2θ/(°)	d_{002}/nm	2θ/(°)	A/%	2θ/(°)	A/%	2θ/(°)	A/%
CCNSs-3	25.2	0.3530	21.4	29.2	25.0	31.9	27.7	38.9
N/P-CCNSs	25.0	0.3540	21.6	38.4	25.6	34.0	29.6	27.6

CCNSs-3 和 N/P-CCNSs 的 Raman 谱图如图 6-20 所示。N/P-CCNSs 在 1338.7cm^{-1} 和 1585.5cm^{-1} 附近也出现了两个分别代表缺陷结构的 D 峰和石墨化结构的 G 峰，且经过 N 和 P 杂原子表面修饰后，N/P-CCNSs 的 D 峰有明显的增强。一般地，D 峰和 G 峰的强度比(I_D/I_G)通常被用来评估炭材料中无定形结构和石墨化结构的相对含量。相比于 CCNSs-3(I_D/I_G 为 1.0)，N/P-CCNSs 的 I_D/I_G 增加为 1.06，这进一步表明煤基多孔炭纳米片通过 N 和 P 杂原子进行表面修饰后会提高材料中无定形碳的含量。

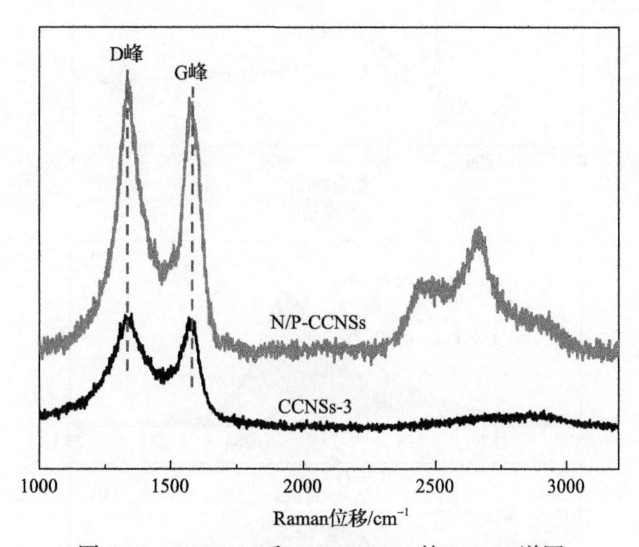

图 6-20 CCNSs-3 和 N/P-CCNSs 的 Raman 谱图

N/P-CCNSs 的 XPS 谱图如图 6-21 所示。由全谱图[图 6-21(a)]可知，N/P-CCNSs 中含有 C、O、N 和 P 四种元素，进一步证明 N 和 P 杂原子成功引入煤基多孔炭纳米片中。由 C1s 高分辨拟合谱图[图 6-21(b)]可知，N/P-CCNSs 中的 C 原子主要以 C═C (284.6eV, 50.9%)、C—C/C—O/C—N/C—P(285.1eV, 30.5%)和 C═O/C═N(285.8eV, 18.5%)形式存在；O 原子主要以 C—O(533.5eV, 58.6%)、C—OH(531.7eV, 27.1%)和 C═O(530.6eV, 14.2%)形式存在。由图 6-21(c)可知，N/P-CCNSs 中 N 原子以吡啶氮(398.4eV, 38.3%)、吡咯氮(400.7eV, 44.0%)和石墨化氮(402.7eV, 17.7%)形式存在，由分析结果可知，以吡啶氮和吡咯氮形式存在的 N 原子含量很高，而吡啶氮掺杂可以在平面石墨晶格中产生单个或三个吡啶氮空位，这有利于提高 N/P-CCNSs 负极材料的储锂比容量；另外，吡啶氮和吡咯氮对锂离子具有很强的亲和力，这也有利于锂离子的存储[24-25]。与 N 原子不同，尺寸较大的 P 原子不容易被容纳在平面石墨晶格中，所以掺入 P 比掺入 N 更难[26]。因而，相较于 N 原子的 3.34%的掺杂量，P 原子的掺杂量仅有 0.26%。如图 6-21(c)所示，P2p 展示出一个较弱的高分辨拟合谱图。其中，在 132.9eV、133.6eV 和 134.4eV 处的拟合峰对应于 P—C/P—N、P—O 和 P═O 键的

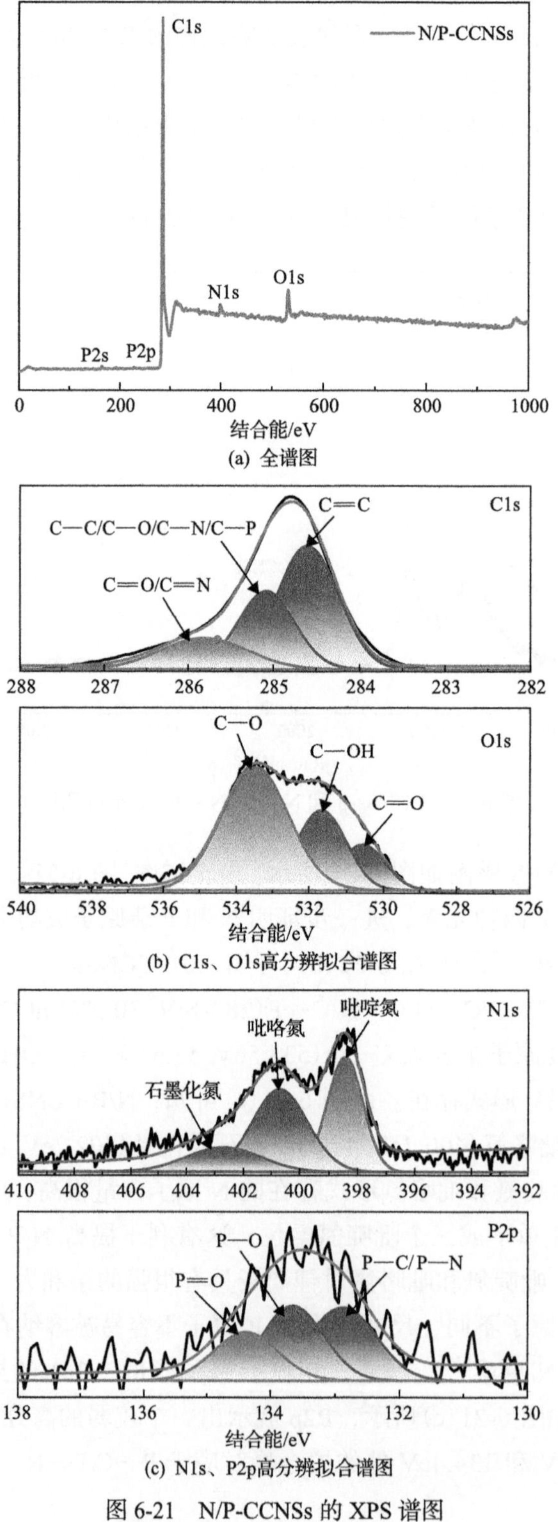

(a) 全谱图

(b) C1s、O1s高分辨拟合谱图

(c) N1s、P2p高分辨拟合谱图

图 6-21　N/P-CCNSs 的 XPS 谱图

存在，相关研究表明，在石墨片层中 P—C 和 P═O 的存在将有助于提高 N 掺杂材料对锂离子的吸附能力，N 和 P 共同掺杂能够发挥二者的协同作用，从而提高储锂比容量。此外，N 和 P 原子引入石墨片层，避免一部分缺陷结构的形成，可以改善材料的电子传导率。

6.3.2　N、P 共掺杂煤基多孔炭纳米片的储锂性能

N/P-CCNSs 负极材料在 50mA/g 电流密度下的前三次 GCD 曲线如图 6-22(a)所示。N/P-CCNSs 负极材料展现出与 CCNSs-3 类似的 GCD 曲线，其首次充放电比容量提高到 1170mA·h/g 和 2780mA·h/g，首次库仑效率为 42.1%，高于 CCNSs-3 的 917mA·h/g 和 2158mA·h/g(首次库仑效率为 42.5%)，说明通过 N 和 P 杂原子对 CCNSs-3 进行表面修饰能够有效改善其可逆比容量。经过首次循环后，N/P-CCNSs 负极材料的第二次和第三次 GCD 曲线基本重合，说明稳定的氧化还原反应在第一次循环后已经基本形成。N/P-CCNSs 负极材料在 50mA/g、100mA/g、200mA/g、500mA/g、1000mA/g 和 2000mA/g 电流密度下的倍率性能测试结果如图 6-22(b)所示。在 50mA/g 小电流密度下，N/P-CCNSs 负极材料经过 20 次充放电循环平均可逆比容量为 1007mA·h/g；在 1000mA/g 和 2000mA/g 大电流密度下循环 10 次的平均可逆比容量为 564mA·h/g 和 481mA·h/g，说明 N 和 P 杂原子的引入不仅增加了 N/P-CCNSs 负极材料的储锂比容量，也增强了其倍率性能。N/P-CCNSs 负极材料在 100mA/g 电流密度下循环 150 次的储锂性能测试结果如图 6-22(c)所示。经过 150 次循环，N/P-CCNSs 负极材料的储锂比容量由初始的 915mA·h/g 增加到 2015mA·h/g，与 CCNSs 以及文献报道的循环特征相似[26]，说明 N/P-CCNSs 仍保留着 CCNSs 的储锂特性。

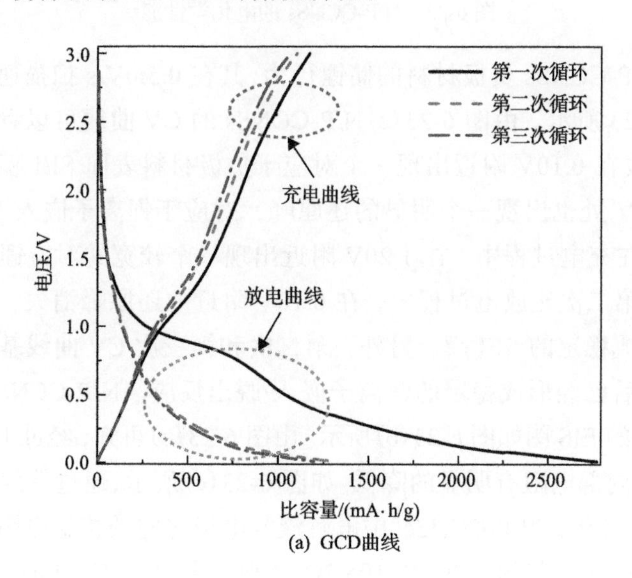

(a) GCD曲线

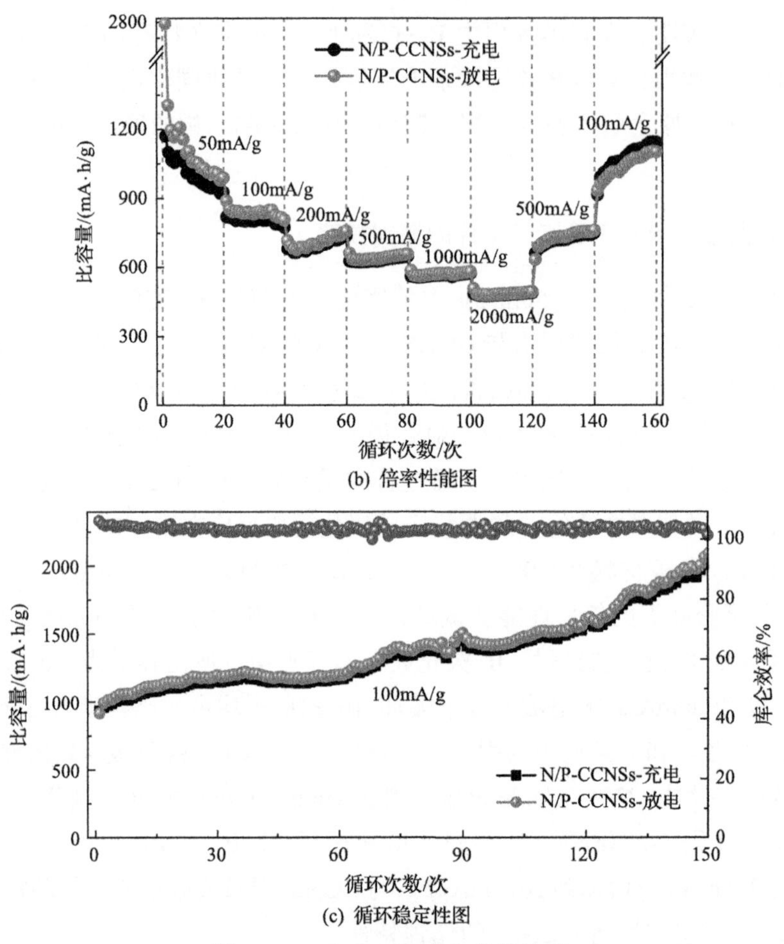

图 6-22　N/P-CCNSs 的电化学性能

为了分析 N/P-CCNSs 负极材料的储锂行为，其在 0.5mV/s 扫描速率下的 CV 曲线和 EIS 图如图 6-23 所示。由图 6-23(a) N/P-CCNSs 的 CV 曲线可以看出，在首次放电过程中，CV 曲线在 0.10V 附近出现一个对应于负极材料表面 SEI 膜形成的还原峰，同时在接近 0.01V 处也出现一个明显的还原峰，对应于锂离子嵌入 N/P-CCNSs 中石墨片层的过程。在充电过程中，在 1.20V 附近出现一个较宽的对应锂离子脱出负极材料的氧化峰。在第二次充放电过程中，在 0.10V 附近的还原峰消失，说明首次循环后电极表面已经形成稳定的 SEI 膜。另外，第二次和第三次 CV 曲线基本重合，表明材料在首次充放电后已经形成稳定的锂离子嵌入/脱出反应。N/P-CCNSs 负极材料循环前和循环 10 次后的 EIS 图如图 6-23(b) 所示。由图 6-23(b) 可知，经过 10 次循环后，N/P-CCNSs 负极材料内部电阻有明显的降低。如图 6-23(c) 所示，通过等效电路[图 6-23(c) 内嵌图]进行拟合分析，N/P-CCNSs 中电解液与电极之间的接触电阻(R_s)和电荷转移电阻(R_{ct})的阻值由循环前的 7.2Ω 和 105.7Ω 分别减小到 3.3Ω 和 67.1Ω，说明经过 10 次循环后 N/P-CCNSs 中的电荷转移能力增强。另外，与 CCNSs-3 相比，通过 N 和 P

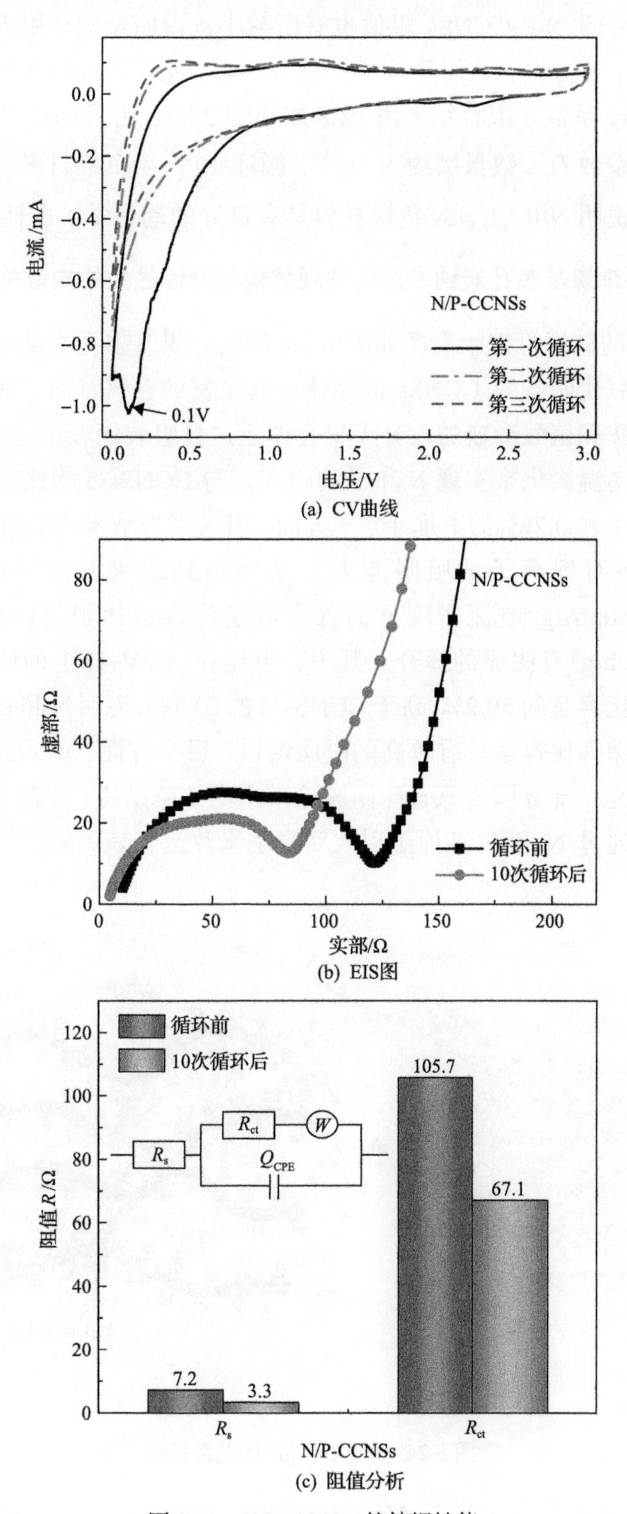

(a) CV曲线

(b) EIS图

(c) 阻值分析

图 6-23 N/P-CCNSs 的储锂性能

杂原子表面修饰后的 N/P-CCNSs 阻值也有所减小，说明杂原子引入石墨片层中有利于提高材料的电子传导率，从而降低了材料的内阻。此外，N/P-CCNSs 循环前和循环 10 次后的 Warburg 系数 σ 拟合结果由 98.9 减小到 35.6。由式(6-2)可以求得，负极材料的锂离子扩散系数 D_{Li^+} 数量级约为 10^{-10}，循环 10 次后负极材料内部锂离子扩散系数增大，进一步说明 N/P-CCNSs 负极材料具有良好的动力学扩散性能。

6.3.3　N、P 共掺杂煤基多孔炭纳米片的微观结构与储锂性能的构效关系

N/P-CCNSs 的储锂机理示意图如图 6-24 所示。煤基多孔炭纳米片的表面修饰是借助于通过液相氧化制备的 CCNSs 前驱体含有丰富的含氧基团，而在这些含氧基团的作用下三聚氰胺和植酸形成的大分子聚合体通过自组装能够锚定在炭纳米片表面，而后经过进一步高温炭化来实现 N 和 P 的引入。与 CCNSs-3 相比，N/P-CCNSs 中引入 3.34%的 N 原子和 0.26%的 P 原子。一方面，引入到炭纳米片表面的 N 和 P 原子能够提高负极材料对锂离子的吸附能力，从而达到改善其储锂比容量的效果。N/P-CCNSs 在 50mA/g 电流密度下的首次可逆比容量达到 1170mA·h/g，相比于 CCNSs-3(917mA·h/g)有明显的提升。其中，电压在 1.0V 以上的储锂比容量提高到 810mA·h/g，占总比容量的 69.2%，高于 CCNSs-3 的 63.1%，说明 N 和 P 杂原子对 CCNSs 表面修饰提升的储锂比容量具有较高的电压窗口。另一方面，引入到炭纳米片中的 N 和 P 杂原子会填充一部分因含氧官能团脱除带来的缺陷结构，有利于提高材料的电子传导率。因而，通过 N 和 P 杂原子引入对炭纳米片进行表面修饰能够改善材料的储锂性能。

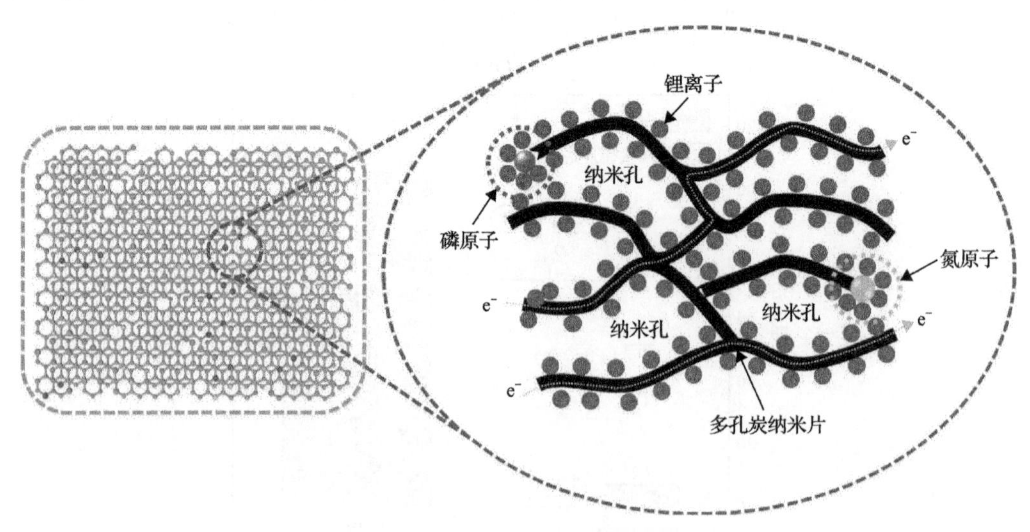

图 6-24　N/P-CCNSs 的储锂机理

N/P-CCNSs 在 0.1mV/s、0.3mV/s、0.5mV/s、0.7mV/s 和 0.9mV/s 扫描速率下的 CV 曲线如图 6-25(a)所示。通过峰值电流对数与扫描速率对数的拟合关系[图 6-25(b)]

得出 b 值，可以看出斜率 b 值为 0.62 和 0.69，说明 N/P-CCNSs 负极材料的储锂比容量由吸附电容控制和扩散插层控制共同贡献。图 6-25(c)为 N/P-CCNSs 在 0.5mV/s 扫描速率下的吸附电容控制贡献率为 45%。由图 6-25(d)可以看出，随着扫描速率的增大，N/P-CCNSs 的吸附电容控制贡献率增大，说明材料中“吸附”式储锂比容量增加，这将有助于改善负极材料的倍率性能和循环稳定性。

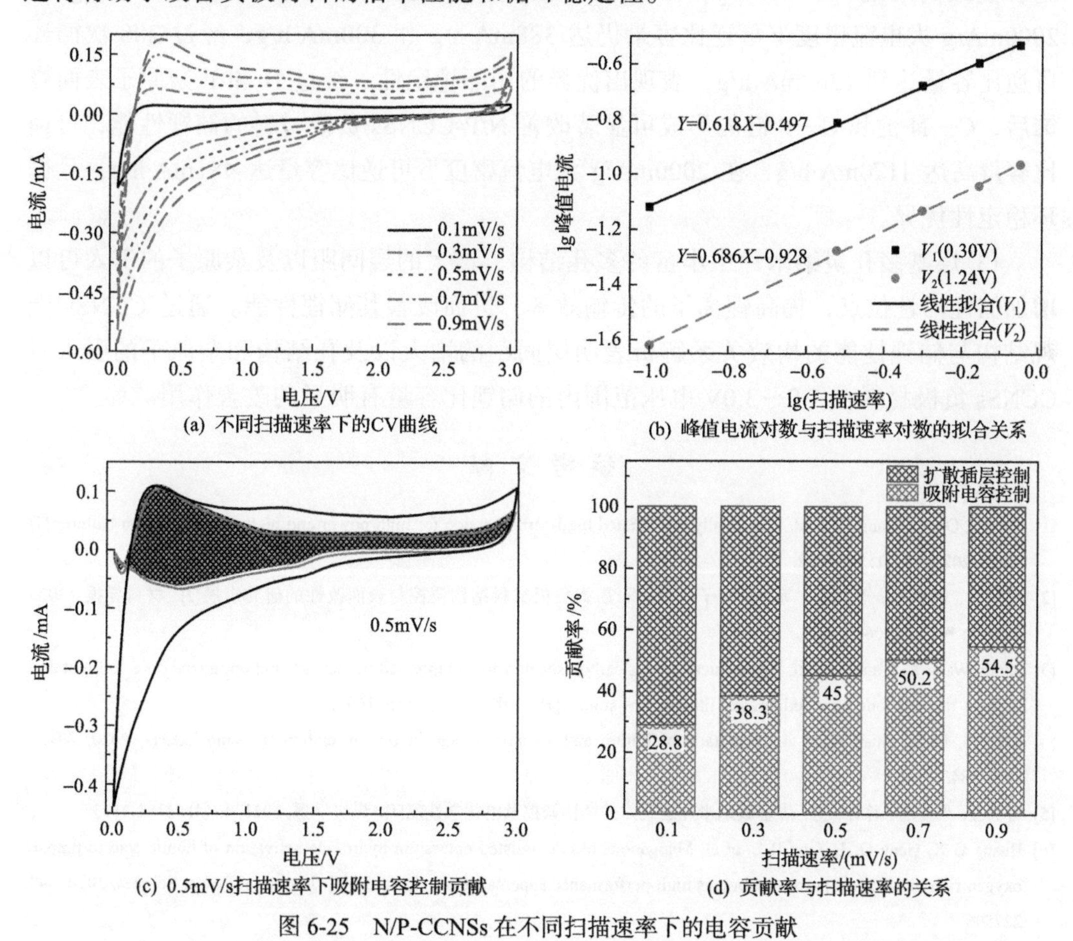

图 6-25 N/P-CCNSs 在不同扫描速率下的电容贡献

6.4 本章小结

本章以煤基石墨为前驱体，通过液相氧化-热还原工艺制备煤基多孔炭纳米片(CCNSs)，并通过调控氧化剂用量比($KMnO_4$/TXG)对其孔结构、石墨微晶和表面官能团进行调控；再以三聚氰胺和植酸为表面修饰剂，采用自组装法对 CCNSs 进行表面修饰制备 N、P 共掺杂煤基多孔炭纳米片(N/P-CCNSs)，并对其储锂性能进行研究。具体结论如下。

(1)采用液相氧化-热还原工艺对自制煤基石墨进行改性，制备出具有丰富纳米孔道和合理层间距的煤基多孔炭纳米片（CCNSs）。CCNSs 具有以相互交联的石墨片层为主体骨架，且富含孔径为 1.5～100nm 多孔结构，其比表面积为 52～286m^2/g，层间距为 0.337～0.353nm。经过表面修饰后，多孔炭纳米片中成功引入 C—N 和 C—P 化学键。

（2）CCNSs 负极材料表现出良好的储锂性能。在 50mA/g 电流密度下，首次可逆比容量最高可达 917mA·h/g，是煤基石墨可逆比容量的 2.6 倍，在 1000mA/g 和 2000mA/g 大电流密度下可逆比容量仍达 388mA·h/g 和 300mA·h/g；经过 200 次循环可逆比容量达到 1262mA·h/g，表现出优异的循环稳定性。经过 N 和 P 杂原子表面修饰后，C—N 键和 C—P 键的形成可显著改善 N/P-CCNSs 负极材料的储锂性能，可逆比容量高达 1170mA·h/g，在 2000mA/g 大电流密度下可逆比容量达 481mA·h/g，且循环稳定性优异。

（3）煤基多孔炭纳米片中丰富的多孔结构、增大的层间距以及杂原子的引入可以增加储锂活性位点，提高锂离子的传输效率，进而改善其储锂性能。通过 CCNSs 微观结构与储锂性能的构效关系解析表明层间距的增大以及孔结构和杂原子的引入对 CCNSs 负极材料在 1.0～3.0V 电压范围内的储锂比容量有明显的改善作用。

参考文献

[1] Shen Y, Qian J, Yang H, et al. Chemically prelithiated hard-carbon anode for high power and high capacity Li-ion batteries[J]. Small, 2020, 16(7): 1907602.

[2] 邢宝林，鲍倜傲，李旭升，等. 锂离子电池用石墨类负极材料结构调控与表面改性的研究进展[J]. 材料导报，2020, 34(15): 15063-15068.

[3] Sun F, Wang K, Wang L, et al. Hierarchical porous carbon sheets with compressed framework and optimized pore configuration for high-rate and long-term sodium and lithium ions storage[J]. Carbon, 2019, 155: 166-175.

[4] Yang G, Li X, Guan Z, et al. Insights into lithium and sodium storage in porous carbon[J]. Nano Letters, 2020, 20(5): 3836-3843.

[5] 曾会会，邢宝林，徐冰，等. 煤基碳纳米片宏观体的结构调控及电化学性能[J]. 煤炭学报，2021, 46(4): 1182-1193.

[6] Huang G X, Geng Q H, Xing B L, et al. Manganous nitrate-assisted potassium hydroxide activation of humic acid to prepare oxygen-rich hierarchical porous carbon as high-performance supercapacitor electrodes[J]. Journal of Power Sources, 2020, 449: 227506.

[7] Xing B L, Zeng H H, Huang G X, et al. Magnesium citrate induced growth of noodle-like porous graphitic carbons from coal tar pitch for high-performance lithium-ion batteries[J]. Electrochimica Acta, 2021, 376: 138043.

[8] Emiru T F, Ayele D W. Controlled synthesis, characterization and reduction of graphene oxide: a convenient method for large scale production[J]. Egyptian Journal of Basic and Applied Sciences, 2017, 4(1): 74-79.

[9] Qi F, Xia Z, Sun R, et al. Graphitization induced by KOH etching for the fabrication of hierarchical porous graphitic carbon sheets for high performance supercapacitors[J]. Journal of Materials Chemistry A, 2018, 6(29): 14170-14177.

[10] Liu Y, Huang G, Li Y, et al. Structural evolution of porous graphitic carbon nanosheets based on quinonyl decomposition for supercapacitor electrodes[J]. Applied Surface Science, 2021, 537: 147824.

[11] Kudin K N, Ozbas B, Schniepp H C, et al. Raman spectra of graphite oxide and functionalized graphene sheets[J]. Nano letters, 2008, 8(1): 36-41.

[12] Muzyka R, Drewniak S, Pustelny T, et al. Characterization of graphite oxide and reduced graphene oxide obtained from different graphite precursors and oxidized by different methods using Raman spectroscopy[J]. Materials, 2018, 11(7): 1050.

[13] Tan P, Dimovski S, Gogotsi Y. Raman scattering of non-planar graphite: arched edges, polyhedral crystals, whiskers and cones[J]. Philosophical Transactions of the Royal Society of London Series A: Mathematical, Physical and Engineering Sciences, 2004, 362(1824): 2289-2310.

[14] Muniyalakshmi M, Sethuraman K, Silambarasan D. Synthesis and characterization of graphene oxide nanosheets[J]. Materials Today: Proceedings, 2020, 21: 408-410.

[15] Liu C, Xiao N, Wang Y, et al. Carbon clusters decorated hard carbon nanofibers as high-rate anode material for lithium-ion batteries[J]. Fuel Processing Technology, 2018, 180: 173-179.

[16] Xu J, Wang X, Yuan N, et al. Graphite-based lithium ion battery with ultrafast charging and discharging and excellent low temperature performance[J]. Journal of Power Sources, 2019, 430: 74-79.

[17] Liu H, Tang Y, Zhao W, et al. Facile synthesis of nitrogen and halogen dual-doped porous graphene as an advanced performance anode for lithium-ion batteries[J]. Advanced Materials Interfaces, 2018, 5(5): 1701261.

[18] 邢宝林, 张传涛, 谌伦建, 等. 高性能煤基石墨负极材料的制备及其储锂特性研究[J]. 中国矿业大学学报, 2019, 48(5): 1133-1142.

[19] Zhang X, Zhu G, Wang M, et al. Covalent-organic-frameworks derived N-doped porous carbon materials as anode for superior long-life cycling lithium and sodium ion batteries[J]. Carbon, 2017, 116: 686-694.

[20] Wang L, Guo W, Lu P, et al. A flexible and boron-doped carbon nanotube film for high-performance Li storage[J]. Frontiers in Chemistry, 2019, 29(7): 832.

[21] Krajewski M, Hamankiewicz B, Michalska M, et al. Electrochemical properties of lithium–titanium oxide, modified with Ag-Cu particles, as a negative electrode for lithium-ion batteries[J]. RSC Advances, 2017, 7(82): 52151-52164.

[22] Gao C, Feng J, Dai J, et al. Manipulation of interlayer spacing and surface charge of carbon nanosheets for robust lithium/sodium storage[J]. Carbon, 2019, 153: 372-380.

[23] Kesavan T, Sasidharan M. Palm spathe derived N-doped carbon nanosheets as a high performance electrode for Li-ion batteries and supercapacitors[J]. ACS Sustainable Chemistry & Engineering, 2019, 7(14): 12160-12169.

[24] Yang C, Ren J, Zheng M, et al. High-level N/P co-doped Sn-carbon nanofibers with ultrahigh pseudocapacitance for high-energy lithium-ion and sodium-ion capacitors[J]. Electrochimica Acta, 2020, 359: 136898.

[25] Zhang J, Qu L, Shi G, et al. N, P-codoped carbon networks as efficient metal-free bifunctional catalysts for oxygen reduction and hydrogen evolution reactions[J]. Angewandte Chemie, 2016, 128(6): 2270-2274.

[26] Ma C, Deng C, Liao X, et al. Nitrogen and phosphorus codoped porous carbon framework as anode material for high rate lithium-ion batteries[J]. ACS Applied Materials & Interfaces, 2018, 10(43): 36969-36975.

7　基于机械力化学作用的煤基石墨烯纳米片制备及其储锂特性

7.1　引　　言

基于第 6 章的研究结果，通过液相氧化-热还原工艺对煤基石墨进行改性，可以有效改善其电化学性能。然而，此方法存在制备流程冗长，涉及一些强酸、强氧化剂等危险试剂，对环境欠友好等问题，因此，探索绿色高效地对石墨进行改性的方法具有重要意义。高能机械球磨法作为一种简单、绿色且高效的可以实现对石墨进行剥离的方法，近年来受到广泛关注[1]。相对于液相氧化-热还原工艺，高能机械球磨法具有方法简单、工艺环保、可以有选择地引入不同杂原子基团、石墨基面失真小、材料质量高等优点[2-4]。鉴于此，本章以煤基石墨（TXG-2800）为前驱体，采用高能机械球磨法产生的机械力化学作用对煤基石墨进行改性，制备煤基石墨烯纳米片（CGNs），通过调节球磨时间和硼酸用量对 CGNs 的孔结构、石墨微晶和表面官能团进行调控。通过 SEM、TEM、N_2 吸附、XRD、Raman 和 XPS 对 CGNs 的微观结构进行表征分析，并对其电化学性能进行研究。

7.2　煤基石墨烯纳米片的结构表征及其储锂特性

7.2.1　煤基石墨烯纳米片的结构表征

煤基石墨烯纳米片（CGNs）的多孔结构通过 N_2 吸附-脱附测试仪进行分析，测试结果如图 7-1 所示。由 N_2 吸附-脱附等温线［图 7-1（a）］可以看出，CGNs 呈现出Ⅳ类型等温线且具有明显的迟滞回线，说明高能机械球磨后向煤基石墨中成功引入了一些孔隙结构[5]。图 7-1（b）展示了 TXG 和 CGNs 的孔径分布曲线。经过高能机械球磨后，CGNs 的孔径分布范围由 TXG 的 1.5～8nm 的窄孔径向 CGNs 的 1.5～100nm 的“微孔—中孔—大孔”的层次孔结构拓展。高能机械球磨时间与 CGNs 的比表面积和总孔容的关系如图 7-2 所示。结合表 7-1 可知，随着高能机械球磨时间延长，样品的比表面积和总孔容由 CGNs-10 的 $76.1m^2/g$ 和 $0.1370cm^3/g$ 增加到 CGNs-30 的 $81.4m^2/g$ 和 $0.1683cm^3/g$，再增加到 CGNs-50 的 $99.3m^2/g$ 和 $0.1818cm^3/g$，均高于煤基石墨的 $0.172m^2/g$ 和 $0.003cm^3/g$，说明通过机械力化学作用能够向煤基石墨中引入丰富的孔隙结构。另外，CGNs 中中孔—大孔率高，均在 85%以上，而这些孔结构引入将为其作为锂离子电池负极材料改善锂离子的存储和传输奠定良好的结构基础。

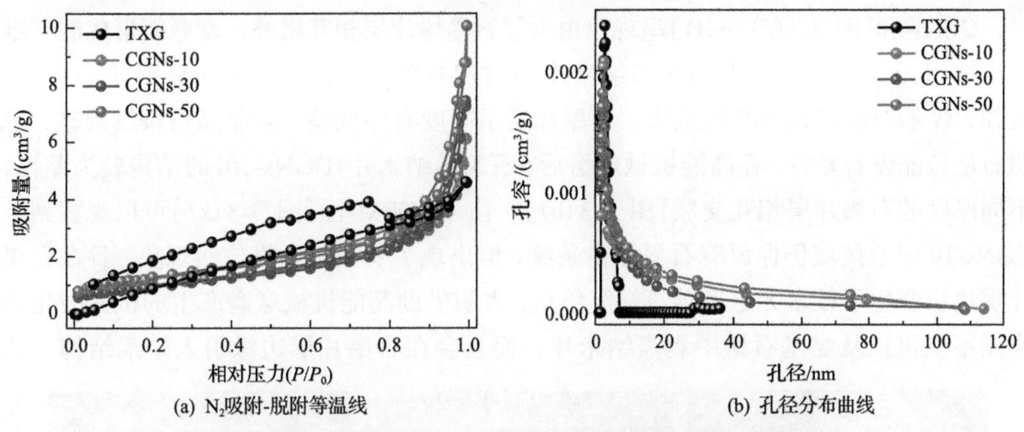

(a) N_2吸附-脱附等温线　　(b) 孔径分布曲线

图 7-1　TXG 和 CGNs 的 N_2 吸附-脱附等温线和孔径分布曲线

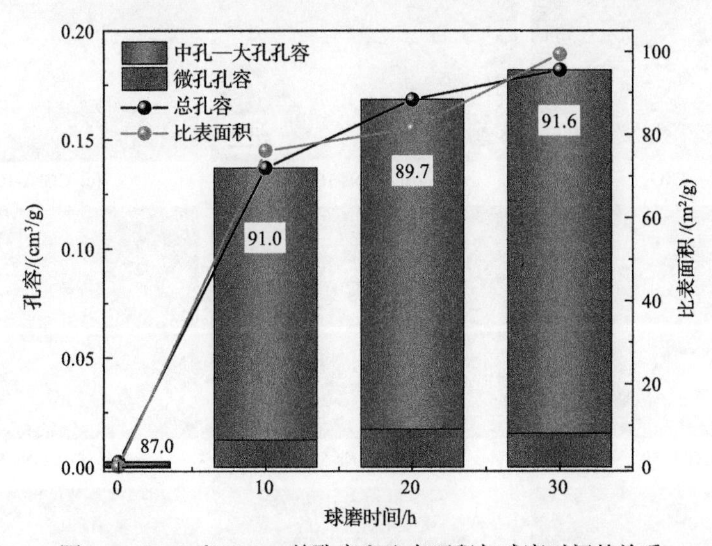

图 7-2　TXG 和 CGNs 的孔容和比表面积与球磨时间的关系

表 7-1　TXG 和 CGNs 的比表面积和孔结构参数

样品	S_{BET}/(m²/g)	S_{Mic}/(m²/g)	$S_{Mes+Mac}$/(m²/g)	V_{Total}/(cm³/g)	V_{Mic}/(cm³/g)	$V_{Mes+Mac}$/(cm³/g)	平均粒径/nm
TXG	0.17	0.0	0.17	0.002	0.000	0.0020	503.5
CGNs-10	76.1	0.35	75.75	0.1370	0.0123	0.1247	78.9
CGNs-30	81.4	3.19	78.21	0.1683	0.0173	0.1510	73.7
CGNs-50	99.3	7.73	91.57	0.1818	0.0153	0.1665	60.5

煤基石墨烯纳米片的微观形貌通过 SEM 和 TEM 进行观察，结果如图 7-3 所示。由图 7-3(a)可知，煤基石墨结构较为致密，石墨片层呈局部有序堆叠。经高能机械球磨后，TXG 致密堆叠的石墨片层在机械力化学作用下不断剥离，逐渐形成 CGNs-10［图 7-3(b)、(c)］中由多片层堆叠的纳米片，且片层结构相互交联，无明显取向性；随着球磨时间的延长，石墨烯纳米片尺寸逐渐减小，片层厚度变薄，当球磨时间为 50h

时，CGNs-50[图 7-3(d)～(f)]呈现出由少层石墨烯片层相互堆叠、交联而形成的三维网络结构，因而材料命名为石墨烯纳米片。由 TEM[图 7-3(g)]和 HRTEM 图[图 7-3(j)]可知，煤基石墨(TXG)结构致密，石墨片层呈高度有序堆叠，微晶晶格条纹规整，说明石墨微晶发育较好；经高能机械球磨后，石墨烯纳米片(CGNs-10)的结构较为蓬松，不同厚度的石墨片层相互交联[图 7-3(h)]。由 HRTEM 图[图 7-3(k)]可以观察到，CGNs-10 中心区域仍保留着石墨晶格条纹，但出现了明显的晶格位错现象，且在石墨片层边缘产生了较多无定形碳等缺陷结构，表明借助高能机械球磨产生的机械力化学作用不仅可以从煤基石墨中剥离纳米片，而且会在石墨片层边缘引入缺陷结构。从

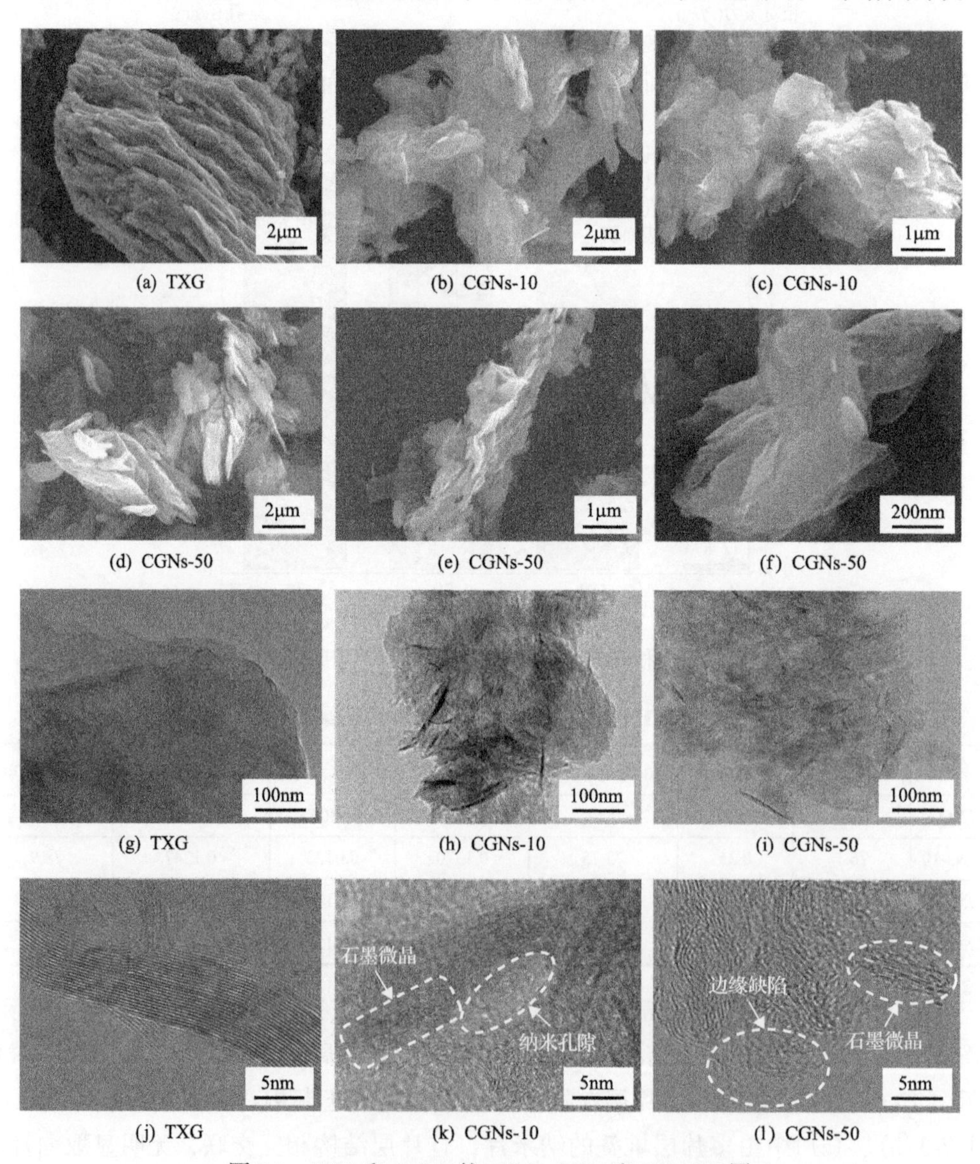

图 7-3　TXG 和 CGNs 的 SEM、TEM 和 HRTEM 图

(a)～(f)为 SEM 图；(g)～(i)为 TEM 图；(j)～(l)为 HRTEM 图

CGNs-50 的 TEM 图[图 7-3(i)]中可以看出，煤基石墨烯纳米片主要以较少片层堆叠的炭纳米片结构，且从 HRTEM 图[图 7-3(l)]可以看出 CGNs-50 中仍存在一些较为清晰的石墨微晶结构，而周边的无定形结构更加丰富，表明机械力化学作用剥离煤基石墨获得的样品具有炭纳米片的形貌结构，同时样品中又保留了丰富的石墨微晶结构。基于上述分析可知，通过高能机械球磨法向煤基石墨中引入孔隙结构主要是从石墨烯纳米片的边缘引入，而对石墨中心基面的影响较小。

煤基石墨(TXG)和煤基石墨烯纳米片(CGNs)的 XRD 谱图如图 7-4(a)所示。TXG 在衍射角为 26.5°、42.5°、54.6°和 77.5°附近分别展现出代表典型石墨微晶结构的(002)、(100)、(004)和(110)晶面特征峰。经过高能机械球磨，三种 CGNs 的 XRD 谱图呈现出相对较弱而宽的(002)特征峰，且随着球磨时间的延长，CGNs 的(002)特征峰越来越弱；当球磨时间为 50h 时，CGNs-50 的 2θ 衍射角由 TXG 的 26.5°减小到 25.8°，并且 CGNs-50 的 XRD 谱图仅在 25.8°和 42.5°附近展现出两个对应于(002)和(100)晶面的特征峰，说明煤基石墨经机械球磨后有序度逐渐降低，石墨微晶层间距逐渐增大，且片层厚度变薄，进而表明借助高能机械球磨产生的机械力化学作用可以从煤基石墨中剥离出石墨烯纳米片。TXG 和 CGNs 的相关结构参数见表 7-2。随着球磨时长的延长，CGNs 的层间距(d_{002})逐渐由 TXG 的 0.3355nm 增加到 CGNs-50 的 0.3455nm，且(002)峰的半高宽(FWHM)也由 TXG 的 0.297 增加到 CGNs-50 的 0.915，堆叠厚度(L_c)由 TXG 的 27.18nm 减小到 CGNs-50 的 9.03nm，石墨化度也逐渐降低，说明通过高能机械球磨可以对煤基石墨的层间距和石墨片层厚度等微观结构进行调控，且随着球磨时间的延长，CGNs 的类石墨烯结构更加明显[6]。球磨时长与 CGNs 的层间距和石墨片层堆叠厚度的关系如图 7-4(c)所示。随着高能机械球磨时间的延长，样品的层间距(d_{002})呈现逐渐增大的趋势，而石墨片层堆叠厚度(L_c)呈现逐渐减小的趋势，这说明经过高能机械球磨，TXG 的石墨片层层间距逐渐增加且片层堆叠减少，进而表明较薄片层的石墨烯纳米片的形成。

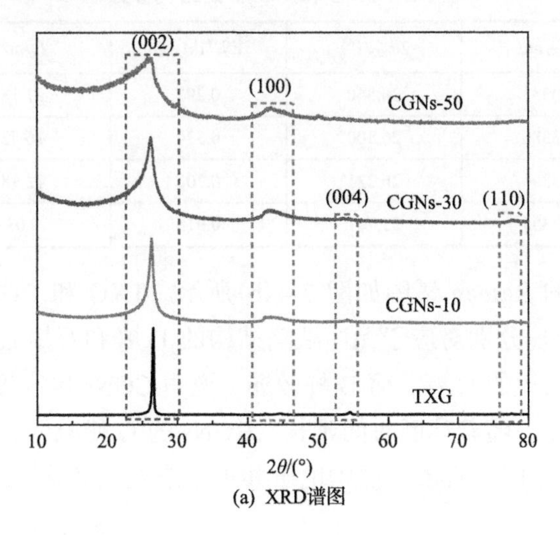

(a) XRD谱图

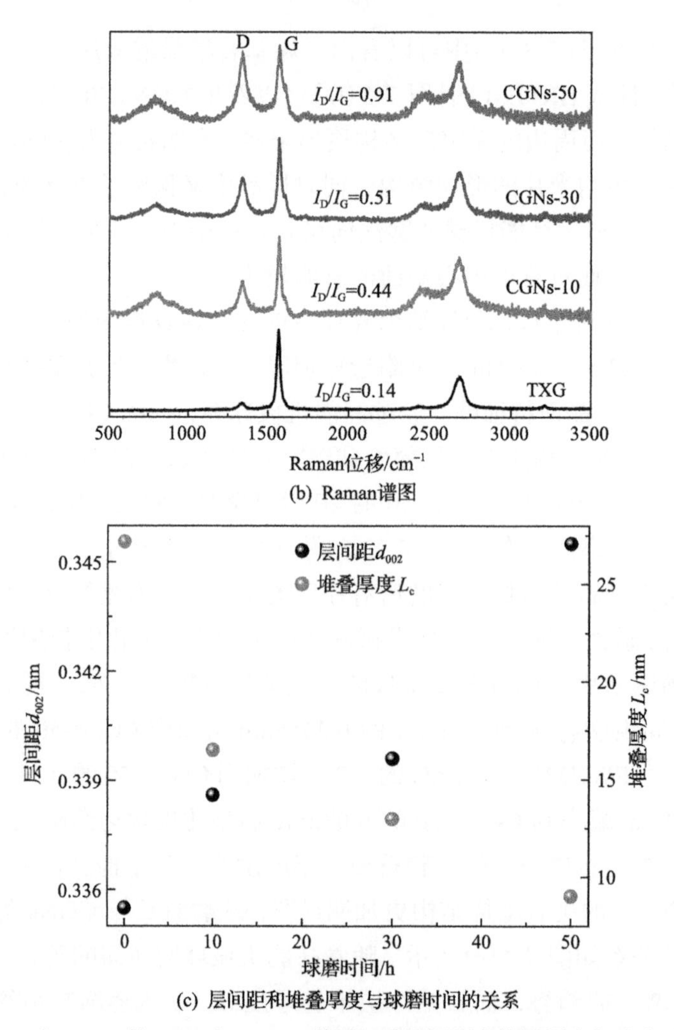

(b) Raman谱图

(c) 层间距和堆叠厚度与球磨时间的关系

图 7-4　TXG 和 CGNs 的 XRD 和 Raman 谱图以及层间距和堆叠厚度与球磨时间的关系

表 7-2　TXG 和 CGNs 的结构参数

样品	d_{002}/nm	$2\theta_{002}$/(°)	$FWHM_{(002)}$	L_c/nm	G/%
TXG	0.3355	26.540	0.297	27.18	98.84
CGNs-10	0.3386	26.300	0.570	16.52	62.79
CGNs-30	0.3396	26.221	0.708	12.98	51.16
CGNs-50	0.3455	25.761	0.915	9.03	—

TXG 和 CGNs 的 Raman 谱图如图 7-4(b)所示。TXG 和 CGNs 均在 1337.8cm^{-1}和 1569.7cm^{-1}附近出现分别对应于无序缺陷结构的 D 峰和石墨微晶结构的 G 峰，其中 TXG 主要展现出尖锐的 G 峰，而 D 峰较弱，说明 CGNs 以高度有序的石墨微晶结构为主。与 TXG 相比，随着球磨时间延长，CGNs 的 G 峰减弱，而 D 峰明显增强，反映出在机械力化学作用下石墨片层中电子共轭状态发生变化[7]，表明 CGNs 中缺陷

结构增多，证实通过机械力化学作用可以向石墨纳米片中引入缺陷结构，并且缺陷结构含量与球磨时间呈正相关。通过高斯拟合得出 TXG、CGNs-10、CGNs-30 和 CGNs-50 的 D 峰与 G 峰的积分面积比(A_D/A_G)依次为 0.09、0.77、0.92 和 1.12，说明机械力化学作用时间延长有助于缺陷结构的引入。另外，CGNs 中 sp^2 团簇的大小(L_a)可以通过式(2-4)计算[8-9]，经过球磨后，L_a 的大小由 TXG 的 186.1nm 逐渐减小到 CGNs-10 的 21.7nm，再到 CGNs-30 的 18.2nm 和 CGNs-50 的 15.0nm，表明在机械力化学作用下会破坏石墨片层中 sp^2 共轭结构并减小晶粒尺寸，同时引入缺陷结构，而 CGNs 中缺陷结构引入有助于增加更多的储锂活性位点，从而达到提高材料电化学性能的目的。此外，TXG 和 CGNs 在 2680cm^{-1} 附近存在一个反映石墨片层有序堆叠的 2D 峰，证明 CGNs 中除引入一些缺陷结构外，还保留煤基石墨片层堆叠有序的结构。

通过XPS分析TXG和CGNs的表面化学组成如图7-5所示。由XPS全谱图[图7-5(a)]可知，CGNs 中除了主要元素 C 外，还含有少量的 O 元素；随着球磨时间的延长，CGNs 中的 O 含量呈逐渐升高趋势。TXG 中 O 含量为 1.18%，经过高能机械球磨后 CGNs-10 和 CGNs-50 的 O 含量分别为 2.81%和 3.86%，表明通过高能机械球磨可以实现在石墨片层边缘引入含氧基团，这可能在机械力化学作用下石墨纳米片边缘局部发生氧化所致。由 C1s 高分辨拟合谱图[图 7-5(b)]可知，相比于 TXG[C═C(284.3ev, 62.8%)]，CGNs-10 中的 C═C 键(284.6eV)含量降低到 45.8%，而 C—C 键(284.9eV, 29.0%)、C—O 键(285.3eV, 13.1%)和 C═O 键(285.9eV, 12.1%)含量增多，说明 CGNs 材料中 sp^2 有序石墨化碳的含量减少，含氧官能团和纳米孔隙等缺陷结构所导致的 sp^3 无序碳增多；当球磨时间增至 50h 时，CGNs-50 中的 C═C 键(284.6eV)含量减少至 45.1%，而 C—C 键(285.0eV)、C—O 键(285.6eV)和 C═O 键(286.3eV)等缺陷结构和含氧官能团含量进一步增多，充分表明高能机械球磨产生的机械力化学作用可在 CGNs 中引入含氧官能团，且其含量与球磨时间密切相关。此外，通过 CGNs-10 和

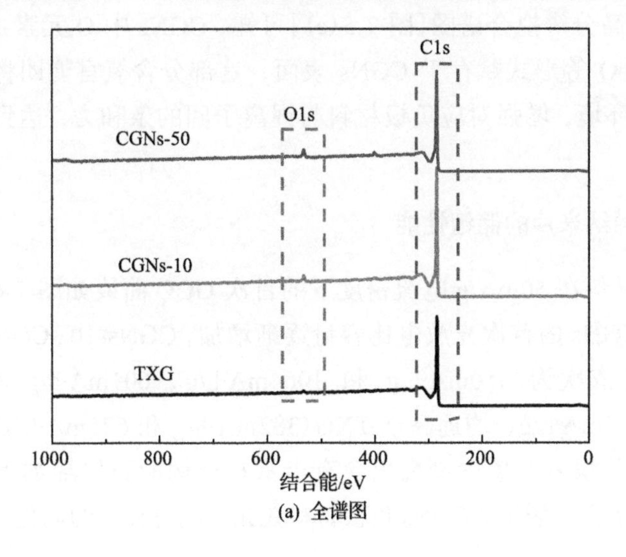

(a) 全谱图

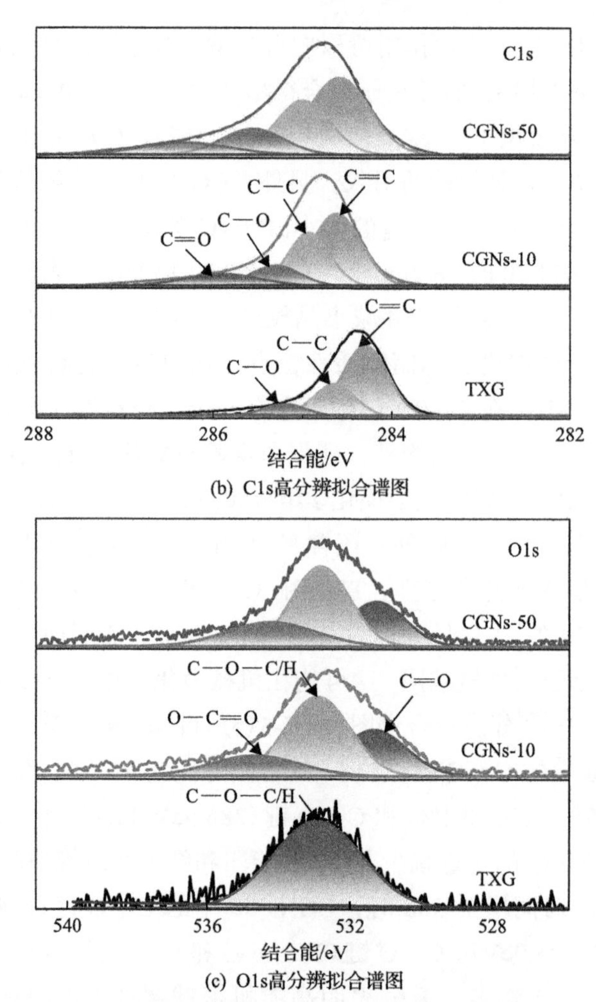

(b) C1s高分辨拟合谱图

(c) O1s高分辨拟合谱图

图 7-5　TXG 和 CGNs 的 XPS 谱图

CGNs-50 的 O1s 高分辨拟合谱图[图 7-5(c)]可知，CGNs 中 O 元素主要以 C—O—C、C—O—H 和 C═O 等形式赋存于 CGNs 表面，这部分含氧官能团将有助于改善材料表面的表面化学环境，增强对应负极材料与锂离子间的亲和力，达到提高其电化学性能的目的[10]。

7.2.2　煤基石墨烯纳米片的储锂性能

CGNs 负极材料在 50mA/g 电流密度下的首次 GCD 曲线如图 7-6(a)所示。随着球磨时间的延长，CGNs 的首次充放电比容量逐渐增加，CGNs-10、CGNs-30 和 CGNs-50 的充放电比容量依次为 450mA·h/g 和 1064mA·h/g、601mA·h/g 和 1436mA·h/g、726mA·h/g 和 1577mA·h/g，均远高于 TXG(382mA·h/g 和 625mA·h/g)，充分说明通过机械力化学作用从煤基石墨中剥离出含有丰富孔结构的石墨烯纳米片可显著提高负极材料的储锂比容量。为研究 CGNs 负极材料在充放电过程中的电化学行为，图 7-6(b)

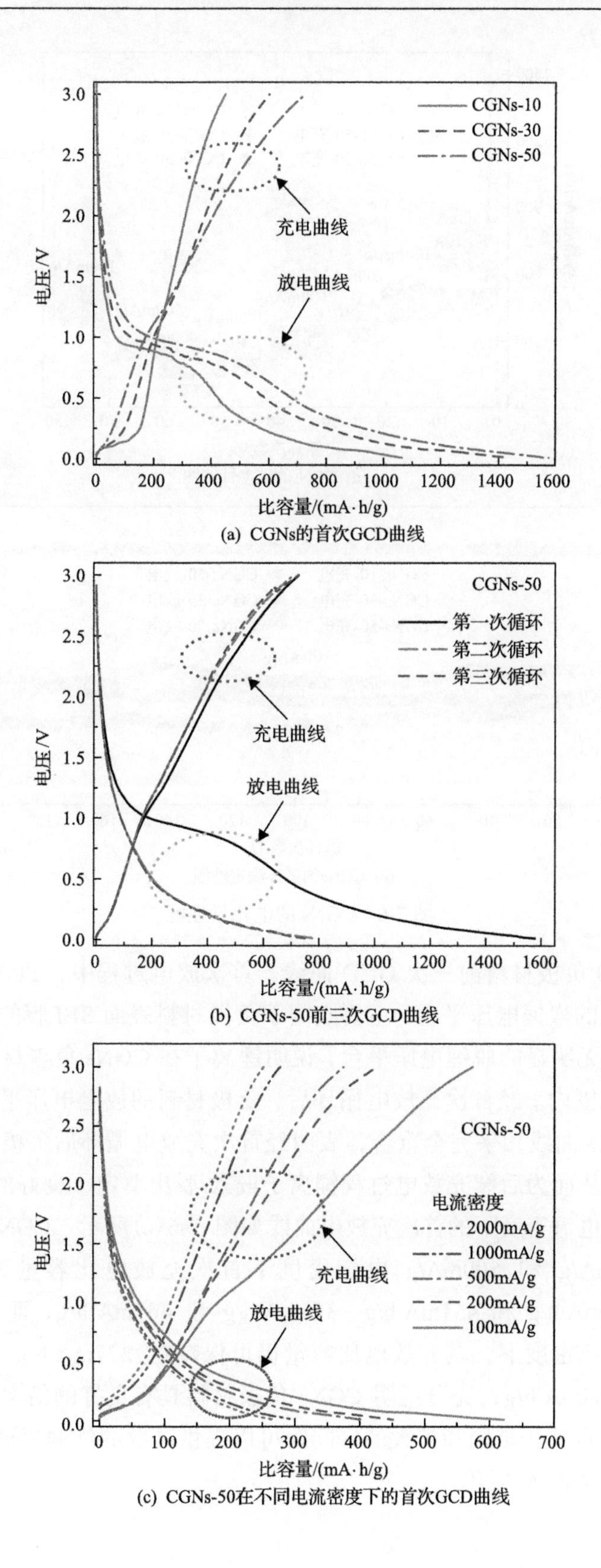

(a) CGNs的首次GCD曲线

(b) CGNs-50前三次GCD曲线

(c) CGNs-50在不同电流密度下的首次GCD曲线

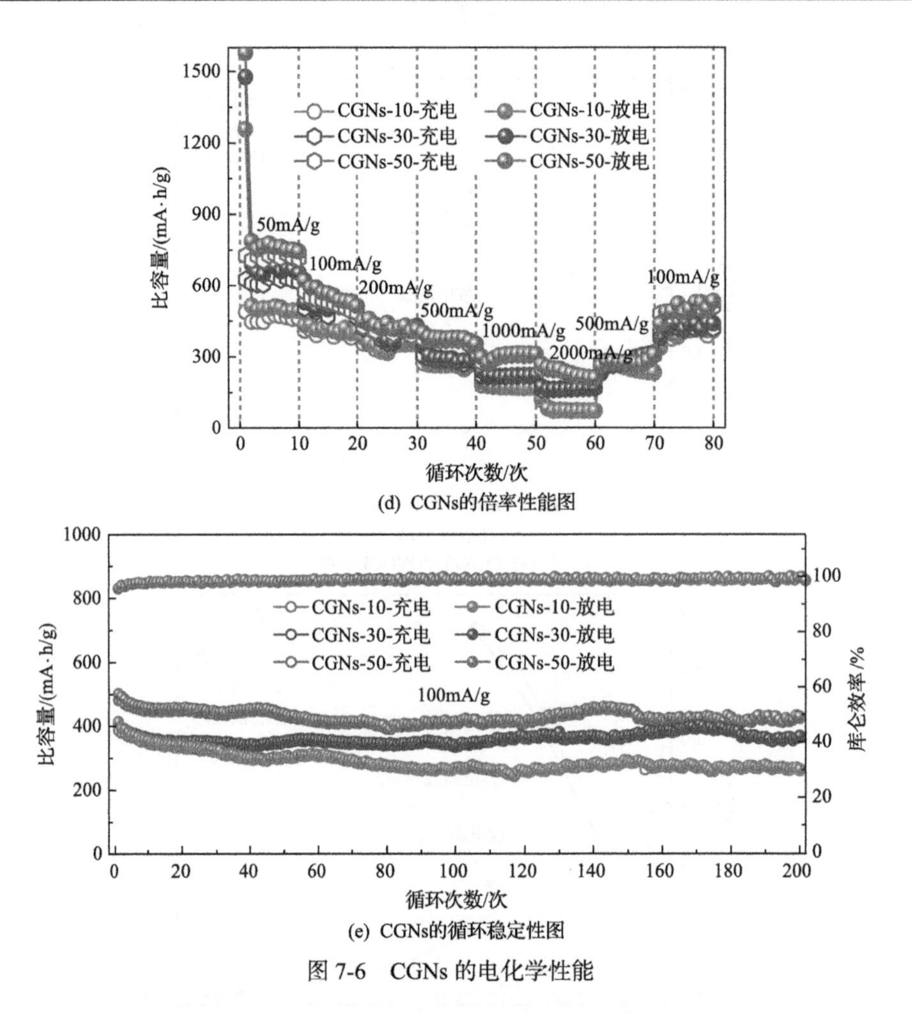

(d) CGNs的倍率性能图

(e) CGNs的循环稳定性图

图 7-6　CGNs 的电化学性能

给出了 CGNs-50 负极材料前三次 GCD 曲线。首次放电过程中，CGNs-50 在 1.0V 附近出现一个明显的嵌锂电压平台，主要归因于负极材料表面 SEI 膜的形成；在充电过程中，充电曲线无明显的脱锂电压平台，说明锂离子在 CGNs 负极材料中的脱出发生在较宽的电压范围内。经首次充放电循环后，负极材料的放电电压平台消失，且第二次与第三次 GCD 曲线几乎完全重合，表明经首次充放电循环后负极表面已形成较为稳定的 SEI 膜，从而为后续充放电过程锂离子嵌入/脱出奠定了良好的基础。CGNs-50 负极材料在不同电流密度下的首次充放电曲线如图 7-6(c)所示。CGNs-50 负极材料在 100mA/g、200mA/g 和 500mA/g 电流密度下首次充放电比容量为 574mA·h/g 和 622mA·h/g、427mA·h/g 和 451mA·h/g、375mA·h/g 和 401mA·h/g；而在 1000mA/g 和 2000mA/g 大电流密度下，其充放电比容量仍可保持在 277mA·h/g 和 299mA·h/g、252mA·h/g 和 268mA·h/g，充分说明 CGNs 负极材料具有良好的倍率性能，这主要得益于 CGNs 中丰富的孔结构和扩大的层间距可以提供高效的传输通道，从而强化锂离子在其内部的快速嵌入/脱出。

由 CGNs 负极材料的倍率性能曲线［图 7-6(d)］可知，当电流密度为 50mA/g 时，CGNs-10、CGNs-30 和 CGNs-50 的可逆比容量分别可达 463mA·h/g、621mA·h/g 和 720mA·h/g；而可逆比容量随着电流密度的增大逐渐减小，当电流密度为 2000mA/g 时，CGNs 负极材料的可逆比容量仍可达 76mA·h/g、165mA·h/g 和 230mA·h/g，进一步说明 CGNs 负极材料具有优异的倍率性能。此外，经 60 次循环充放电后，当电流密度再次恢复到 500mA/g 和 100mA/g 时，三种负极材料的可逆比容量依然可恢复至 250mA·h/g 和 396mA·h/g、280mA·h/g 和 419mA·h/g、278mA·h/g 和 491mA·h/g，表明负极材料具有良好的充放电可逆性和结构稳定性。CGNs 负极材料在充放电过程中的循环稳定性测试如图 7-6(e)所示。经过 200 次充放电循环后，CGNs-10、CGNs-30 和 CGNs-50 可逆比容量由 386mA·h/g、388mA·h/g 和 480mA·h/g 分别降至 260mA·h/g、363mA·h/g 和 423mA·h/g，比容量保持率分别可达 67.4%、93.6%和 88.1%，且库仑效率均高于 95.5%，说明 CGNs 具有良好的循环稳定性。

为了探究 CGNs 的储锂行为，对 CGNs-10 和 CGNs-50 负极材料在 0.5mV/s 扫描速率下进行 CV 测试，结果如图 7-7(a)所示。在首次放电过程中，CGNs-10 在 1.25V 附近出现一个微弱的还原峰，且在 0.30V 附近出现一个宽而低的还原峰，这对应于 SEI 膜形成和不可逆锂离子嵌入负极材料的过程。在首次充电过程中，CGNs-10 的 CV 曲线没有展现出明显的对应于锂离子脱出的氧化峰，表明锂离子的脱出在较宽电压范围内发生。此外，第二次和第三次 CV 曲线几乎完全重合，说明经首次充放电后，CGNs-10 负极材料中已经形成稳定的锂离子嵌入/脱出氧化还原反应，且可逆性较好。如图 7-7(b)所示，CGNs-50 负极材料的 CV 曲线与 CGNs-10 相似，并且在 1.0～3.0V 电压范围内围成一定的面积，反映了 TXG 经过高能机械球磨后增加了在 1.0～3.0V 电压范围内的储锂比容量。如图 7-7(c)所示的 CGNs-50 的 EIS 图，其 EIS 曲线主要由中高频区半圆和低频区斜线组成，分别对应于电荷转移电阻(R_{ct})和 Warburg 系数(σ)。根据 CGNs-50 负极材料的等效电路图［图 7-7(d)嵌入图］，对负极材料电阻值进行拟合。结果表明，循环 3 次和 10 次后，CGNs-50 负极材料的电解液与电极之间的接触电阻(R_s)和电荷转移电阻(R_{ct})由 0 次循环的 20.5Ω 和 196.1Ω 减小至 3 次循环后的 11.2Ω 和 93.8Ω，进一步减小到 10 次循环后的 3.4Ω 和 68.3Ω，说明经循环后 CGNs-50 负极材料内部的离子扩散能力显著增强，为后续充放电过程中锂离子的快速嵌入/脱出奠定了基础。

7.2.3　煤基石墨烯纳米片的微观结构与储锂性能的构效关系

CGNs 的储锂机理如图 7-8 所示。借助高能机械球磨法可以实现对煤基石墨片层的剥离和剪切，通过调节高能机械球磨时间可以实现对煤基石墨微观结构的调控，进而制备 CGNs。高能机械球磨法制备 CGNs 的基本原理(图 7-9)是借助高速运转的球磨球的动能对石墨片层产生作用力，一方面与球磨球运动方向相平行的石墨片层能够

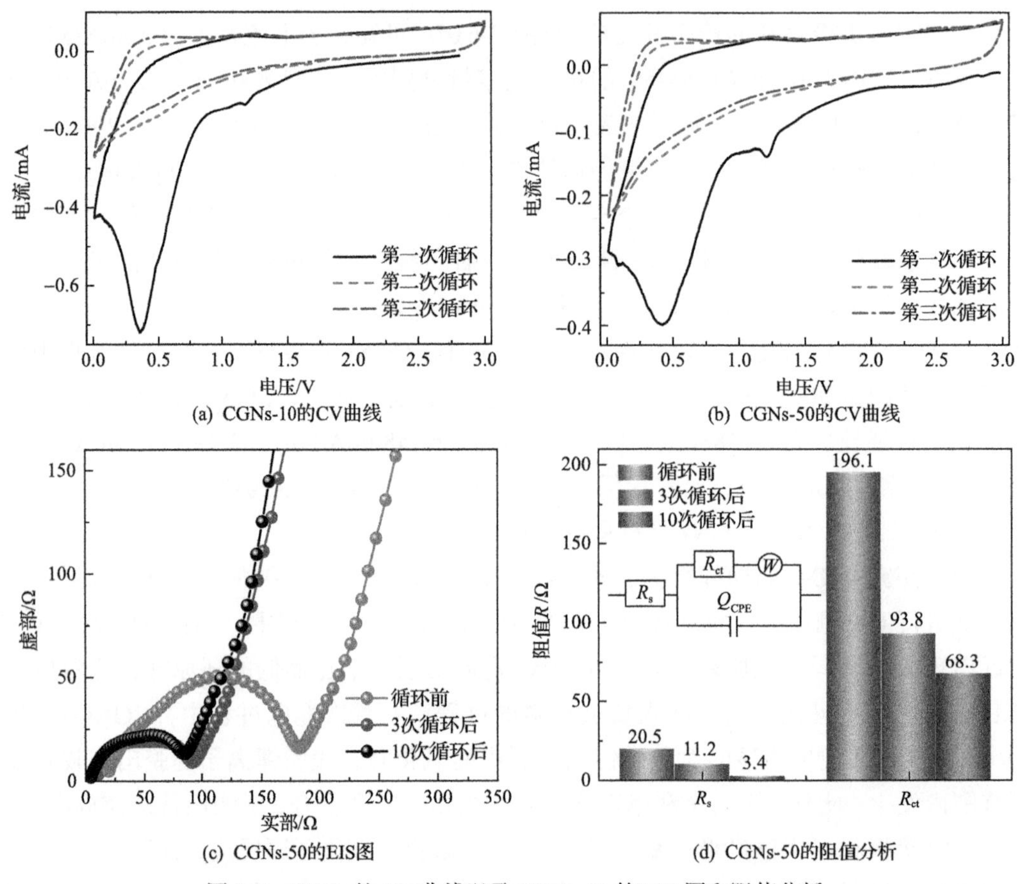

(a) CGNs-10的CV曲线　(b) CGNs-50的CV曲线

(c) CGNs-50的EIS图　(d) CGNs-50的阻值分析

图 7-7　CGNs 的 CV 曲线以及 CGNs-50 的 EIS 图和阻值分析

克服范德瓦耳斯力进行剥离，从而使得煤基石墨中堆叠的石墨片层转化为少片层的石墨烯纳米片；另一方面运动方向与石墨片层相交的球磨球产生的作用力能够对石墨片层进行剪切，进而减小石墨烯纳米片的尺寸。随着机械力化学作用时间延长，CGNs 的储锂比容量逐渐增加，CGNs 的微观结构参数与其储锂比容量的关系如图 7-10(a)～(d)所示。由图 7-10(a)可以看出，随着层间距的增大，CGNs 的总储锂比容量逐渐增大，其中电压在 1.0～3.0V 范围内的储锂比容量也呈现逐渐增大的趋势，而电压在 0.01～1.0V 范围内的储锂比容量逐渐减少，说明直接通过高能机械球磨法对煤基石墨进行剥离会影响其在低电压范围内的储锂比容量。同样地，CGNs 的比表面积与储锂比容量的关系[图 7-10(b)]具有相同的规律。另外，I_D/I_G 与储锂比容量的关系反映了 CGNs 中的缺陷结构与储锂性能的关系。由图 7-10(c)可知，随着球磨时间的延长，CGNs 中缺陷结构占比增加，对其在 1.0～3.0V 电压范围的储锂比容量有增进作用，这与 CV 曲线(图 7-9)在 1.0～3.0V 电压范围内围成的面积不断增加相对应。此外，由 Raman 谱图解析的反映 sp^2 团簇大小的结构参数(L_a)与储锂比容量的关系如图 7-10(d)所示。

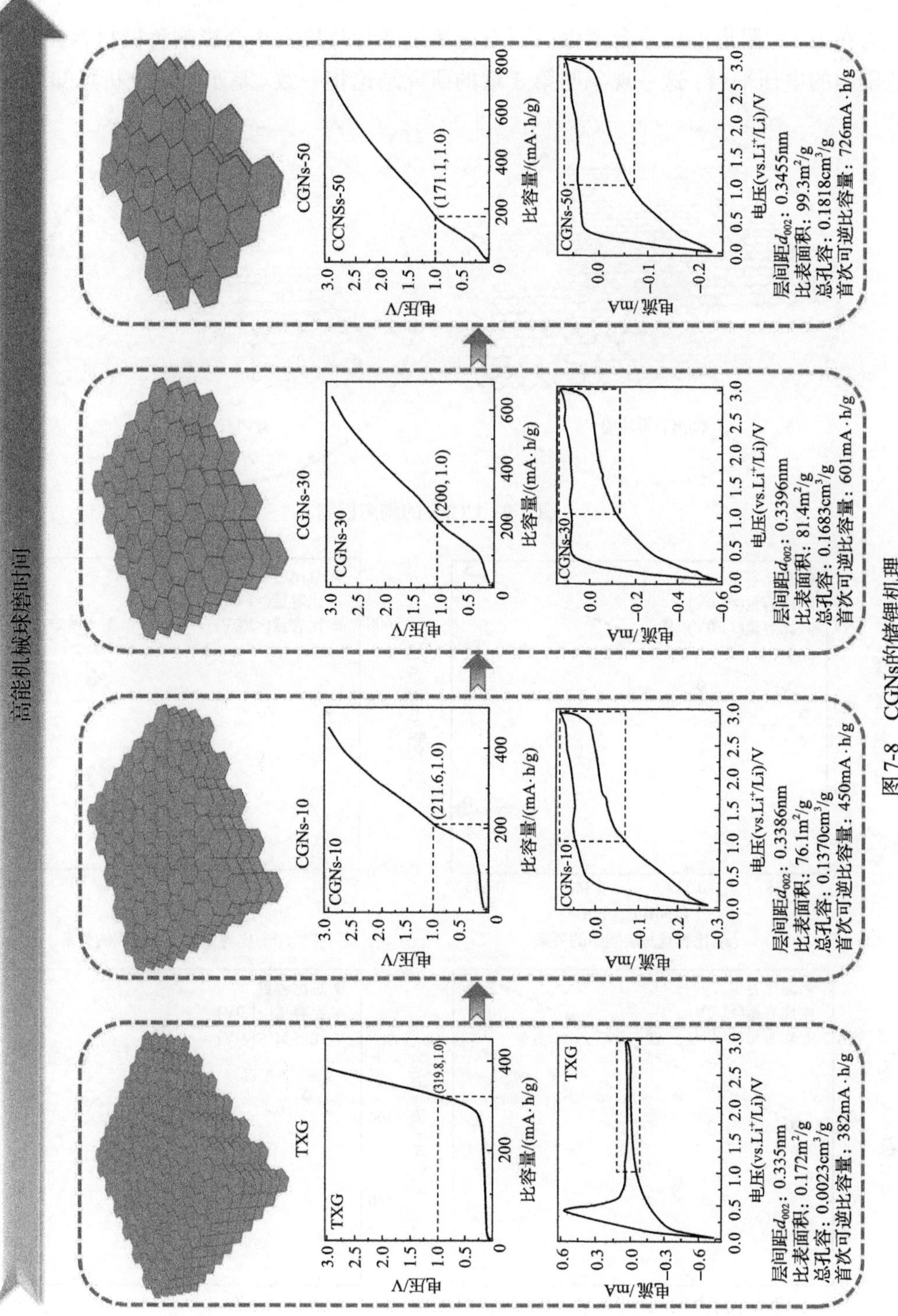

图7-8 CGNs的储锂机理

随着 L_a 减小，CGNs 在 0.01～1.0V 范围内的储锂比容量减小，说明石墨烯纳米片的尺寸减小会降低其在 0.01～1.0V 范围内的储锂比容量，这在 GCD 曲线(图 7-8)中表现为在 0.1V 附近电压平台消失。而石墨烯纳米片片层大小会影响负极材料在低电压范围内的电压平台，这一现象与第 3 章的研究结论相一致。基于上述分析可知，CGNs

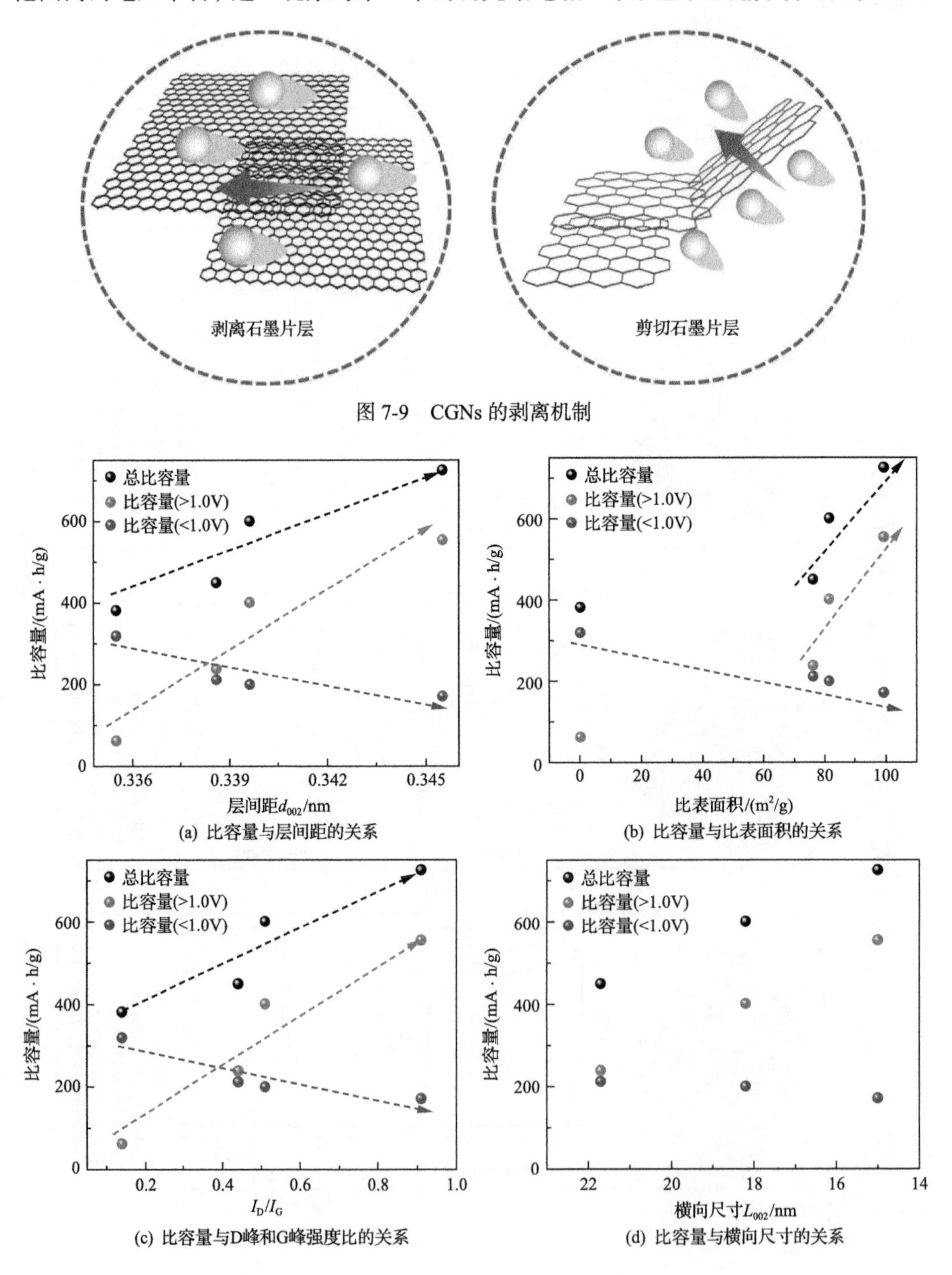

图 7-9　CGNs 的剥离机制

(a) 比容量与层间距的关系

(b) 比容量与比表面积的关系

(c) 比容量与D峰和G峰强度比的关系

(d) 比容量与横向尺寸的关系

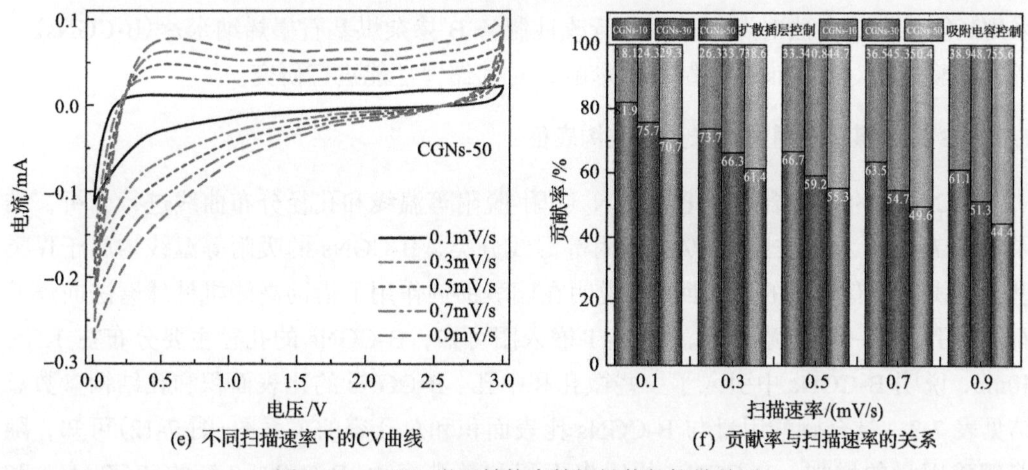

(e) 不同扫描速率下的CV曲线 (f) 贡献率与扫描速率的关系

图 7-10 CGNs 微观结构占储锂性能的构效关系

的微观结构对其储锂特性有重要影响。其中，孔结构的引入、层间距的增大和缺陷结构的增加会提高 CGNs 在 1.0～3.0V 电压范围内的“吸附”式储锂比容量，这与 CCNSs 的储锂特性相同；另外，CGNs 尺寸即 sp^2 团簇大小(L_a)的减小会对 CGNs 的低电压储锂比容量产生负面作用，而液相氧化-热还原工艺制备的 CCNSs 对其在低电压范围内的储锂比容量影响不大。

为了分析“吸附”式和“嵌入”式对 CGNs 负极材料储锂比容量的贡献，对 CGNs 在 0.1mV/s、0.3mV/s、0.5mV/s、0.7mV/s 和 0.9mV/s 扫描速率下进行 CV 测试，其中 CGNs-50 在不同扫描速率下的 CV 曲线如图 7-10(e)所示。CGNs 在不同扫描速率下的吸附电容控制和扩散插层控制贡献率如图 7-10(f)所示。在同一扫描速率下，随着球磨时间的延长，CGNs 中吸附电容控制贡献率逐渐增加，如在 0.1mV/s 下吸附电容控制贡献率由 CGNs-10 的 18.1%增加到 CGNs-30 的 24.3%，再到 CGNs-50 的 29.3%，说明引入缺陷结构有利于提高 CGNs 中“吸附”式储锂比容量。对于同一样品，随着扫描速率的增加，CGNs 中吸附电容控制贡献率增加，如 CGNs-50 在 0.1mV/s、0.3mV/s、0.5mV/s、0.7mV/s 和 0.9mV/s 下的吸附电容控制贡献率为 29.3%、38.6%、44.7%、50.4% 和 55.6%，说明在高扫描速率下，“吸附”式储锂比容量占比增高，对应于 CGNs 在大电流密度下提高的储锂比容量。

7.3 煤基石墨烯纳米片的表面修饰及其储锂特性

基于 7.2 节的研究，通过高能机械球磨法可以制备出具有良好储锂性能的 CGNs 负极材料，然而不添加任何助剂对煤基石墨进行直接球磨会造成石墨片层结构的破坏，进而降低其在低电压范围内的储锂性能。而在高能机械球磨中，添加硼酸、尿素等一些小分子助剂能够有助于石墨片层的剥离，同时也可以向石墨片层边缘引入一些杂原子，进而制备出具有杂原子修饰的大片层 CGNs。基于此，本节选用硼酸为助剂，采用高能机械球磨法对煤基石墨进行改性制备 B 掺杂煤基石墨烯纳米片(B-CGNs)，考察硼酸用量对 CGNs 微观结构的影响，对其储锂性能进行研究。

7.3.1 B 掺杂煤基石墨烯纳米片的结构表征

B-CGNs 的孔隙结构变化通过 N_2 吸附-脱附等温线和孔径分布曲线进行分析，结果如图 7-11 所示。按照 IUPAC 吸附等温线分类，B-CGNs 的吸附等温线均属于Ⅳ类型等温线且具有明显的迟滞回线，说明在硼酸助剂作用下借助高能机械球磨法向煤基石墨中引入了一些孔隙结构。由 7-11 嵌入图可知，B-CGNs 的孔径主要分布在 1.5～40nm，说明 B-CGNs 中引入了一些微孔和中孔。B-CGNs 的比表面积和孔结构参数总结见表 7-3。结合硼酸用量与 B-CGNs 比表面积和总孔容的关系图(图 7-12)可知，随着硼酸用量的增加，B-CGNs 的比表面积和总孔容由 B-CGNs-0.5 的 96.7m^2/g 和 0.1254cm^3/g 减小到 B-CGNs-1.0 的 76.0m^2/g 和 0.1088cm^3/g，再减小到 B-CGNs-1.5 的

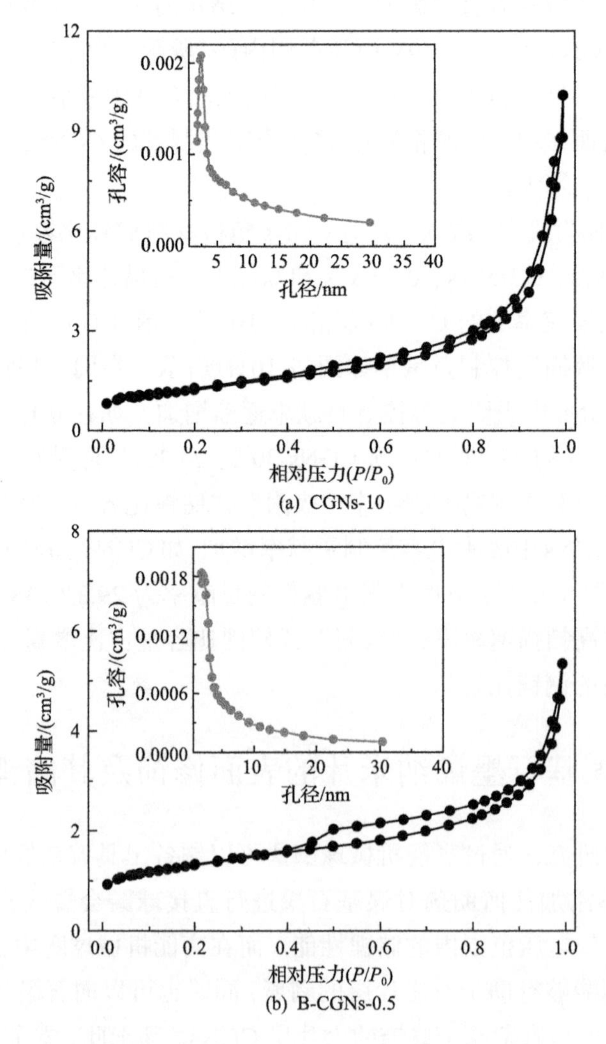

(a) CGNs-10

(b) B-CGNs-0.5

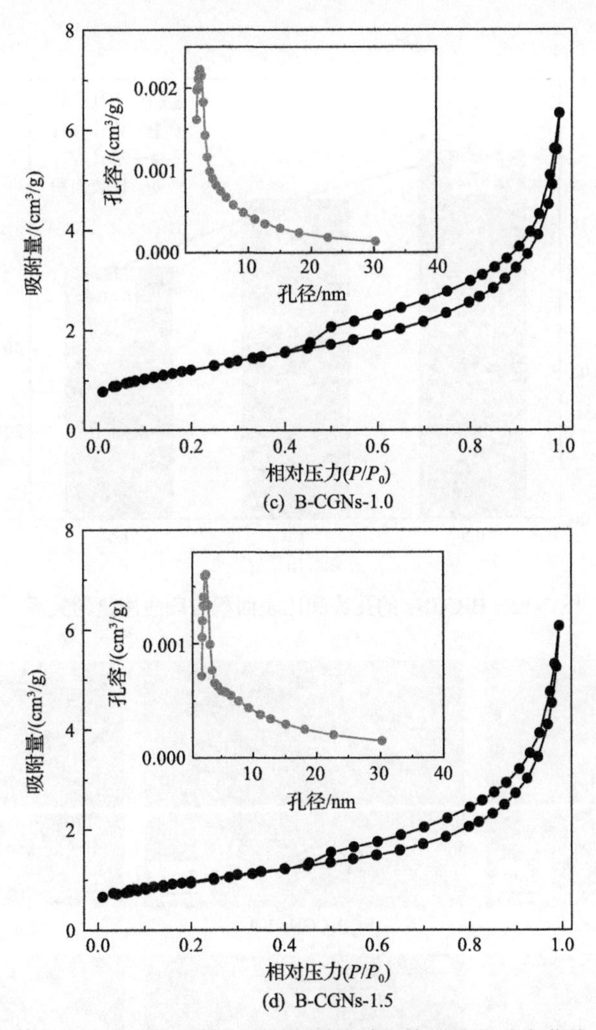

图 7-11　B-CGNs 的 N_2 吸附-脱附等温线和孔径分布曲线

表 7-3　B-CGNs 的比表面积和孔结构参数

样品	S_{BET}/(m²/g)	S_{Mic}/(m²/g)	S_{Mes}/(m²/g)	V_{Total}/(cm³/g)	V_{Mic}/(cm³/g)	V_{Mes}/(cm³/g)
B-CGNs-0.5	96.7	7.89	88.81	0.1254	0.0161	0.1093
B-CGNs-1.0	76.0	12.98	63.02	0.1088	0.0166	0.0922
B-CGNs-1.5	50.2	24.74	25.46	0.0858	0.0137	0.0721

注：S_{Mes} 为中孔比表面积；V_{Mes} 为中孔孔容。

50.2m²/g 和 0.0858cm³/g，同时中孔率逐渐降低，说明 B-CGNs 中具有适量孔结构引入，但硼酸用量过多在一定程度上会减少 B-CGNs 中孔结构的引入。

B-CGNs 的形貌结构通过 SEM、原子力显微镜(atomic force micros cope, AFM)和 TEM 进行表征分析，结果如图 7-13(a)～(f)可以看出，在硼酸助剂作用下，经过 10h 球磨，B-CGNs 均具有 CGNs 的片层结构，且比直接球磨

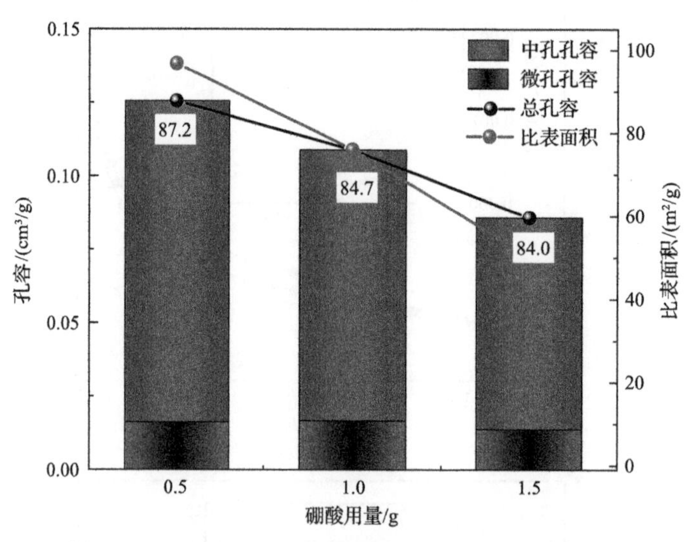

图 7-12　B-CGNs 的孔容和比表面积与硼酸用量的关系

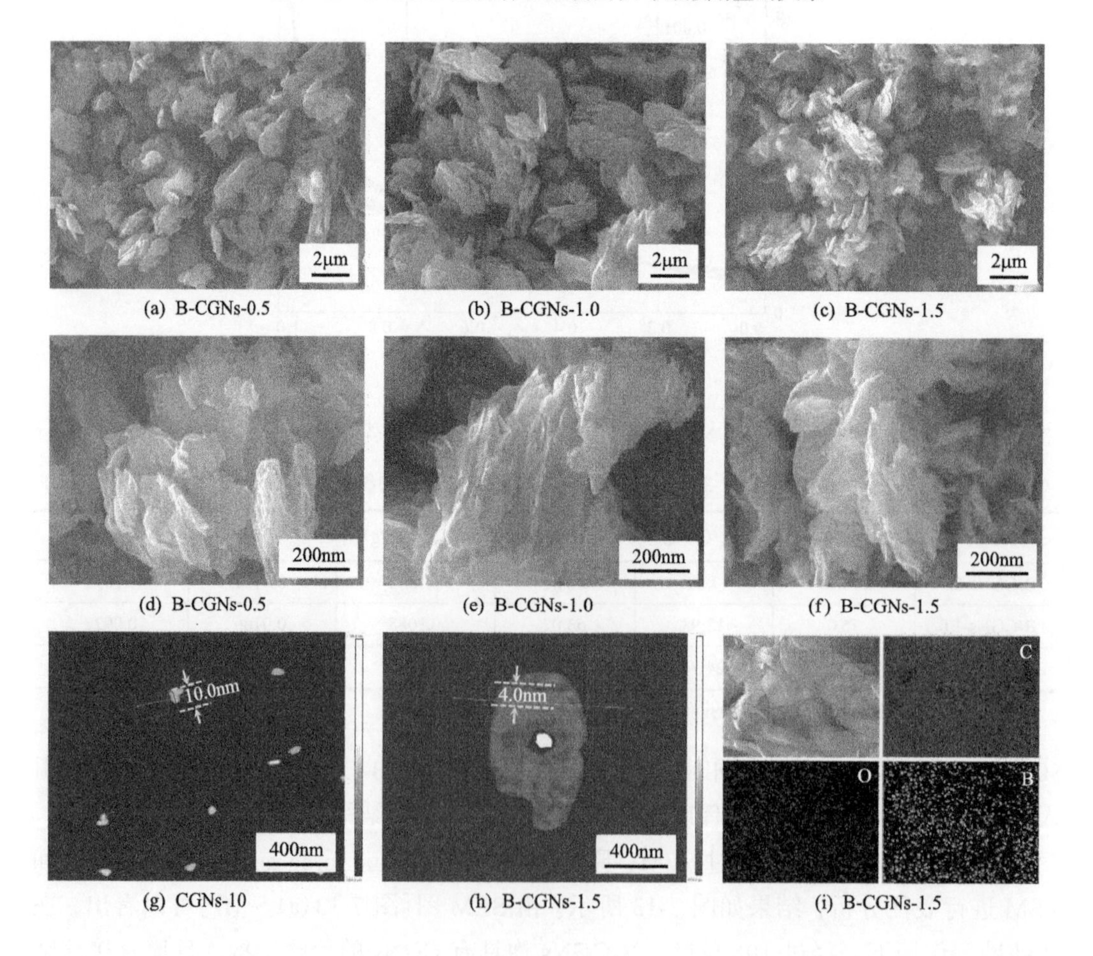

(a) B-CGNs-0.5　(b) B-CGNs-1.0　(c) B-CGNs-1.5

(d) B-CGNs-0.5　(e) B-CGNs-1.0　(f) B-CGNs-1.5

(g) CGNs-10　(h) B-CGNs-1.5　(i) B-CGNs-1.5

(j) B-CGNs-1.5

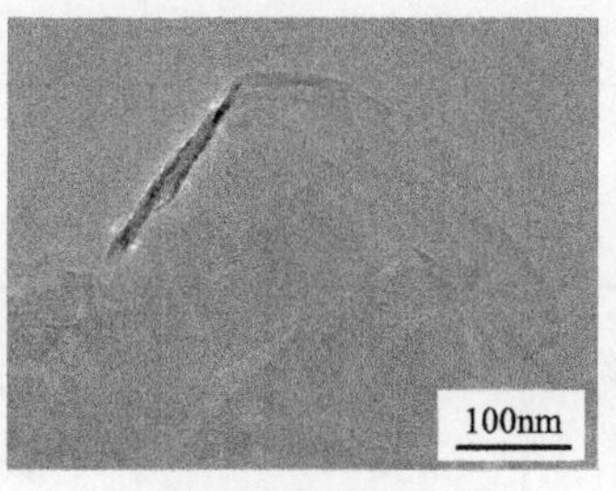

(k) B-CGNs-1.5

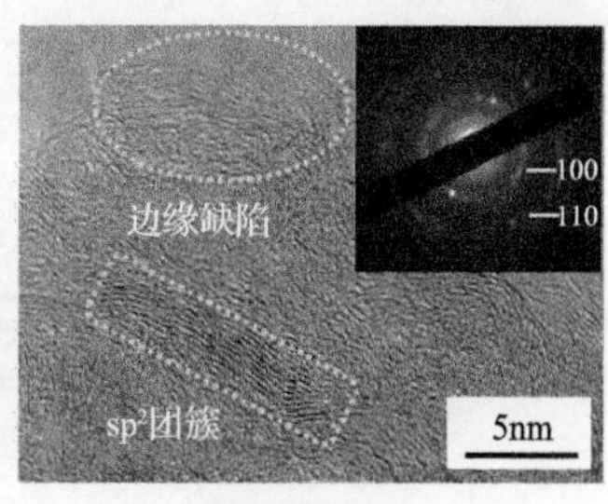

(l) B-CGNs-1.5

图 7-13　B-CGNs 的形貌结构

(a)～(f)为 SEM 图；(g)和(h)为 AFM 图；(i)为 EDS 图；(j)和(k)为 TEM 图；(l)为 HRTEM 图

制备的 CGNs-10 片层尺寸大，说明在硼酸助剂作用下通过高能机械球磨制备的 B-CGNs 的尺寸受损较小。为了评估 B-CGNs 尺寸，图 7-13(g)、(h)给出了 CGNs-10 和 B-CGNs-1.5 的 AFM 图。CGNs-10 中石墨烯纳米片的尺寸约为 100nm，且厚度约为 10nm，而在硼酸助剂作用下，B-CGNs-1.5 中石墨烯纳米片的尺寸保持在 1.0～2.0μm，且厚度约为 4nm，说明在高能机械球磨过程中硼酸助剂的存在能避免石墨微晶受到剪切力的破坏，从而获得较大尺寸的 B-CGNs。另外，B-CGNs-1.5 的 EDS 图如图 7-13(i)所示。B-CGNs-1.5 中含有 C、O 和 B 三种元素，说明硼酸在球磨过程中不仅具有保护石墨片层的作用，而且能引入一些 B 到石墨片层边缘缺陷上。B-CGNs-1.5 的形貌结构通过 TEM 进一步观察，结果如图 7-13(j)、(k)所示。B-CGNs-1.5 具有较大尺寸的石墨烯纳米片的形貌结构。由 HRTEM 图[图 7-13(l)]可知，B-CGNs 边缘具有丰富的无定形结构，同时中心基面还保留有清晰的石墨晶格结构，说明 B-CGNs 中主要在石墨片层边缘引入孔结构，而其中心基面的石墨微晶受损较小。通过 SAED 图[图 7-13(l)嵌入图]也可以看出清晰的石墨晶格结构，证明 B-CGNs 中存在受损较轻的石墨微晶结构。

B-CGNs 的 XRD 谱图如图 7-14(a)所示。随着硼酸用量增加，B-CGNs 在 26.4°附近的(002)特征峰不断增强，说明在高能机械球磨中硼酸用量增加更有利于保护石墨微晶片层完整性。B-CGNs 的相关结构参数见表 7-4。结合图 7-14(c)可知，随着硼酸用量的增加，B-CGNs 的层间距(d_{002})由 B-CGNs-0.5 的 0.3376nm 减小到 B-CGNs-1.0 的 0.3366nm，再减小到 B-CGNs-1.5 的 0.3363nm；而石墨化度(G)由 B-CGNs-0.5 的 74.42%保持到 B-CGNs-1.5 的 89.53%，说明硼酸用量过多不利于层间距的扩大，但有助于保留较为完整的石墨微晶结构。B-CGNs 的 Raman 谱图如图 7-14(b)所示。B-CGNs 在 1343.6cm^{-1} 和 1565.5cm^{-1} 附近出现表示缺陷结构的 D 峰和石墨化结构的 G 峰。由 I_D/I_G 与硼酸用量的关系图[图 7-14(c)]可知，B-CGNs 中含有少量的缺陷结构，且随着硼酸用量的增多，缺陷结构相对减少，具体为 I_D/I_G 由 B-CGNs-0.5 的 0.32 减小为 B-CGNs-1.0 的 0.28，再减小到 B-CGNs-1.5 的 0.26，均低于 CGNs-10 的 0.44，说明 B-CGNs 中引入了少量的缺陷结构，而硼酸用量增多会减少缺陷结构的引入。

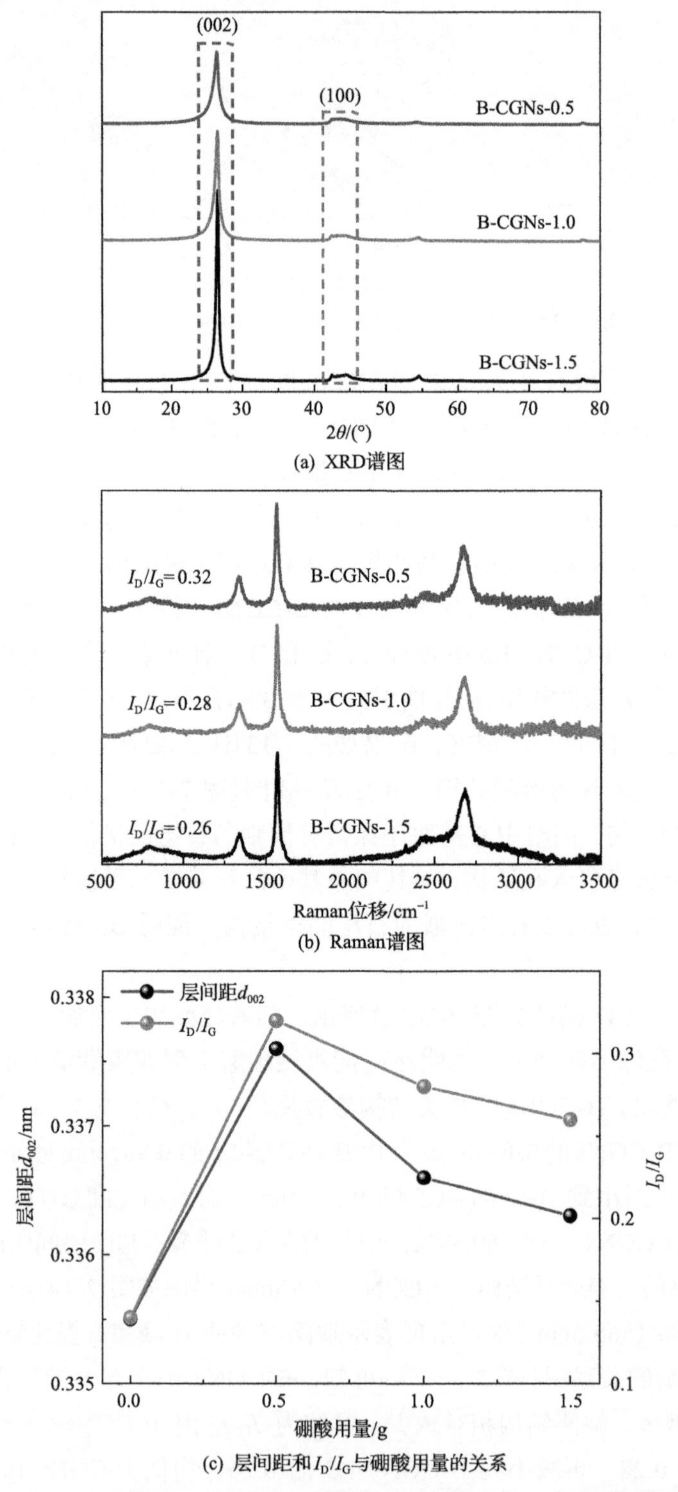

(a) XRD谱图

(b) Raman谱图

(c) 层间距和I_D/I_G与硼酸用量的关系

图 7-14　B-CGNs 的 XRD 和 Raman 谱图以及层间距和 I_D/I_G 与硼酸用量的关系

表 7-4 B-CGNs 的结构参数

样品	d_{002}/nm	$2\theta_{002}$/(°)	$FWHM_{002}$	L_c/nm	G/%
B-CGNs-0.5	0.3376	26.380	0.642	15.08	74.42
B-CGNs-1.0	0.3366	26.460	0.561	17.78	86.05
B-CGNs-1.5	0.3363	26.480	0.448	22.45	89.53

B-CGNs-1.5 的 XPS 谱图如图 7-15 所示。由全谱图[图 7-15(a)]可知，B-CGNs-1.5 中含有 C、O 和 B 三种元素，说明在高能机械球磨过程中有少量 B 原子引入石墨烯纳米片中。由 C1s 高分辨拟合谱图[图 7-15(b)]可知，B-CGNs-1.5 中的 C 原子以 C═C(284.7eV, 51.7%)、C—C(284.9eV, 26.3%)、C—O/C—B(285.4eV, 11.7%)和 C═O(286.0eV, 10.3%)形式存在；由 O1s 高分辨拟合谱图[图 5-15(c)]可知，O 原子主要以 C—O(534.6eV, 36.5%)、C—OH(533.3eV, 41.6%)和 C═O(531.7eV, 21.9%)形式存在。由 B1s 高分辨拟合谱图[图 7-15(d)]可知，B 原子主要以 BCO_2(194.0eV,

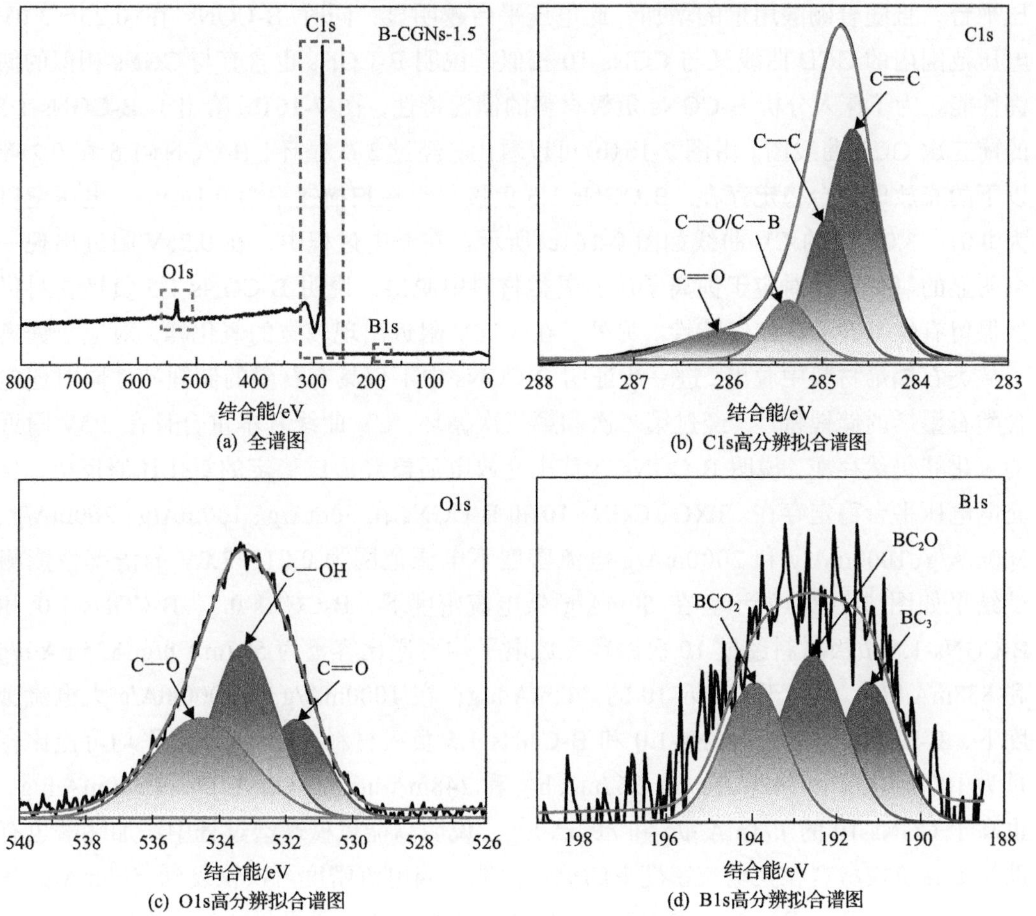

(a) 全谱图

(b) C1s高分辨拟合谱图

(c) O1s高分辨拟合谱图

(d) B1s高分辨拟合谱图

图 7-15 B-CGNs-1.5 的 XPS 谱图

29.4%)、BC_2O(192.4eV, 36.8%)和 BC_3(191.3eV, 27.5%)形式存在，其中结合能在191.3eV 处的 B 原子是石墨化的 B，即 B 取代了石墨烯片层内的 C 原子[11-13]。XPS 分析结果表明，B-CGNs-1.5 中不仅含有较高的石墨化炭(相对含量 51.7%)，同时还含有 4.8% B 原子的掺杂，这将有助于改善 B-CGNs 负极材料表面对锂离子的亲和力。

7.3.2　B 掺杂煤基石墨烯纳米片的储锂性能

TXG、CGNs-10 和 B-CGNs 在 50mA/g 电流密度下电压范围为 0.01～3.0V 的首次 GCD 曲线如图 7-16(a)所示。在硼酸助剂作用下经过高能机械球磨制备的 B-CGNs 具有改善的储锂比容量，且随着硼酸用量的增加，B-CGNs-0.5、B-CGNs-1.0 和 B-CGNs-1.5 的首次充放电比容量分别达到 556mA·h/g 和 1098mA·h/g、763mA·h/g 和 1697mA·h/g、840mA·h/g 和 1745mA·h/g，均高于 TXG(382mA·h/g 和 625mA·h/g)和 CGNs-10(450mA·h/g 和 1064mA·h/g)，说明在高能机械球磨中添加硼酸有助于改善 CGNs 的储锂特性。值得注意的是，B-CGNs 在 0.25V 左右具有与 TXG 相似的充电电压平台，且随着硼酸用量的增加，此电压平台越明显；同时 B-CGNs 在 0.25～3.0V 电压范围内的 GCD 曲线又与 CGNs-10 相似，说明 B-CGNs 也含有与 CGNs 相似的储锂性能。为了深入分析 B-CGNs 负极材料的储锂特性，图 7-16(b)给出了 B-CGNs-1.5 的前三次 GCD 曲线图。由图 7-16(b)可以看出，经过 3 次循环，B-CGNs-1.5 在 0.25V 以下的充放电平台稳定存在。B-CGNs-1.5 负极材料在扫描速率为 0.1mV/s，电压窗口为 0.01～3.0V 下的 CV 曲线如图 7-16(c)所示。在充电过程中，在 0.25V 附近出现一个明显的氧化峰，对应于锂离子从石墨类材料中脱出，说明 B-CGNs-1.5 负极材料仍然保留有煤基石墨的储锂特性。另外，在 1.20V 附近出现较宽的氧化峰，对应于锂离子从类石墨烯材料中脱出，进一步证明 B-CGNs 中不仅具有石墨的储锂特性同时还包含类石墨烯的储锂特性。经过第二次和第三次循环，CV 曲线基本重合且在 2.5V 附近的氧化峰仍然存在，说明 B-CGNs 在首次充放电后已经形成稳定的氧化还原反应，且充电电压平台稳定存在。TXG、CGNs-10 和 B-CGNs 在 50mA/g、100mA/g、200mA/g、500mA/g、1000mA/g 和 2000mA/g 电流密度下电压范围为 0.01～3.0V 的倍率性能测试结果如图 7-16(d)所示。在 50mA/g 低电流密度下，B-CGNs-0.5、B-CGNs-1.0 和 B-CGNs-1.5 负极材料经过 10 次循环充放电平均可逆比容量为 507mA·h/g、835mA·h/g 和 838mA·h/g，均高于 CGNs-10 的 462mA·h/g；在 1000mA/g 和 2000mA/g 大电流密度下，B-CGNs-0.5、B-CGNs-1.0 和 B-CGNs-1.5 负极材料循环 10 次的平均可逆比容量为 187mA·h/g 和 142mA·h/g、367mA·h/g 和 248mA·h/g、472mA·h/g 和 349mA·h/g，也高于 CGNs-10 的 171mA·h/g 和 80mA·h/g，说明高能机械球磨过程中添加硼酸也有助于提高负极材料在大电流密度下的储锂性能。当电流密度再次恢复到 500mA/g 和 100mA/g 时，B-CGNs-0.5、B-CGNs-1.0 和 B-CGNs-1.5 负极材料的可逆比容量可达 342mA·h/g 和 478mA·h/g、658mA·h/g 和 854mA·h/g、749mA·h/g 和 925mA·h/g，说明

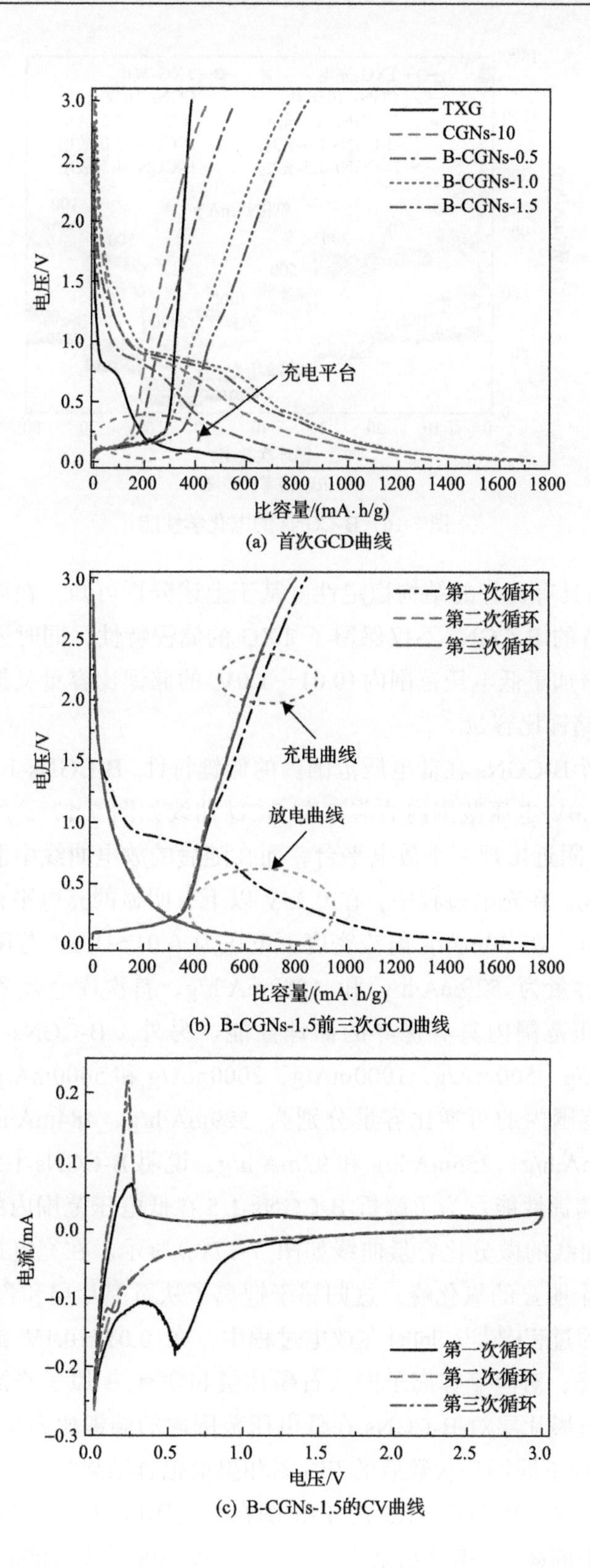

(a) 首次GCD曲线

(b) B-CGNs-1.5前三次GCD曲线

(c) B-CGNs-1.5的CV曲线

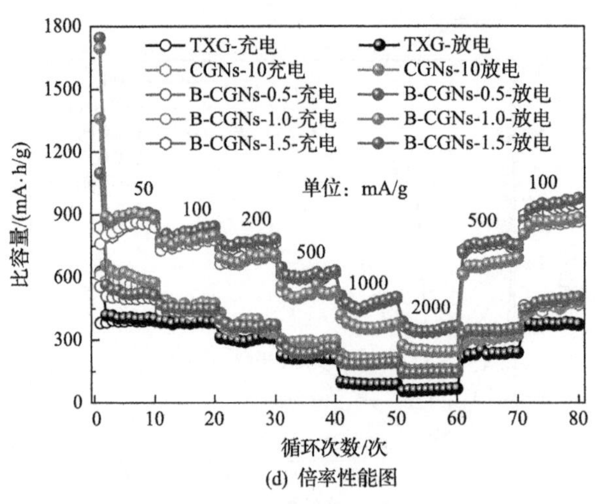

(d) 倍率性能图

图 7-16　B-CGNs 的电化学性能

CGNs 负极材料仍具有良好的结构稳定性。基于上述分析可知，在硼酸作用下借助高能机械球磨法制备的 B-CGNs 不仅保留了 TXG 的储锂特性，同时还具备 CGNs 的储锂特性，使其既增加了低电压范围内(0.01～1.0V)的储锂比容量又提高了高电压范围内(1.0～3.0V)的储锂比容量。

为了深入分析 B-CGNs 在低电压范围内的储锂特性，B-CGNs-1.5 在 50mA/g 电流密度下在 0.01～1.0V 电压范围内的前三次 GCD 曲线如图 7-17(a)所示。在首次放电过程中，在 1.0V 附近出现一个放电平台，而在随后的放电曲线中消失，对应于电极表面 SEI 膜的形成。在充电过程中，在 0.25V 以下有明显的充电平台，对应于锂离子从石墨片层中脱出。在 50mA/g 电流密度下电压为 0.01～1.0V 范围内，B-CGNs-1.5 的首次充放电比容量为 529mA·h/g 和 1087mA·h/g，首次库仑效率为 48.7%，说明 B-CGNs 在低电压范围内具有优异的储锂性能。另外，B-CGNs-1.5 在 50mA/g、100mA/g、200mA/g、500mA/g、1000mA/g、2000mA/g 和 5000mA/g 电流密度下电压在 0.01～1.0V 范围内的可逆比容量分别为 529mA·h/g、484mA·h/g、445mA·h/g、405mA·h/g、360mA·h/g、256mA·h/g 和 92mA·h/g，说明 B-CGNs-1.5 在大电流密度下也保持着良好的储锂性能。为了解析 B-CGNs-1.5 在低电压范围内的高储锂比容量，其前四次 GCD 曲线的微分比容量曲线如图 7-17(c)所示。在充电过程中，在 0.11V 和 0.16V 出现两个明显的氧化峰，这归属于锂离子从石墨片层和含有 B 原子修饰的石墨片层中脱出的过程[14-15]；同时在放电过程中，在 0.01～0.1V 范围内也出现两个还原峰叠加的宽峰，对应于锂离子嵌入石墨片层和含有 B 原子修饰的石墨片层。因而，B 原子引入石墨片层对 B-CGNs 在低电压范围内的储锂比容量增加有促进作用。

B-CGNs-1.5 在不同循环次数后的 EIS 图和阻值拟合结果如图 7-17(d)和(e)所示。随着循环次数的增多，B-CGNs-1.5 的 EIS 图在中高频区的半圆越来越小，说明负极材料内部电阻在不断减小。拟合结果表明，循环 3 次、200 次和 1000 次后，B-CGNs-1.5

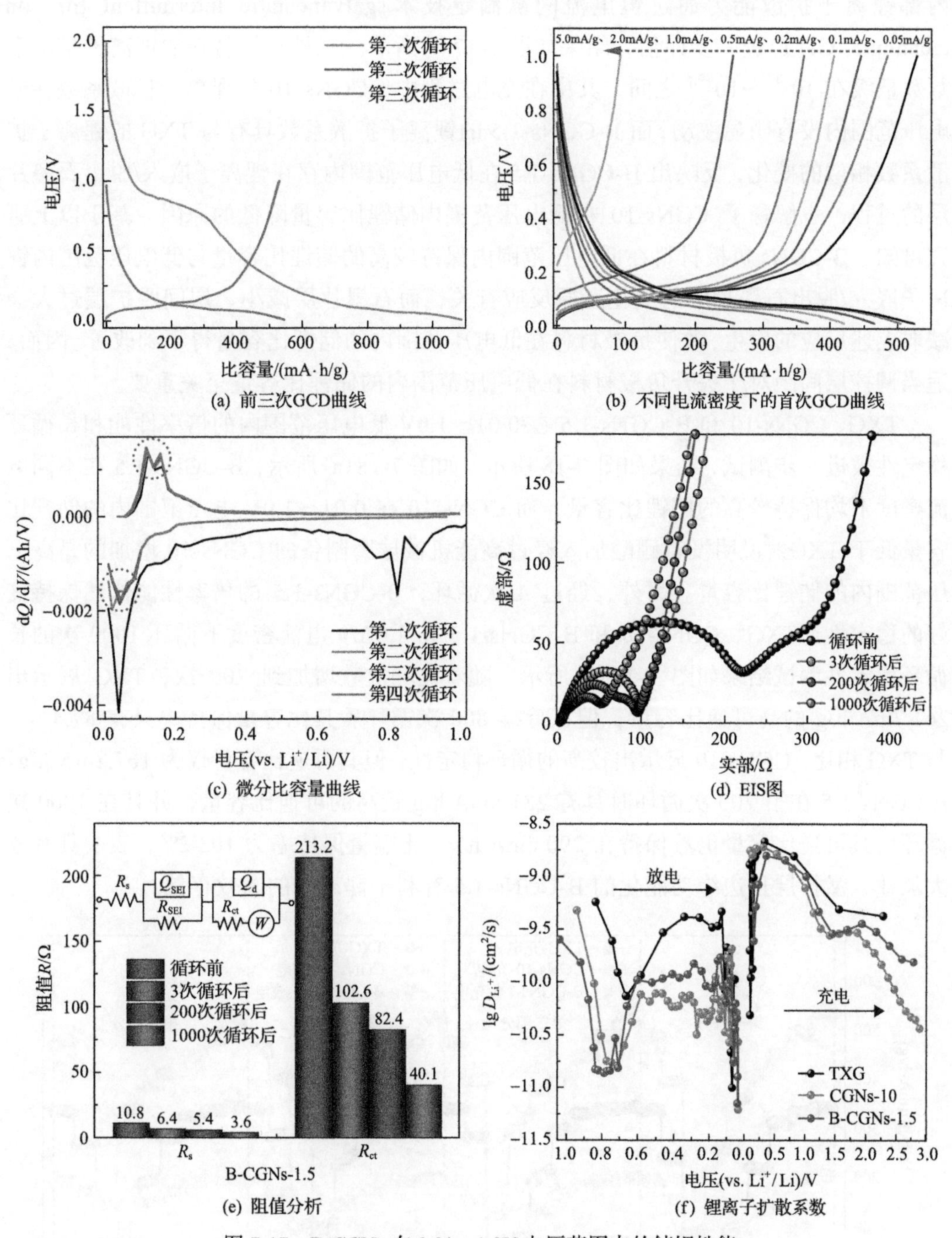

(a) 前三次GCD曲线 (b) 不同电流密度下的首次GCD曲线

(c) 微分比容量曲线 (d) EIS图

(e) 阻值分析 (f) 锂离子扩散系数

图 7-17 B-CGNs 在 0.01～1.0V 电压范围内的储锂性能

负极材料的电荷转移电阻(R_{ct})由 0 次循环的 213.2Ω 依次减小到 102.6Ω、82.4Ω 和 40.1Ω，说明经过多次循环后负极材料内部的离子扩散能力显著增强。另外，负极材料的锂离子扩散系数 D_{Li^+} 数量级约为 10^{-10}。TXG、CGNs-10 和 B-CGNs-1.5 负极材料内部锂离子扩散能力通过恒电流间歇滴定技术(galvanostatic intermittent titration technique, GITT)进一步评估，结果如图 7-17(f)所示。三种负极材料的锂离子扩散系数数量级在 10^{-11}～$10^{-9.5}$之间，其中在充电过程中，CGNs-10 的锂离子扩散系数在低电压范围内没有明显波动，而 B-CGNs-1.5 的锂离子扩散系数具有与 TXG 的锂离子扩散系数相似的变化，反映出 B-CGNs-1.5 在低电压范围内存在锂离子嵌入/脱出石墨片层的过程，也解释了 CGNs-10 在低电压范围内储锂比容量降低的原因。基于以上研究可知，B-CGNs 负极材料在低电压范围内保持较高的储锂比容量与低电压范围内锂离子嵌入/脱出石墨片层的氧化还原反应有关，而石墨片层减小、层间距扩层过大会减弱上述反应的发生，致使负极材料在低电压范围内的储锂比容量得不到改善。因而，适当调控层间距对于提升负极材料在低电压范围内的储锂比容量至关重要。

TXG、CGNs-10 和 B-CGNs-1.5 在 0.01～1.0V 低电压范围内的倍率性能和长循环稳定性被进一步测试，结果如图 7-18 所示。如图 7-18(a)所示，B-CGNs-1.5 在不同电流密度下均保持较高的储锂比容量，而 CGNs-10 在 0.01～1.0V 电压范围内的储锂比容量低于 TXG，说明没有硼酸加入经过高能机械球磨制备的 CGNs-10 增加的是高电压范围内的储锂比容量。另外，经过 4 次循环，B-CGNs-1.5 的倍率性能依然保持良好的稳定性。TXG、CGNs-10 和 B-CGNs-1.5 在 1.0A/g 电流密度下循环 1000 次的长循环稳定性测试结果如图 7-18(b)所示。随着循环次数增加到 200 次，TXG 展示出 261.7mA·h/g 的高可逆比容量，但在持续 800 次循环后其比容量保持率只有 87.4%。与 TXG 相比，CGNs-10 显示出较高的循环稳定性，但其可逆比容量仅为 167.2mA·h/g。B-CGNs-1.5 在第 200 次循环时具有 281.6mA·h/g 较高的可逆比容量，并且在 1000 次循环后其可逆比容量仍然保持在 290.6mA·h/g，比容量保持率为 103.2%，表明具有较大尺寸、微扩层且边缘功能化的 B-CGNs-1.5 有利于锂离子的高效存储。

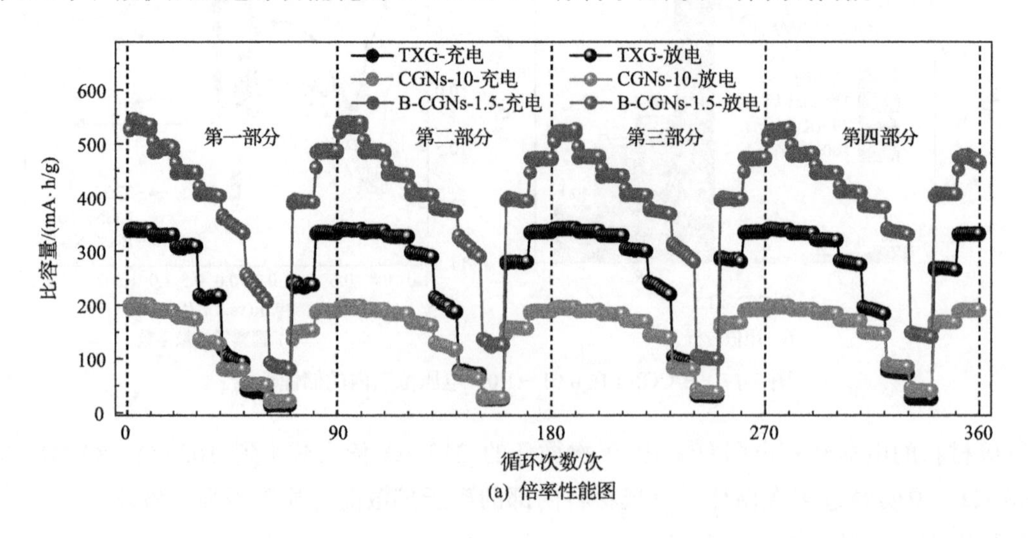

(a) 倍率性能图

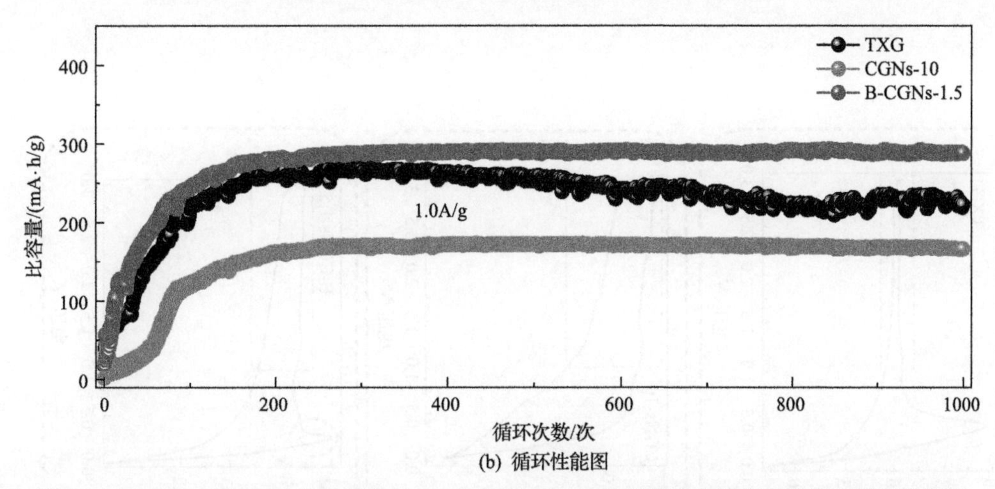

(b) 循环性能图

图 7-18 TXG、CGNs-10 和 B-CGNs-1.5 在 0.01～1.0V 电压范围内的倍率性能和循环性能图

7.3.3 B 掺杂煤基石墨烯纳米片的微观结构与储锂性能的构效关系

B-CGNs 的储锂机理分析如图 7-19 所示。在硼酸助剂作用下，经过高能机械球磨法制备的 B-CGNs 既保留了 TXG 的大片层结构，同时也引入少量 B 原子的掺杂。在硼酸助剂作用下，TXG 剥离制备 B-CGNs 的过程如图 7-20 所示。相比于直接球磨制备 CGNs-10，硼酸的存在有利于避免煤基石墨片层受高速运转球磨球产生的剪切力的破坏，进而获得了大片层的石墨烯纳米片，而大片层石墨烯纳米片的保留有助于锂离子在低电压范围内嵌入石墨片层。另外，经过高能机械球磨能向 B-CGNs 中引入少量孔结构，对其石墨片层进行微扩层，同时引入少量的边缘缺陷和 B 原子掺杂，对锂离子在 B-CGNs 负极材料中的吸附和扩散有促进作用。此外，B-CGNs 负极材料的微观结构与其储锂比容量的构效关系如图 7-21(a)～(c) 所示。TXG、CGNs-10 和 B-CGNs-1.5 三种负极材料在 0.01～1.0V 和 1.0～3.0V 电压范围内的储锂比容量如图 7-21(a) 所示。通过高能机械球磨对 TXG 进行剥离对提高材料在 1.0～3.0V 电压范围内的储锂比容量均具有促进作用，而直接球磨减少了 CGNs-10 负极材料在 0.01～1.0V 电压范围内的储锂比容量，在硼酸助剂作用下进行球磨能够提高 B-CGNs-1.5 在低电压范围内的储锂比容量，该现象反映出 CGNs 的微观结构对其储锂性能具有重要影响。横向尺寸 (L_a) 的减小会减少负极材料在低电压范围的储锂比容量，而 B 原子的引入和微扩层间距对提高负极材料在低电压范围内 (0.01～1.0V) 的储锂比容量有促进作用；同时孔结构和边缘缺陷的引入能够提高负极材料在高电压范围内 (1.0～3.0V) 的储锂比容量。B-CGNs 负极材料中扩散插层控制和吸附电容控制的贡献率如图 7-21(d) 所示。B-CGNs 负极材料中以“嵌入”式锂离子存储为主，同时兼具“吸附”式锂离子存储。在锂离子电池中，负极材料在低电压范围内具有高储锂比容量，能够提高正负极间的电势差，即电压，进而达到改善锂离子电池输出功率的目的。

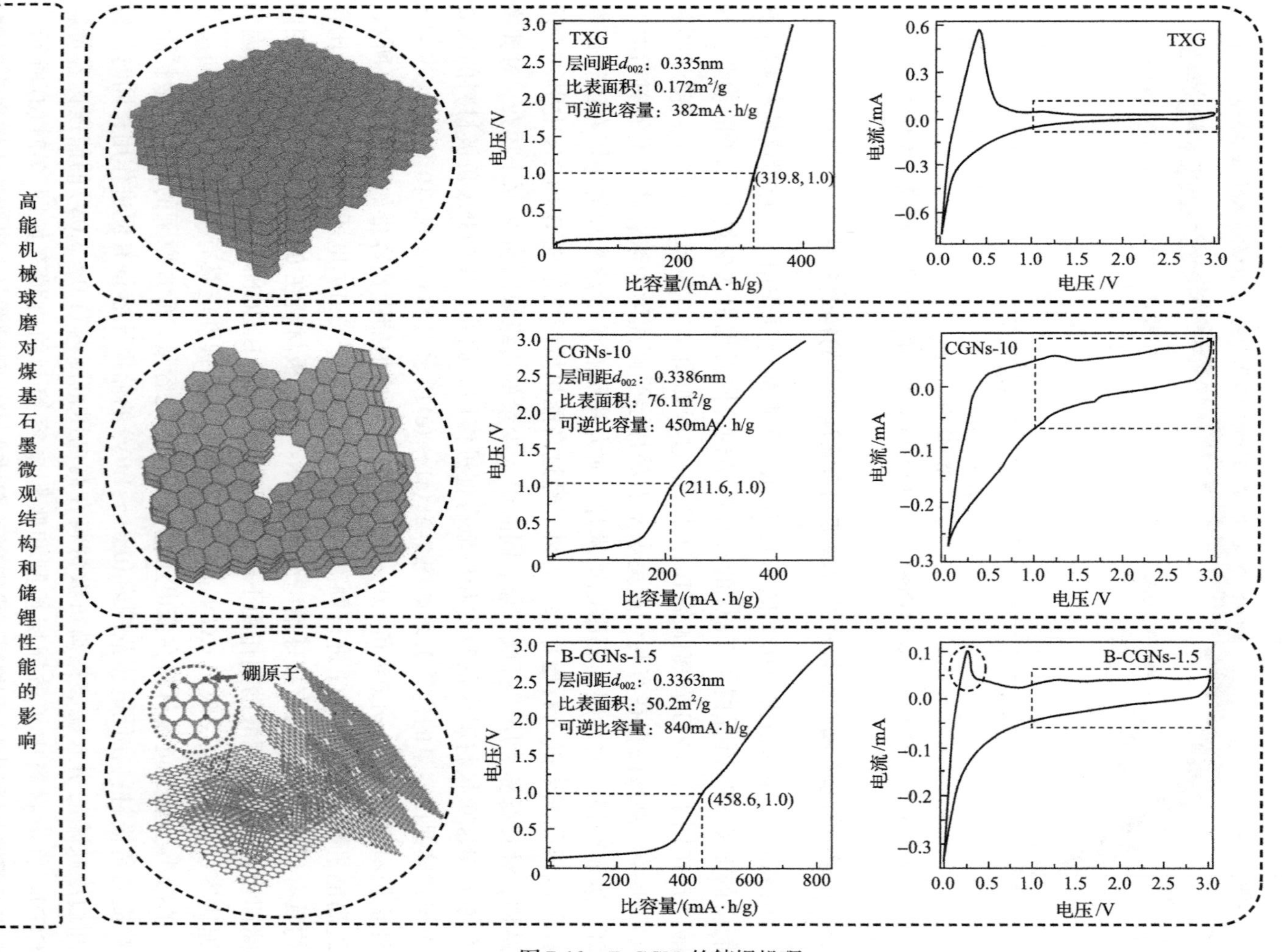

图 7-19　B-CGNs的储锂机理

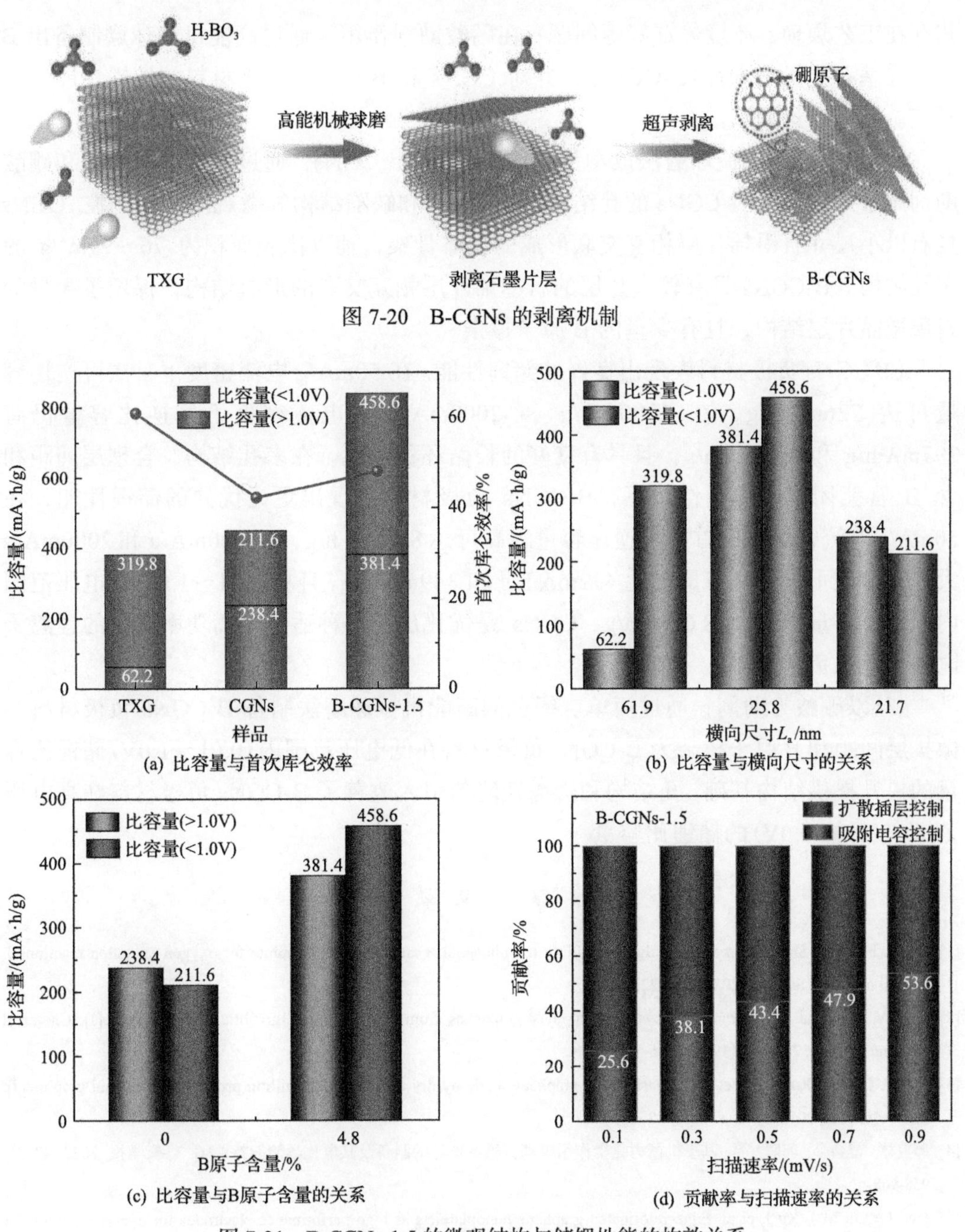

图 7-20 B-CGNs 的剥离机制

图 7-21 B-CGNs-1.5 的微观结构与储锂性能的构效关系

7.4 本 章 小 结

本章以自制煤基石墨(TXG)为前驱体，开发出通过高能机械球磨法产生的机械力化学作用来制备煤基石墨烯纳米片(CGNs)的新方法，有效克服了液相氧化-热还原工艺存在工艺烦琐、环境欠友好等问题；在硼酸助剂作用下通过高能机械球磨制备出B掺杂煤基石墨烯纳米片(B-CGNs)，并对CGNs和B-CGNs负极材料的储锂性能进行研究。具体结论如下。

(1)利用高能机械球磨法成功从TXG中剥离出CGNs，通过控制球磨时长和硼酸助剂用量可以实现对CGNs的孔结构、石墨微晶和缺陷结构等微观结构的调控。CGNs具有以小尺寸石墨烯片层相互交联形成的主体骨架，辅以比表面积为76～99m^2/g的多孔结构。B-CGNs具有较大片层的石墨烯片层相互交联的形貌结构，保留了大量的石墨微晶片层结构，且有少量的B原子掺杂。

(2)CGNs负极材料表现出良好的储锂性能。在50mA/g电流密度下首次可逆比容量可达726mA·h/g，在1000mA/g和2000mA/g大电流密度下可逆比容量仍有297mA·h/g和230mA·h/g，且具有良好的长循环稳定性。在多孔结构、合理层间距和含B官能团三者协同作用下，B-CGNs负极材料表现出更为优异的储锂性能，在50mA/g电流密度下的首次可逆比容量最高可达840mA·h/g,在1000mA/g和2000mA/g大电流密度下可逆比容量仍达472mA·h/g和349mA·h/g,且在0.01～1.0V低电压范围内可逆比容量仍有458.6mA·h/g。CGNs是优化出的一种适用于高功率密度的锂离子电池的理想负极材料。

(3)以硼酸为助剂，通过简单、绿色的高能机械球磨法制备B-CGNs负极材料。微扩层间距和B原子掺杂为B-CGNs负极材料在低电压范围内(0.01～1.0V)储锂比容量的提升提供结构基础，孔结构和边缘缺陷的引入改善了B-CGNs负极材料在高电压范围内(1.0～3.0V)的储锂比容量。

参考文献

[1] Bai K, Fan J C, Shi P H, et al. Directly ball milling red phosphorus and expended graphite for oxygen evolution reaction[J]. Journal of Power Sources, 2020, 456: 228003.

[2] León V, Quintana M, Herrero M A, et al. Few-layer graphenes from ball-milling of graphite with melamine[J]. Chemical Communications, 2011, 47(39): 10936-10938.

[3] Dash P, Dash T, Rout T K, et al. Preparation of graphene oxide by dry planetary ball milling process from natural graphite[J]. RSC Advances, 2016, 6(15): 12657-12668.

[4] 邢宝林, 曾会会, 郭晖, 等. 基于机械力化学作用煤基石墨纳米片的制备及其电化学储能特性[J]. 煤炭学报, 2022, 47(2): 958-968.

[5] Jeon I Y, Ju M J, Xu J, et al. Edge-fluorinated graphene nanoplatelets as high performance electrodes for dye-sensitized solar cells and lithium ion batteries[J]. Advanced Functional Materials, 2015, 25(8): 1170-1179.

[6] Fan Q, Noh H J, Wei Z, et al. Edge-thionic acid-functionalized graphene nanoplatelets as anode materials for high-rate lithium ion batteries[J]. Nano Energy, 2019, 62: 419-425.

[7] Dong Y, Zhang S, Du X, et al. Boosting the electrical double-layer capacitance of graphene by self-doped defects through ball-milling[J]. Advanced Functional Materials, 2019, 29(24): 1901127.

[8] Bommier C, Surta T W, Dolgos M, et al. New mechanistic insights on Na-ion storage in nongraphitizable carbon[J]. Nano Letters, 2015, 15(9): 5888-5892.

[9] Dong Y, Lin X, Wang D, et al. Modulating the defects of graphene blocks by ball-milling for ultrahigh gravimetric and volumetric performance and fast sodium storage[J]. Energy Storage Materials, 2020, 30: 287-295.

[10] Zeng H H, Xing B L, Zhang C T, et al. In situ synthesis of MnO_2/porous graphitic carbon composites as high-capacity anode materials for lithium-ion batteries[J]. Energy & Fuels, 2020, 34 (2) : 2480-2491.

[11] Wang D, Wang Z, Li Y, et al. In situ double-template fabrication of boron-doped 3D hierarchical porous carbon network as anode materials for Li-and Na-ion batteries[J]. Applied Surface Science, 2019, 464: 422-428.

[12] Sahoo M, Sreena K, Vinayan B, et al. Green synthesis of boron doped graphene and its application as high performance anode material in Li ion battery[J]. Materials Research Bulletin, 2015, 61: 383-390.

[13] Wang X, Zeng Z, Ahn H, et al. First-principles study on the enhancement of lithium storage capacity in boron doped graphene[J]. Applied Physics Letters, 2009, 95 (18) : 183103.

[14] Hardikar R P, Das D, Han S S, et al. Boron doped defective graphene as a potential anode material for Li-ion batteries[J]. Physical Chemistry Chemical Physics, 2014, 16 (31) : 16502-16508.

[15] Sun F, Wu H B, Liu X, et al. A high-rate and ultrastable anode enabled by boron-doped nanoporous carbon spheres for high-power and long life lithium ion capacitors[J]. Materials Today Energy, 2018, 9: 428-439.

8　煤基多孔石墨化炭的结构调控及其储锂特性

8.1　引　　言

微扩层煤基石墨、煤基多孔炭纳米片和煤基石墨烯纳米片均是以煤基石墨为原料进行的微观结构调控和储锂特性研究，基本思路为：先制备石墨化炭，再进行孔结构调控。煤基多孔石墨化炭的结构调控还有另一思路：先制备煤基多孔炭，再进行石墨微晶结构调控。鉴于此，本章以太西无烟煤为原料，通过 KOH 活化法先制备煤基多孔炭，再通过高温炭化-石墨化对煤基多孔炭骨架结构中的石墨微晶结构进行调控，制备具有多孔结构和石墨微晶结构的煤基多孔石墨化炭，并对其储锂性能进行研究。在此基础上，本章对煤基多孔炭纳米片、煤基石墨烯纳米片等不同煤基多孔石墨化炭微观结构与储锂性能的构效关系进行总结分析，并借助 Materials Studio 软件基于第一性原理计算方法对煤基多孔石墨化炭储锂机制进行深入研究，阐明高性能煤基多孔石墨化炭的储锂机理。

8.2　煤基多孔石墨化炭的结构表征及储锂性能

8.2.1　煤基多孔石墨化炭的结构表征

为了分析煤基多孔炭的微晶结构在高温热处理过程中（1000～2800℃）的演变过程，HPGC-0、HPGC-2000 和 HPGC-2800 的 TEM 和 HRTEM 测试结果如图 8-1 所示。由图 8-1（a）可以看出，经过 KOH 活化法制备的煤基多孔炭（HPGC-0）具有清晰的多孔结构，且由 HRTEM 图［图 8-1（b）、（c）］可以看出，HPGC-0 中含有大量无序的石墨微晶结构，说明煤基多孔炭骨架中含有大量的无定形结构。经过 2000℃石墨化，HPGC-2000 的 TEM 图［图 8-1（d）］仍可以观察到孔结构的特征，且由 HRTEM 图［图 8-1（e）、（f）］可以观察到，有序的石墨微晶结构围绕孔骨架呈洋葱环生长，且有序的石墨片层堆叠厚度 2～8 层。经过 2800℃石墨化后，由 TEM 图［图 8-1（h）］可以看出，HPGC-2800 中仍保留孔结构的圆环特征，且 HRTEM 图［图 8-1（i）、（j）］可以观察到大量高度有序的石墨片层晶格堆叠结构，而这些堆垛相互交错堆积，形成了各向同性的煤基石墨。与太西无烟煤在高温热处理过程中微晶结构的演变过程不同，孔隙结构对煤基多孔炭中石墨微晶结构的演变有重要影响。首先，煤基多孔炭中的微晶结构演变也从高度无序相向准石墨相转变，再由准石墨相向石墨相转变。由于煤基多孔炭中含有丰富的孔结构，经过炭化-石墨化，煤基多孔炭中的无序石墨微晶会沿着孔骨架生长，有序的石墨片层像洋葱环一样向外生长。当石墨化温度升高到一定程度，孔骨架中的有序微晶片层堆叠厚度增加，会造成孔结构的坍塌，形成堆叠无序的石墨片层结构，而这种石墨结构被称为隐晶质石墨[1]，石墨化度不高，具有各向同性的性质。

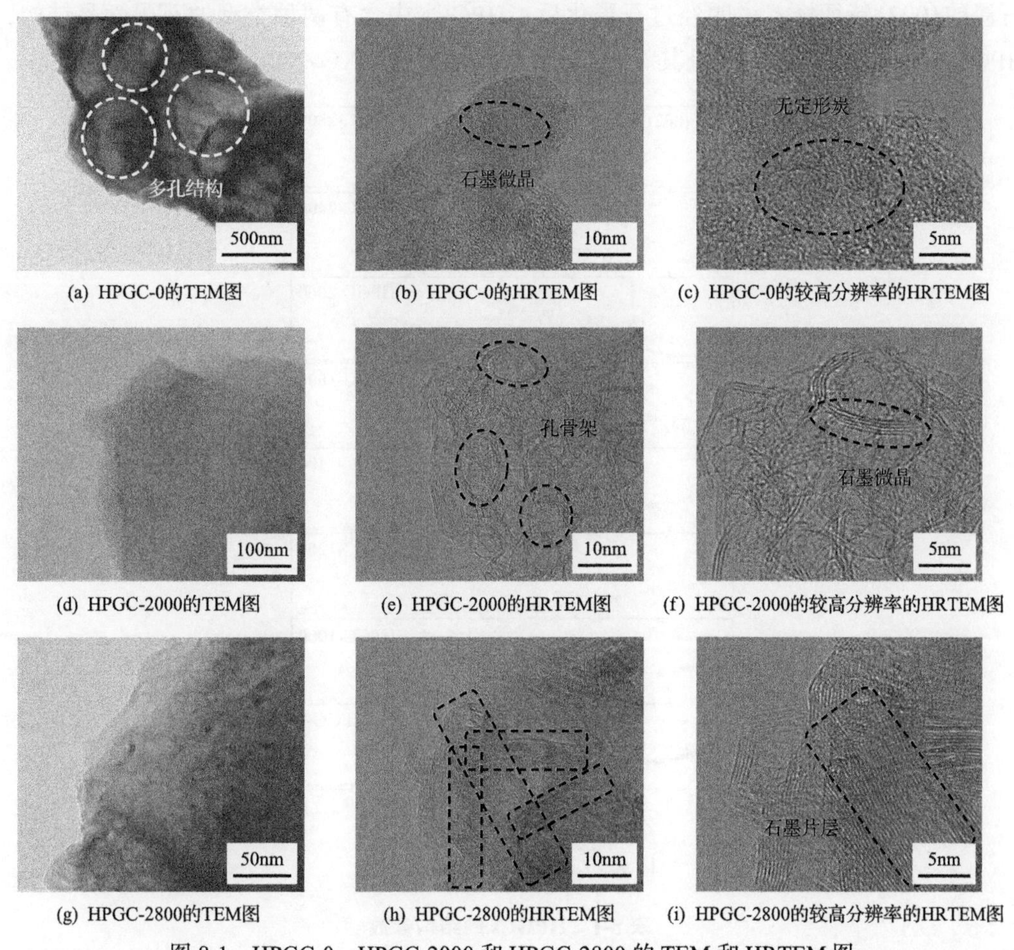

(a) HPGC-0的TEM图 (b) HPGC-0的HRTEM图 (c) HPGC-0的较高分辨率的HRTEM图

(d) HPGC-2000的TEM图 (e) HPGC-2000的HRTEM图 (f) HPGC-2000的较高分辨率的HRTEM图

(g) HPGC-2800的TEM图 (h) HPGC-2800的HRTEM图 (i) HPGC-2800的较高分辨率的HRTEM图

图 8-1 HPGC-0、HPGC-2000 和 HPGC-2800 的 TEM 和 HRTEM 图

煤基多孔炭中石墨微晶结构在高温热处理过程中的演变过程通过 XRD 测试进行分析，结果如图 8-2 所示。煤基多孔炭（HPGC-0）在 25.9°附近有一个较为微弱的（002）特征峰，说明 HPGC-0 中具有大量无定形结构。随着炭化-石墨化温度的升高，HPGCs 样品的（002）特征峰逐渐增强；另外，由 HPGC-2000、HPGC-2400 和 HPGC-2800 的 XRD 谱图可以看出，这三个样品在 25.9°和 26.4°附近各出现两个特征峰，并且从内嵌图可知，随着石墨化温度的升高，26.4°处的特征峰相对强度逐渐增强，说明经过不同温度石墨化后，HPGCs 中的石墨晶型结构有两种存在形式。HPGCs 的相关结构参数见表 8-1，随着炭化温度由 1000℃升高至 1600℃，煤基多孔炭 HPGCs 的石墨片层层间距（d_{002}）和半高宽（$FWHM_{002}$）分别由 HPGC-0 的 0.3432nm 和 0.779 减小到 HPGC-1600 的 0.3413nm 和 0.673，而石墨化度（G）由 HPGC-0 的 9.3%增加到 HPGC-1600 的 31.4%。

经过 2000～2800℃高温石墨化后，相对于 HPGC-0 在 25.9°处的(002)特征峰，HPGC-2000、HPGC-2400 和 HPGC-2800 在 25°～26.5°范围内的特征峰发生偏移，既保留了 HPGC-0 在 25.9°处的(002)特征峰，同时在 26.4°附近形成一个更接近于鳞片石墨的(002)特征峰，说明经过石墨化后，HPGCs 中含有两种类型的石墨微晶结构，HPGC-2800 为混晶石墨，且其石墨化度(74.4%)低于 TXG-2800(98.84%)。

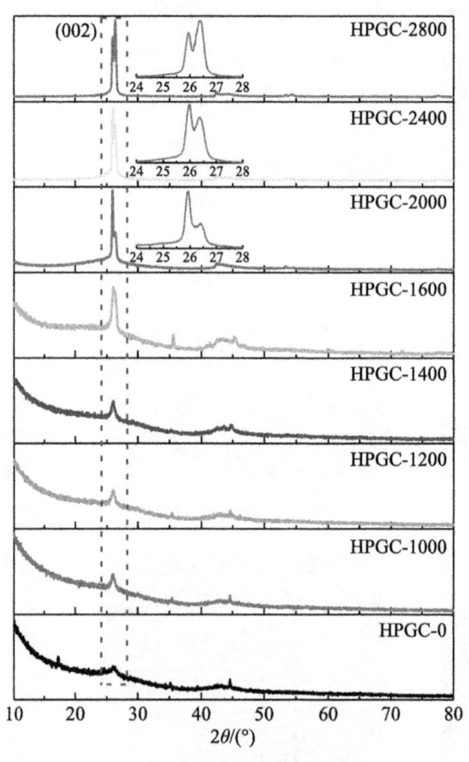

图 8-2　HPGCs 的 XRD 谱图

表 8-1　HPGCs 的结构参数

样品	d_{002}/nm	$2\theta_{002}$	$FWHM_{002}$	G/%
HPGC-0	0.3432	25.94	0.779	9.3
HPGC-1000	0.3429	25.96	0.546	12.8
HPGC-1200	0.3419	26.04	0.518	24.4
HPGC-1400	0.3414	26.08	0.538	30.2
HPGC-1600	0.3413	26.08	0.673	31.4
HPGC-2000	0.3432	25.94	0.324	—
	0.3371	26.42	0.522	80.2
HPGC-2400	0.3424	26.00	0.325	—
	0.3378	26.36	0.397	72.1
HPGC-2800	0.3432	25.94	0.326	—
	0.3376	26.38	0.371	74.4

HPGCs 的 Raman 谱图如图 8-3 所示。HPGCs 样品在 1338.7cm^{-1} 和 1594.6cm^{-1} 附近出现了两个明显的对应于缺陷结构的 D 峰和石墨化结构的 G 峰。其中 D 峰和 G 峰的强度比(I_D/I_G)可以用来评估碳材料中石墨微晶结构的演变。由图 8-3 可知，当炭化温度由 1000℃升至 1200℃时，HPGCs 的 I_D/I_G 值由 HPGC-1000 的 0.91 减小到 HPGC-1200 的 0.78；然而，当温度由 1200℃升至 1600℃时，样品的 I_D/I_G 值由 HPGC-1200 的 0.78 增加到 HPGC-1600 的 1.73，这说明这个阶段 HPGCs 的结构是不稳定的，这可能是因为孔结构的坍塌导致材料中无序结构增多。当温度由 1600℃升至 2800℃时，样品的 I_D/I_G 值由 HPGC-1600 的 1.73 骤降到 HPGC-2800 的 0.18，说明材料中的石墨微晶结构在石墨化阶段快速增加。HPGCs 中石墨微晶结构的演变会受到孔结构变化的影响，也导致其微晶转变过程和原料煤中微晶结构随炭化-石墨化温度的演变有本质的区别。此外，HPGC-2000、HPGC-2400 和 HPGC-2800 三个样品在 2600cm^{-1} 附近出现了一个明显的特征峰，又称为 2D 带，与石墨片层的堆积有关，也表明了高温石墨化作用石墨微晶的快速堆叠生长。

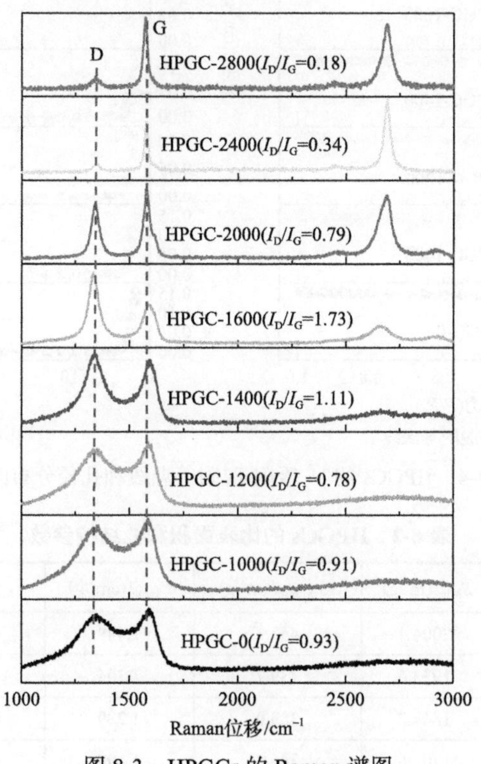

图 8-3　HPGCs 的 Raman 谱图

煤基多孔炭的孔结构变化通过低温 N_2 吸附-脱附仪分析测试，HPGCs 样品的 N_2 吸附-脱附等温线和孔径分布曲线如图 8-4 所示。由图 8-4(a)可以看出，煤基多孔炭(HPGC-0)具有 I 类型的吸附等温线，这说明经过 KOH 活化制备的多孔炭的孔结构以微孔为主。随着炭化-石墨化温度的升高，吸附等温线平台越来越低，这说明材料中的孔结构随着温度升高在不断减少。由孔径分布曲线[图 8-4(b)]也可以看出，HPGCs 的孔径分布主要在 1～4nm 范围内。另外，HPGCs 的比表面积和孔结构参数总结见表 8-2。由表 8-2 可以看出，HPGC-0 的比表面积和总孔容分别为 2457.5m²/g 和 1.449cm³/g，经过炭化处理，HPGCs 的比表面积和总孔容分别由 HPGC-1000 的 2373.3m²/g 和 1.394cm³/g 降低到 HPGC-1600 的 1547.4m²/g 和 1.051cm³/g，这说明高温炭化处理会减少孔结构，这主要是因为炭化过程中有序石墨微晶结构的形成对孔骨架中的无定形碳被消耗，导致孔结构坍塌。

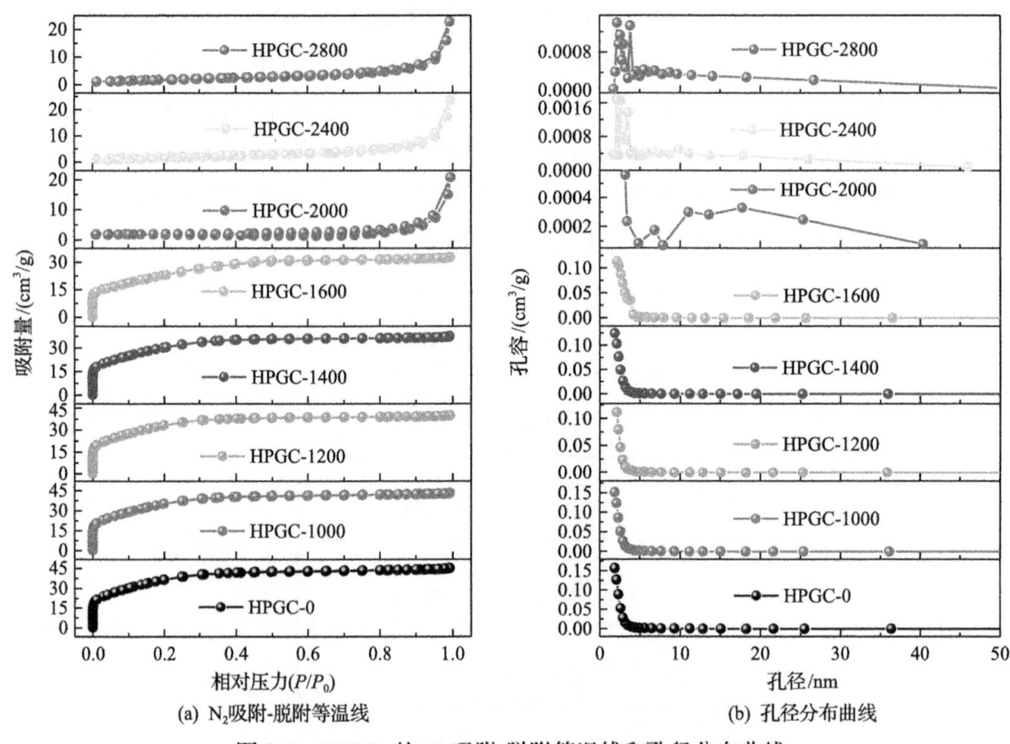

图 8-4 HPGCs 的 N_2 吸附-脱附等温线和孔径分布曲线

表 8-2 HPGCs 的比表面积和孔结构参数

样品	S_{BET}/(m²/g)	S_{Mic}/(m²/g)	$S_{Mes+Mac}$/(m²/g)	V_{Total}/(cm³/g)	V_{Mic}/(cm³/g)	$V_{Mes+Mac}$/(cm³/g)
HPGC-0	2457.5	2004.4	453.1	1.449	0.0196	1.4294
HPGC-1000	2373.3	1933.6	439.7	1.394	0.0258	1.3682
HPGC-1200	2236.2	1847.2	389.0	1.289	0.0229	1.2661
HPGC-1400	2048.4	1701.6	346.8	1.198	0.0192	1.1788
HPGC-1600	1547.4	1288.4	259.0	1.051	0.0172	1.0338
HPGC-2000	8.5	—	—	0.031	0.0013	0.0297
HPGC-2400	7.0	—	—	0.027	0.0004	0.0266
HPGC-2800	6.4	—	—	0.027	0.0004	0.0266

HPGC-0、HPGC-2000 和 HPGC-2800 的 XPS 谱图如图 8-5 所示。由图 8-5(a)可知，HPGCs 三种样品均包含 C 和 O 两种元素，其中 HPGC-0 中 C 原子和 O 原子的相对含量为 89.97%和 10.03%，说明煤基多孔炭表面还含有一些含氧官能团。经过炭化-石墨化后，HPGC-2000 和 HPGC-2800 的 O 原子含量分别减少到 2.48%和 2.41%，说明 2000℃石墨化后样品中的 O 含量基本趋于稳定。由 C1s 高分辨拟合谱图[图 8-5(b)]可知，HPGC-0 中的 C 原子主要以 C═C(284.6eV, 51.2%)、C—C(285.1eV, 27.5%)、C—O(285.7eV, 11.7%)和 C═O(286.6eV, 9.6%)形式存在；经过石墨化后，HPGC-2000 样品中的 C 原子主要以 C═C(284.8eV, 66.5%)、C—C(285.2eV, 23.2%)、C—O(286.1eV, 10.2%)形式存在，这说明石墨化后样品中的 sp^2 碳含量明显增加。另外，由 O1s 高分辨拟合谱图[图 8-5(c)]也可以看出，石墨化后，HPGC-2000 和 HPGC-2800 中的含氧官能团减少。

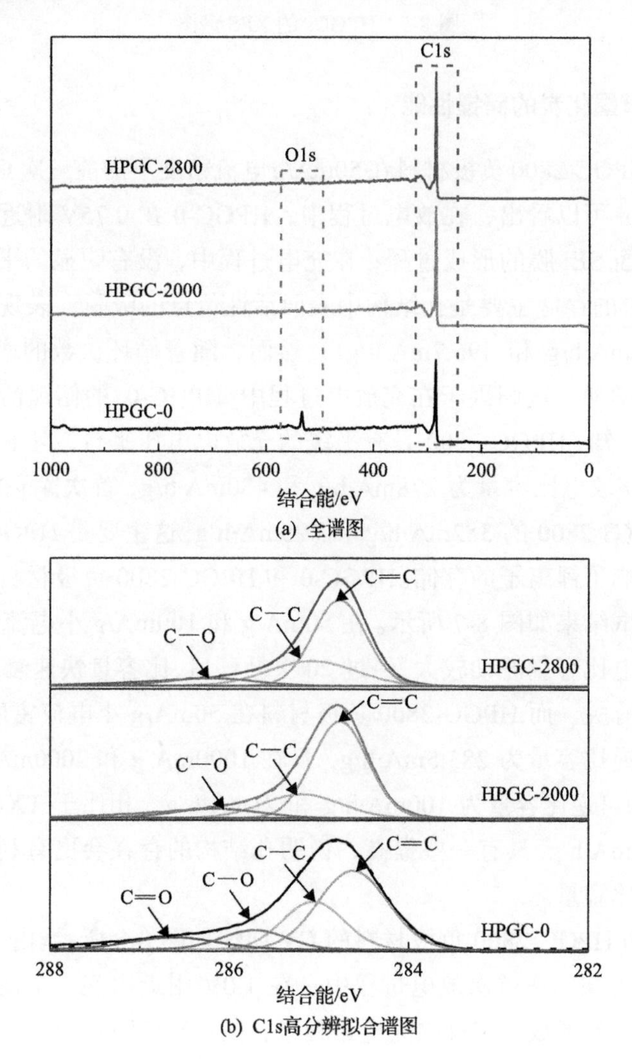

(a) 全谱图

(b) C1s高分辨拟合谱图

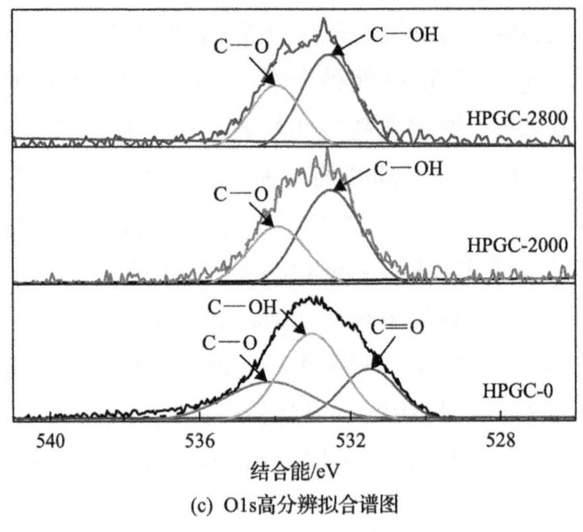

(c) O1s高分辨拟合谱图

图 8-5　HPGCs 的 XPS 谱图

8.2.2　煤基多孔石墨化炭的储锂性能

HPGC-0 和 HPGC-2800 负极材料在 50mA/g 电流密度下的前三次 GCD 曲线如图 8-6 所示。由图 8-6(a)可以看出，在放电过程中，HPGC-0 在 0.75V 附近出现的电压平台属于负极材料表面 SEI 膜的形成过程；在充电过程中，没有明显的平台出现，说明锂离子在 HPGCs 中的存储主要是孔结构中表面活性位点的吸附，表现出较低的首次充放电比容量(91.1mA·h/g 和 496.7mA·h/g)；然而，随着循环次数的增加，HPGC-0 的储锂比容量逐渐增加，这归因于在充放电过程中 HPGC-0 的储锂活性位点不断被活化。由图 8-6(b)可知，HPGC-2800 具有平缓的充放电电压平台，与 TXG-2800 的 GCD 曲线相似，首次充放电比容量为 278mA·h/g 和 480mA·h/g，首次库仑效率达到 57.9%，低于煤基石墨 TXG-2800 的 382mA·h/g 和 625mA·h/g，这主要是 HPGC-2800 中交错连接的石墨微晶影响了锂离子的存储。HPGC-0 和 HPGC-2800 负极材料在不同电流密度下的倍率性能测试结果如图 8-7 所示。在 50mA/g 和 100mA/g 小电流密度下，HPGC-0 负极材料的充放电比容量波动较大，经过 20 次循环后，比容量快速衰减，这与 HPGC-0 中孔结构不稳定有关。而 HPGC-2800 负极材料在 50mA/g 小电流密度下经过 10 次充放电循环平均可逆比容量为 283.5mA·h/g，且在 1000mA/g 和 2000mA/g 大电流密度下循环 10 次的平均可逆比容量为 100mA·h/g 和 71mA·h/g，相比于 TXG-2800 负极材料(91mA·h/g 和 40mA·h/g)具有一些提高，说明孔结构的存在会更有利于提高负极材料“吸附”式储锂比容量。

TXG-2800 和 HPGC-2800 负极材料的 CV 曲线如图 8-8 所示。由 TXG-2800 的 CV 曲线[图 8-8(a)]可知，在首次放电过程中，在 1.0V 附近出现一个还原峰，对应于负极材料表面 SEI 膜的形成。在首次充电过程中，在 0.30V 附近出现一个较窄的对应锂离子脱出负极材料的氧化峰，这说明锂离子的脱出在一个较低的电压范围内发生。而

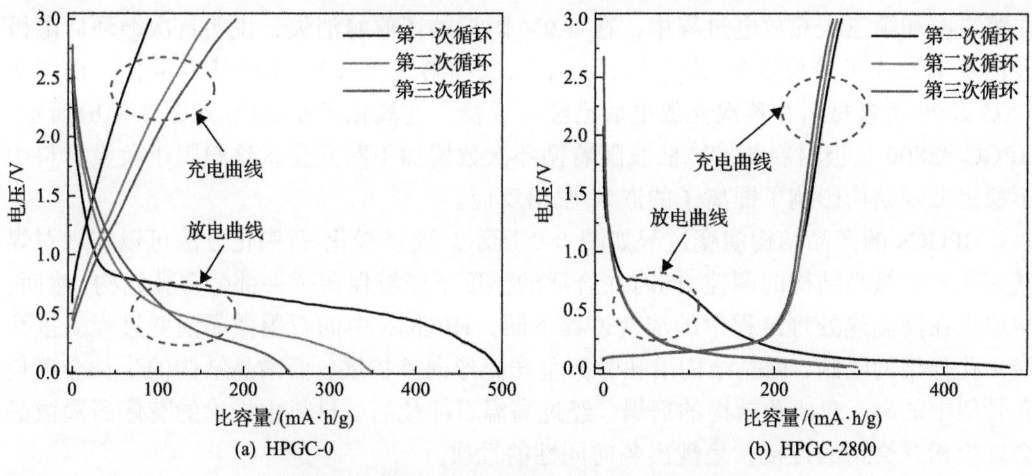

(a) HPGC-0 (b) HPGC-2800

图 8-6 HPGC-0 和 HPGC-2800 的 GCD 曲线

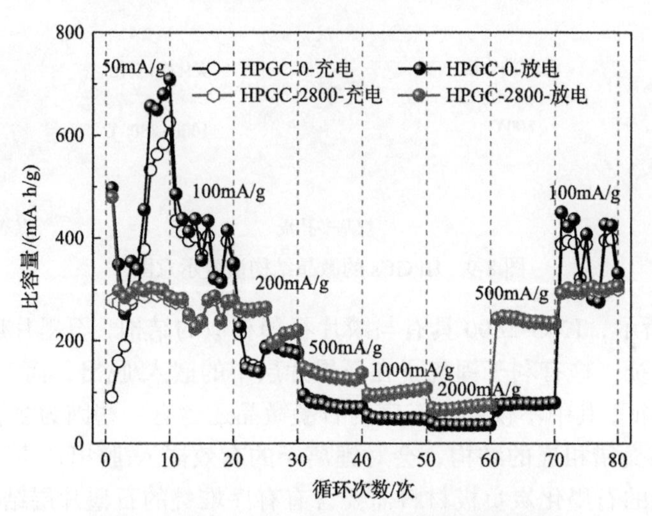

图 8-7 HPGC-0 和 HPGC-2800 的倍率性能图

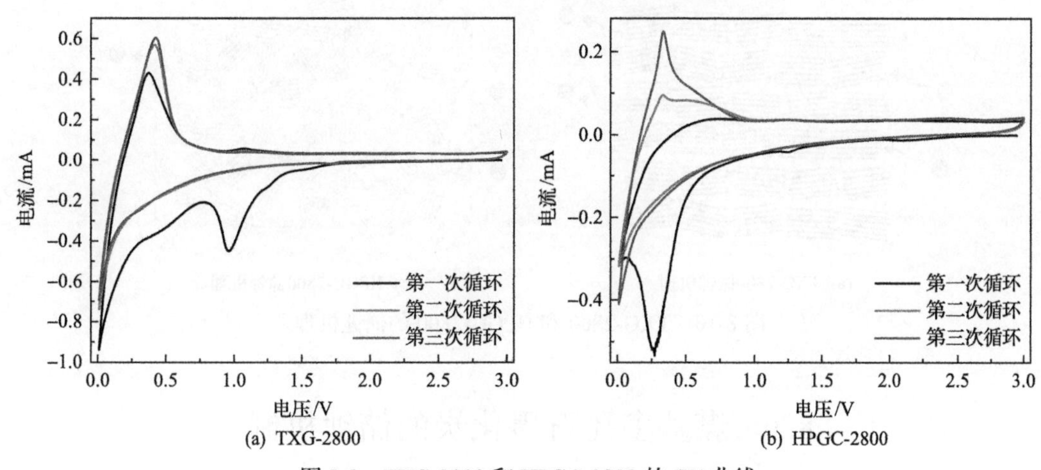

(a) TXG-2800 (b) HPGC-2800

图 8-8 TXG-2800 和 HPGC-2800 的 CV 曲线

在第二次和第三次充放电过程中，在 1.0V 附近的还原峰消失，说明首次循环后电极表面基本形成了较稳定的 SEI 膜，且第二次和第三次 CV 曲线基本重合，也说明 TXG-2800 负极材料在首次充放电后已经形成稳定的氧化还原反应。如图 8-8(b)所示，HPGC- 2800 负极材料的 CV 曲线随着循环次数增加不断变化，这归因于负极材料中不稳定微观结构影响了锂离子的嵌入/脱出反应。

HPGCs 的微晶结构演变过程如图 8-9 所示。通过炭化-石墨化方法可以实现对煤基多孔炭中微晶结构的调控，同时在合适的温度下能够保留了一部分多孔结构。然而，与原煤在高温热处理过程中的演变过程不同，HPGCs 中的石墨微晶演变过程受多孔炭中孔骨架的限制，微晶结构沿孔骨架呈洋葱形向外扩展，而微晶结构的生长会消耗孔骨架中的碳，造成孔结构的坍塌。经过高温石墨化后，材料中堆垛的有序石墨微晶会发生相互交错的连接，呈现出各向同性的性质。

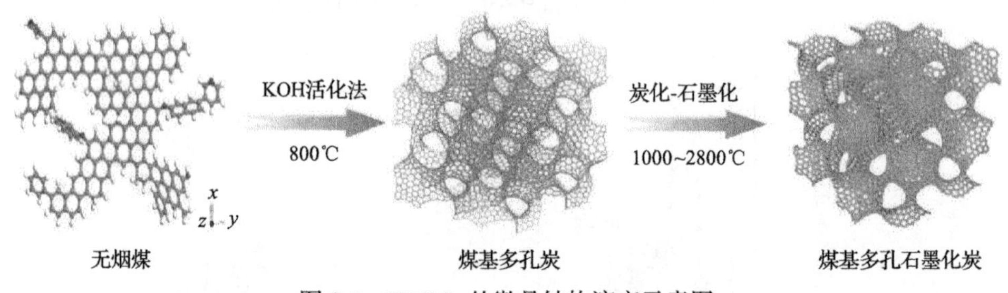

图 8-9　HPGCs 的微晶结构演变示意图

如图 8-10 所示，TXG-2800 具有与鳞片石墨相似的结构，石墨片层有序堆叠呈现出各向异性的特征，这有利于锂离子在石墨片层中的嵌入/脱出，而 HPGC-2800 具有隐晶质石墨的特征，其中不仅含有有序的石墨微晶还含有一些因为多孔结构影响遗传下来的石墨微晶交错相连的结构，会对锂离子的有效嵌入/脱出产生不利影响，因而具有高储锂性能的石墨化炭负极材料需要含有有序堆叠的石墨片层结构。

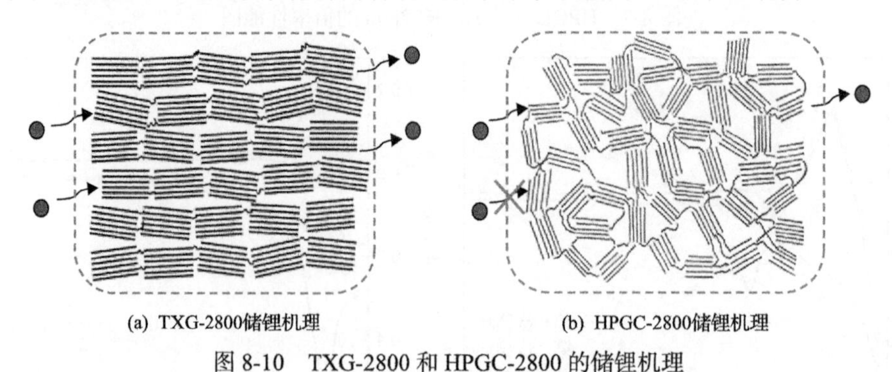

图 8-10　TXG-2800 和 HPGC-2800 的储锂机理

8.3　煤基多孔石墨化炭的储锂机制

基于上述分析研究，本节对煤基多孔石墨化炭的结构调控进行总结分析，结果如

图 8-11 和表 8-3 所示。以太西无烟煤为原料经过炭化-石墨化处理制备煤基石墨化炭(TXG)；通过液相氧化-热还原工艺和高能机械球磨法制备兼具含多孔结构和石墨微晶的煤基多孔炭纳米片(CCNSs)和煤基石墨烯纳米片(CGNs)；在共组装和硼酸助剂作用下，采用高能机械球磨法向煤基石墨烯纳米片中引入 N、P 和 B 杂原子进行表面修饰；另外，以太西无烟煤为原料，采用活化法制备煤基多孔炭，经过炭化-石墨化处理制备煤基多孔石墨化炭(HPGC)。煤基多孔炭纳米片(CCNSs)、煤基石墨烯纳米片(CGNs)和煤基多孔石墨化炭(HPGC)均兼具石墨微晶和多孔结构，因而统称为煤基多孔石墨化炭。综合各章实验结果可知，煤基多孔石墨化炭的微观结构对其储锂性能有重要影响，相关构效关系总结如图 8-12 所示。增大石墨片层尺寸和提高石墨片层有序度有利于增强锂离子在负极材料中的嵌入/脱出能力；扩大石墨片层层间距能够确保锂离子的高效传输；掺入 N、P 和 B 等杂原子以及引入缺陷结构能够为锂离子存储提供更多的活性位点，从而达到提高负极材料储锂比容量、倍率性能和循环稳定性的目的。因此，高性能煤基多孔石墨化炭负极材料应是一种由以较大尺寸且有序堆叠石墨片层为主体，以扩层引入的有序多孔结构为辅助，兼具少量 N、P 和 B 等杂原子掺杂的三维结构炭材料。

表 8-3 煤基多孔石墨化炭的结构调控总表

样品	制备方法	石墨微晶结构	孔结构	表面化学组分
煤基石墨化炭(TXC/TXG)	1000～2800℃炭化-石墨化	微晶结构丰富，片层有序堆叠	孔结构不发达，比表面积在 $3.89m^2/g$ 以下	—
煤基多孔炭纳米片(CCNSs)	液相氧化-热还原工艺	微晶结构减少，石墨片层间距增大，炭纳米片尺寸大	孔结构丰富，比表面积为 $52.1～285.6m^2/g$	含氧丰富
N、P 共掺杂煤基多孔炭纳米片(N/P-CCNSs)	共组装和液相氧化-热还原工艺相结合	微晶结构减少，石墨片层间距增大，炭纳米片尺寸大	孔结构丰富，比表面积为 $321.4m^2/g$	含氮原子(3.34%)和磷原子(0.26%)
煤基石墨烯纳米片(CGNs)	高能机械球磨法	微晶结构减少，石墨片层尺寸小，边缘缺陷结构多	孔结构较多，比表面积为 $76.1～99.3m^2/g$	含氧丰富
B 掺杂煤基石墨烯纳米片(B-CGNs)	高能机械球磨法，硼酸作助剂	微晶结构减少，石墨片层尺寸较大，边缘缺陷结构多	孔结构较多，比表面积为 $50.2～96.7m^2/g$	含硼原子(4.8%)
煤基多孔石墨化炭(HPGCs)	1000～2800℃炭化-石墨化	微晶结构丰富，片层交错堆叠	孔结构丰富，比表面积为 $6.4～2457.4m^2/g$	—

结合煤基多孔石墨化炭微观结构与其储锂性能的构效关系，借助 Materials Studio 软件基于第一性原理计算方法对其储锂机理进行研究[2-3]。通过构建煤基多孔石墨化炭结构模型，获得锂原子在石墨片层表面、石墨片层层间和杂原子附近的吸附构型，研究锂原子在不同微观结构中的吸附能、吸附量和扩散能垒的变化，并解析石墨微晶

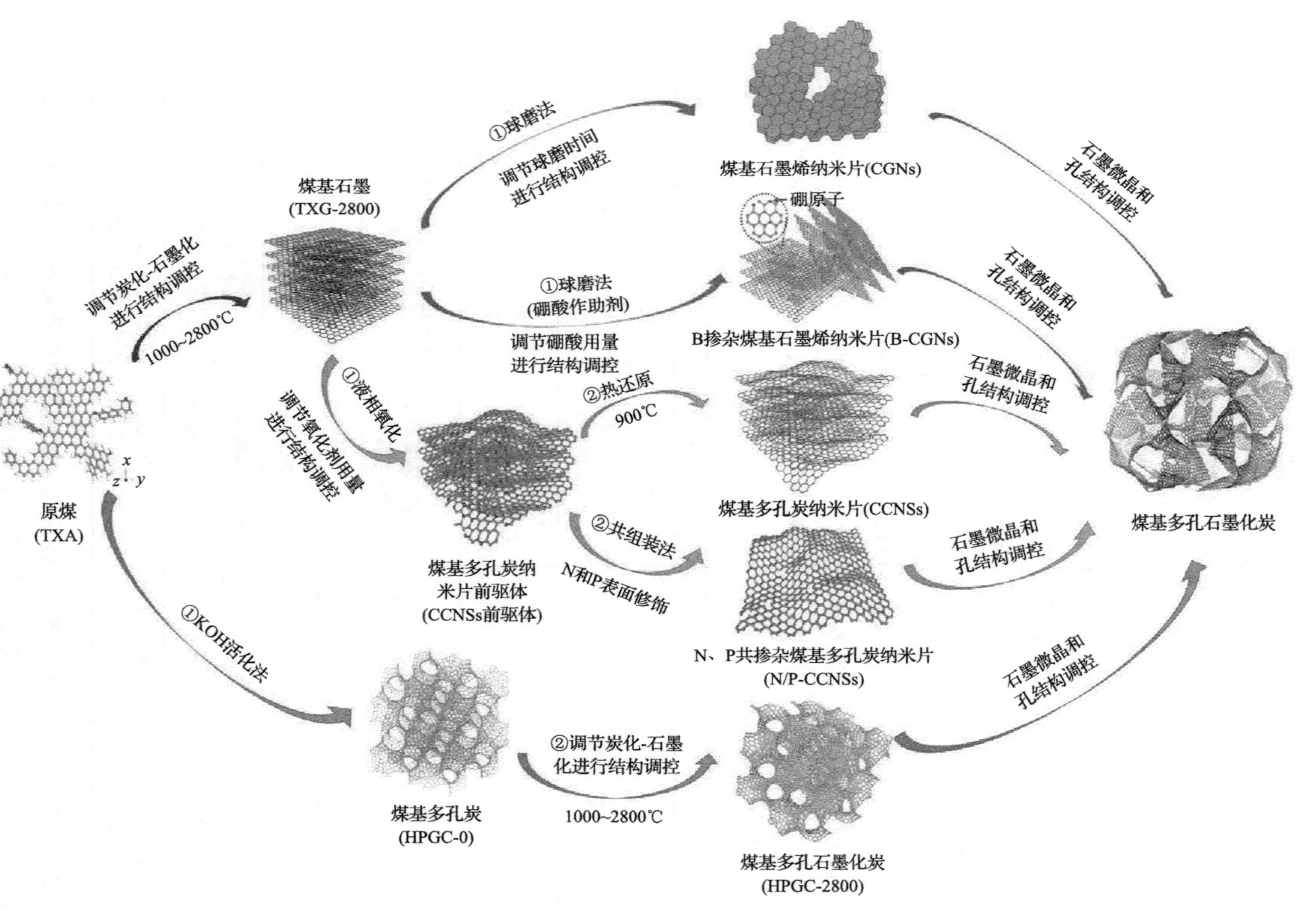

图8-11　煤基多孔石墨化炭的结构调控示意图

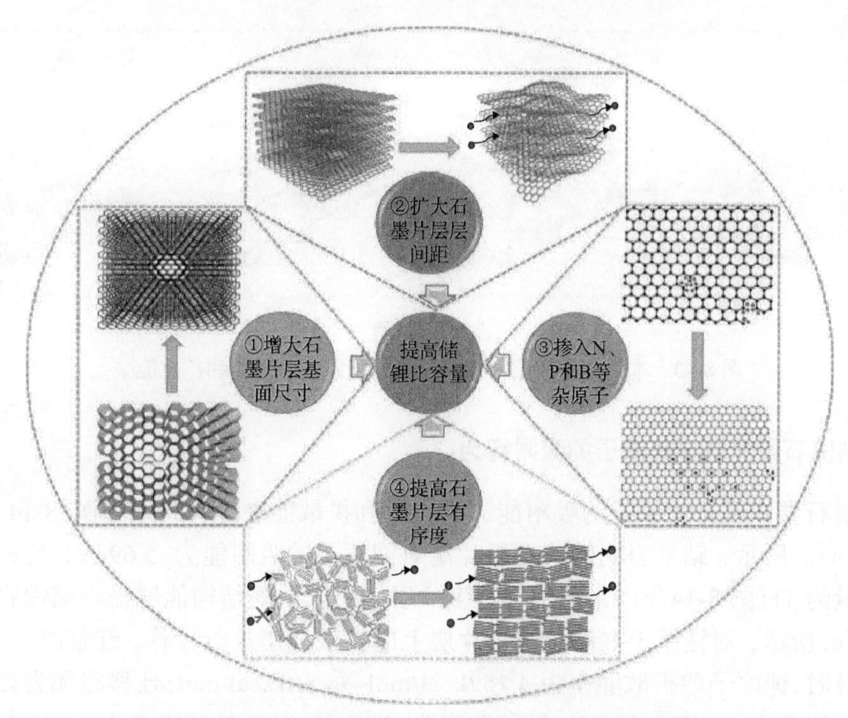

图 8-12　煤基多孔石墨化炭的微观结构与储锂性能的构效关系

结构、缺陷结构和杂原子官能团对锂离子嵌入/脱出行为的影响，揭示煤基多孔石墨化炭的储锂机理。

8.3.1　本征石墨片层对锂原子的吸附行为

基于密度泛函理论的第一性原理计算方法，利用 Materials Studio 软件中的 $Dmol^3$ 程序包对锂原子吸附在本征石墨片层上的吸附能、吸附量和扩散能垒进行计算[4-5]，计算结果如图 8-13 所示。由图 8-13(a)所示，计算结果表明本征石墨片层对锂原子的吸附能为–1.36eV，且锂原子最大吸附量为 7[图 8-13(b)]。扩散能垒反映了锂原子在石墨片层表面的扩散难易程度，如图 8-13(c)所示，按照图中的迁移路径，扩散能垒为 6.536kcal/mol→6.515kcal/mol→6.837kcal/mol，说明锂原子在本征石墨片层上扩散性能较为稳定。

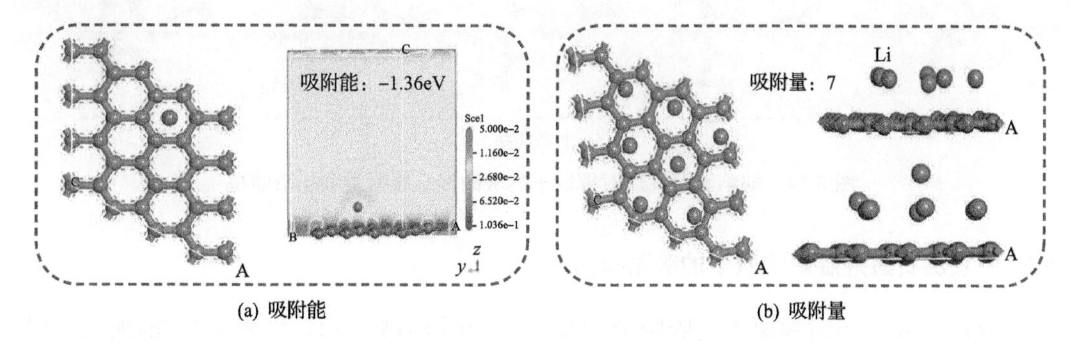

(a) 吸附能　　　　(b) 吸附量

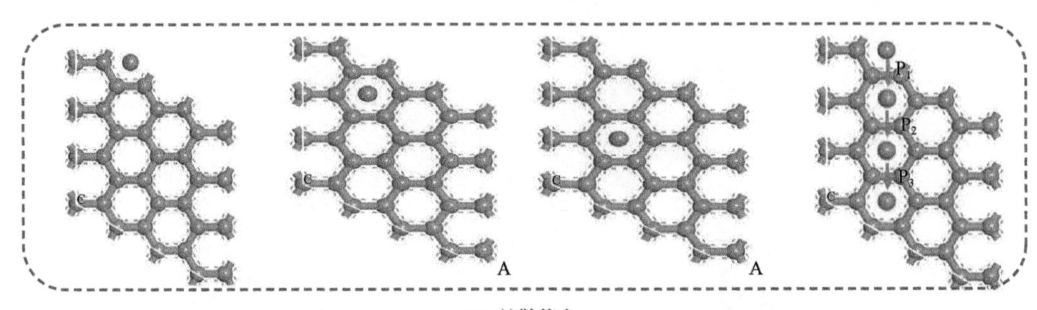

(c) 扩散能垒

图 8-13　本征石墨片层对锂原子的吸附能、吸附量和扩散能垒

8.3.2　缺陷石墨片层对锂原子的吸附行为

缺陷石墨片层对锂原子的吸附能、吸附量和扩散能垒计算结果如图 8-14 所示。由图 8-14(a)所示，结果表明缺陷石墨片层对锂原子的吸附能为–5.69eV，且锂原子最大吸附量为 11[图 8-14(b)]，表明在石墨片层中引入缺陷结构能够提高储锂容量。如图 8-14(c)所示，对锂原子在缺陷石墨片层上的扩散能垒进行计算，迁移路径为(4)→(1)→(2)时，锂原子的扩散能垒为 4.152kcal/mol→4.861kcal/mol；迁移路径为(3)→(1)时的扩散能垒为 4.567kcal/mol；迁移路径为(3)→(2)时的扩散能垒为 4.232kcal/mol，表明(1)和(2)缺陷位点具有更稳定的锂原子吸附构型。

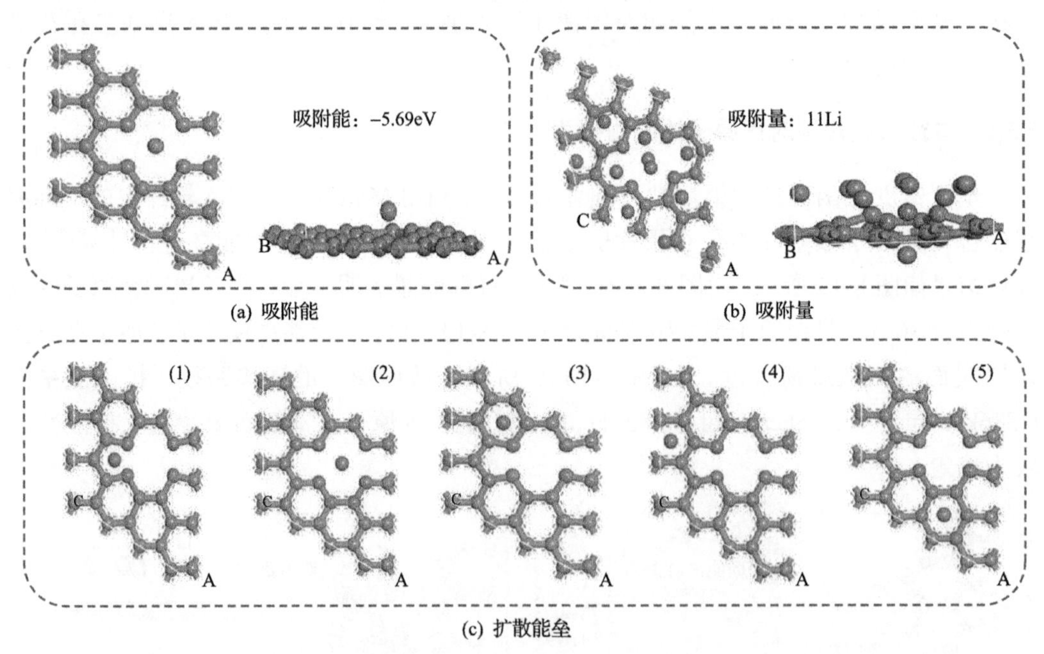

(a) 吸附能　(b) 吸附量

(c) 扩散能垒

图 8-14　缺陷石墨片层对锂原子的吸附能、吸附量和扩散能垒

8.3.3　双层石墨片层对锂原子的吸附行为

双层石墨片层对锂原子的吸附能和吸附位如图 8-15 所示。由图 8-15(a)所示，层

间距的变化会影响双层石墨片层对锂原子的吸附能，层间距为 0.33nm、0.35nm 和 0.39nm 时吸附能分别为–1.91eV、–2.29eV 和–2.39eV，扩散能垒分别为 7.017kcal/mol、4.452kcal/mol 和 1.102kcal/mol，说明层间距的增大有利于锂离子的扩散，对应了负极材料改善的倍率性能和循环稳定性[6-8]。另外，锂原子在双层石墨片层三种吸附位置(C 原子的正上方；夹在双层 C 原子之间；六方蜂巢格子正中心的上方)稳定性进行计算，结果如图 8-15(b)所示。针对不同层间距双层石墨片层对锂原子的吸附结构进行优化，结果表明层间距为 0.35nm 的双层石墨片层的第二种吸附构型可以存在，说明相比其他两种石墨片层，具有 0.35nm 层间距的双层石墨片层能为锂原子存储提供更多的吸附位。

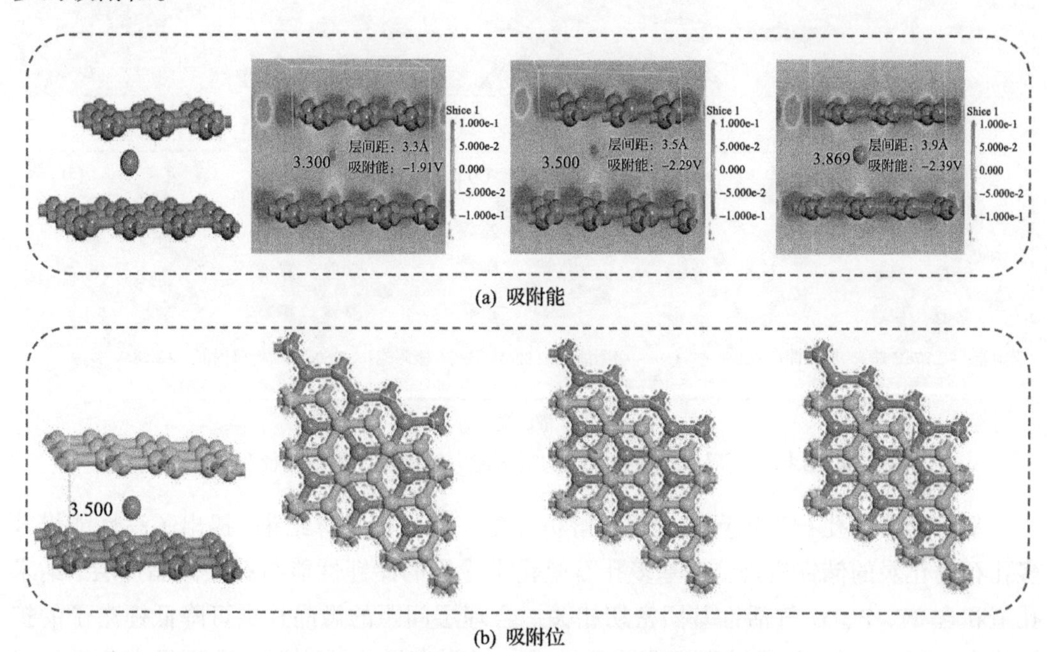

(a) 吸附能

(b) 吸附位

图 8-15 双层石墨片层对锂原子的吸附能和吸附位

8.3.4 B 掺杂石墨片层对锂原子的吸附行为

两类 B 掺杂石墨片层对锂原子的吸附能、吸附量和扩散能垒计算结果如图 8-16 所示。由图 8-16(a)所示，第一类 B 掺杂石墨片层对锂原子的吸附能为–2.85eV，且最大吸附量为 8 个锂原子[图 8-16(b)]。锂原子在第一类 B 掺杂石墨片层上的迁移路径如图 8-16(c)所示，迁移路径为 P1→P2→P3 的锂原子扩散能垒为 4.408kcal/mol→6.840kcal/mol→12.77kcal/mol；迁移路径为 P5→P7→P10 的锂原子扩散能垒为 3.478kcal/mol→9.860kcal/mol→10.081kcal/mol。另外，迁移路径 P1 和 P5 的扩散能垒为 4.408kcal/mol 和 3.478kcal/mol，而迁移路径 P3 和 P7 的反向扩散能垒为 4.111kcal/mol 和 3.504kcal/mol，说明 B 掺杂更有利于锂原子的存储，进而提高负极材料的储锂比容量。第二类 B 掺杂石墨片层构型对锂原子的吸附行为如图 8-16(d)所示。五种对锂原子吸附位点的吸附能分别为–2.77eV、–2.94eV、–2.93eV、–2.60eV 和 –2.58eV，其中(2)吸附位点具有较低的吸附能，说明该位点对锂原子的吸附结构稳定性高。另外，锂原子迁移路径(4)/(5)→(1)→(2)的扩散能垒为 5.12kcal/mol、2.98kcal/mol→4.906kcal/mol，说明(1)和(2)储锂位点具有更稳定的锂原子吸附构型。

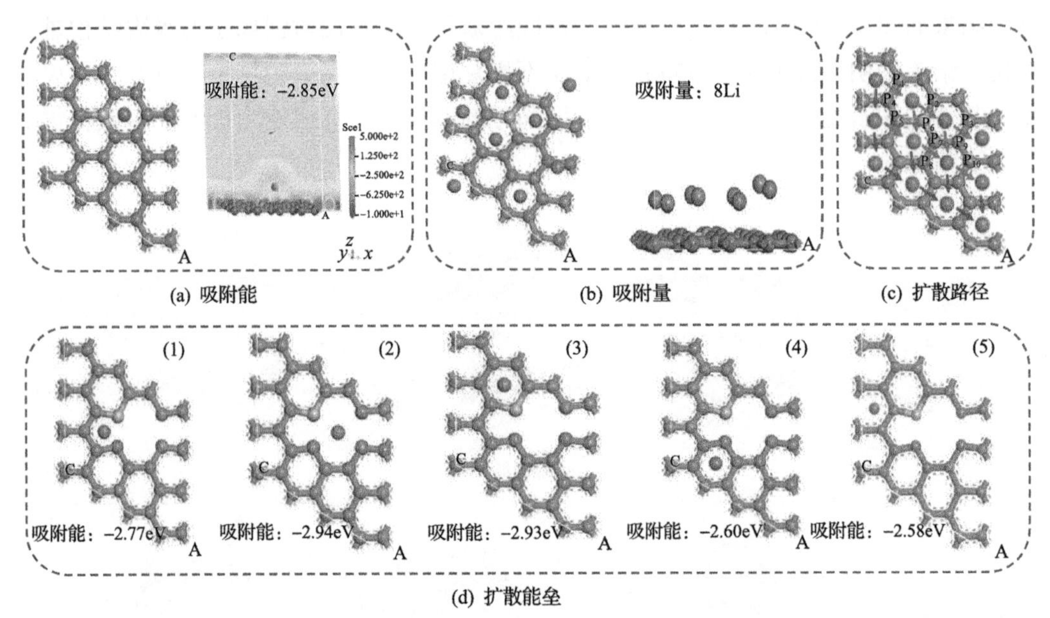

图 8-16　B 掺杂石墨片层对锂原子的吸附能、吸附量、扩散路径和扩散能垒

基于煤基多孔石墨化炭构效关系解析和第一性原理计算结果，提出了高性能煤基多孔石墨化炭的储锂机理。煤基多孔石墨化炭优异的储锂性能与石墨微晶片层、纳米孔道和含 N、P、B 等活性基团密切相关。合理层间距的微晶片层可降低锂离子的扩散能垒，强化嵌锂/脱锂过程，改善导电性，增强离子传输速率，进而提高负极材料的储锂比容量和倍率性能；丰富的纳米孔道可增加锂离子的吸附空间，提供高效的锂离子传输通道，进而改善负极材料的储锂比容量和传输动力；适宜的 N、P、B 等原子掺杂可增加活性位点，提高锂离子的吸附比容量，强化电解液与材料表面的亲和力，增强 SEI 膜的稳定性，进而提升负极材料的循环稳定性。

8.4　本 章 小 结

本章以无烟煤为原料，采用 KOH 活化法制备煤基多孔炭，通过高温热处理(1000～2800℃)对其微晶结构进行调控制备煤基多孔石墨化炭(HPGCs)，并对其电化学性能进行研究；基于煤基多孔石墨化炭的微观结构与储锂性能间的内在联系解析和第一性原理计算，阐明了煤基多孔石墨化炭的储锂机理。具体结论如下。

（1）采用化学活化-高温炭化/石墨化联合工艺制备出煤基多孔石墨化炭（HPGCs），通过研究无烟煤化学活化造孔后在高温热处理（1000～2800℃）过程中微晶结构的演变行为，发现煤基多孔石墨化炭中石墨微晶沿孔骨架呈洋葱型向外延伸生长，且形成的石墨微晶相互交错堆叠。煤基多孔石墨化炭（HPGC-2800）负极材料可逆比容量仅为278mA·h/g，低于TXG-2800，但具有较高的倍率性能，证实有序石墨片层和丰富的层间纳米孔道有利于强化锂离子嵌入/脱出过程。

（2）基于煤基多孔石墨化炭的微观结构与储锂性能的内在联系解析和第一性原理计算，阐明煤基多孔石墨化炭的储锂机理。煤基多孔石墨化炭优异的储锂性能与石墨微晶片层、纳米孔道和含 N、P、B 等活性基团密切相关。合理层间距的微晶片层可降低锂离子的扩散能垒，强化嵌入/脱出过程，改善导电性，增强锂离子传输速率，进而提高负极材料的储锂比容量和倍率性能；丰富的纳米孔道可增加锂离子的吸附空间，提供高效的锂离子传输通道，进而改善负极材料的储锂比容量和传输动力；适宜的 N、P、B 等原子掺杂可增加活性位点，提高锂离子的吸附比容量，强化电解液与材料表面的亲和力，增强 SEI 膜的稳定性，进而提升负极材料的循环稳定性。

参 考 文 献

[1] Shen S, Wang J, Wu Z, et al. Graphene quantum dots with high yield and high quality synthesized from low cost precursor of aphanitic graphite[J]. Nanomaterials, 2020, 10(2): 375.

[2] 姚利花. 氮掺杂的石墨烯作为钠离子电池负极材料的第一性原理研究[J]. 原子与分子物理学报, 2019, 36(2): 319-324.

[3] 李思南. 结构修饰双层石墨烯储钠性能的第一性原理计算研究[D]. 阜新：辽宁工程技术大学, 2017.

[4] Ma C, Shao X, Cao D. Nitrogen-doped graphene nanosheets as anode materials for lithium ion batteries: a first-principles study[J]. Journal of Materials Chemistry, 2012, 22(18): 8911-8915.

[5] Guo G C, Wang D, Wei X L, et al. First-principles study of phosphorene and graphene heterostructure as anode materials for rechargeable Li batteries[J]. The Journal of Physical Chemistry Letters, 2015, 6(24): 5002-5008.

[6] Ullah S, Denis P A, Sato F. First-principles study of dual-doped graphene: towards promising anode materials for Li/Na-ion batteries[J]. New Journal of Chemistry, 2018, 42(13): 10842-10851.

[7] Huang J X, Csányi G, Zhao J B, et al. First-principles study of alkali-metal intercalation in disordered carbon anode materials[J]. Journal of Materials Chemistry A, 2019, 7(32): 19070-19080.

[8] Persson K, Hinuma Y, Meng Y S, et al. Thermodynamic and kinetic properties of the Li-graphite system from first-principles calculations[J]. Physical Review B, 2010, 82(12): 125416.

参 考 文 献